吕 舟 主编

清华大学国家遗产中心·博士文库

文化遗产保护实践研究系列

文物建筑迁移保护

基于水利工程影响下的案例研究

朱宇华 著

科学出版社

北 京

内 容 简 介

文物建筑搬迁（Relocation conservation）是一种非常特殊的保护方式，一直以来缺乏系统的理论探讨和实践研究。客观现实中又存在大量文物建筑搬迁活动，甚至出现所谓"保护性拆除"古建筑的不良现象。其实在我国大型水利工程建设中，搬迁文物古迹的现象往往呈数量集中、情况复杂和时间紧迫的特点。如何去认识、运用搬迁保护的方式，一直缺乏完整的理论指导。本书尝试对文物搬迁保护进行理论总结，并研究新中国成立以来的重大文物建筑搬迁工程的案例，归纳出我国文物搬迁保护的大致历程。

本书适合建筑历史、文化遗产保护与管理等领域的专业人员以及高等院校相关专业的师生参考阅读，也可供广大文物保护爱好者阅读。

图书在版编目（CIP）数据

文物建筑迁移保护：基于水利工程影响下的案例研究 / 朱宇华著. —北京：科学出版社，2017.6

（清华大学国家遗产中心·博士文库 / 吕舟主编. 文化遗产保护实践研究系列）

ISBN 978-7-03-053379-1

Ⅰ.①文… Ⅱ.①朱… Ⅲ.①建筑物–整体搬迁–研究②建筑物–文物保护–研究 Ⅳ.①TU746.4②TU-87

中国版本图书馆CIP数据核字（2017）第135221号

责任编辑：吴书雷 / 责任校对：彭 涛
责任印制：张 伟 / 封面设计：张 放

科 学 出 版 社 出版
北京东黄城根北街 16 号
邮政编码：100717
http://www.sciencep.com

北京教图印刷有限公司 印刷

科学出版社发行 各地新华书店经销

*

2017 年 6 月第 一 版 开本：B5（720 × 1000）
2019 年 1 月第三次印刷 印张：19 1/4
字数：370 000

定价：168.00 元

（如有印装质量问题，我社负责调换）

序　言

　　文化遗产保护在当代社会中作为社会文明的反映，从可持续发展、经济、社会、政治、文化、道德等各个层面越来越深刻的影响着人们精神的成长、社会和自然环境的演化，也成为不同文明、文化间对话、沟通、理解和相互尊重的纽带。遗产保护是人类文明成长的一个成果。

　　回顾文化遗产保护发展的历史，关于保护对象价值的认识构成了文化遗产保护的基础。价值认识的发展和变化是推动文化遗产保护发展的动力。遗产价值认识在深度和广度两个层面不断变化，影响了文化遗产保护理论的生长和演化。价值认识是遗产保护理论的基石。从对艺术价值的认知，到对历史价值的关注，再到当今对于文化价值的理解，价值认知对文化遗产保护理论发展的作用，得到了清晰的展现。

　　遗产保护是一项人类的实践活动，它基于人类对于自身文明成果的珍视和文化的自觉，其本身也是人类文明的重要方面。文化遗产保护的实践展示了特定文化环境中对特定对象的保护在观念和方法上的丰富和多样性，这些实践又促使人们进一步思考文化遗产的价值、保护方法和所要实现的目标。文化遗产的保护正是在这样一个实践和理论交织推动的过程中不断发展和成长。

　　清华大学国家遗产中心致力于遗产保护理论研究和实践。在这样的研究和实践过程中形成了大量具有学术价值和实践意义的研究成果，这些研究成果又进一步在相关实践中被应用、检验和深化。在科学出版社文物考古分社的支持下，我们在清华大学国家遗产中心相关博士论文的基础上选择相关的研究成果，编辑形成文化遗产保护理论研究、文化遗产保护实践研究、文化线路三个系列学术著作，希望这些成果能够在更大程度上促进和推动文化遗产保护的发展。

朱宇华的著作《文物建筑迁移保护——基于水利工程影响下的案例研究》是基于他博士论文形成的研究成果，是对我国20世纪50年代以来几次由于国家重大水利工程而进行的文物搬迁工程的回顾和迁移保护理论的研究。朱宇华曾作为因三峡水利工程而进行的云阳张飞庙搬迁项目和因南水北调工程而进行的武当山遇真宫抬升工程设计方的驻工地现场负责人，因此在这一研究中有许多珍贵的一手资料，对深入认识这些保护工程有重要的意义。

著作中涉及到的几个核心案例对中国文化遗产保护而言具有重要意义。

永乐宫的搬迁是中国文物保护工程的一个里程碑，它反映了中国在文物保护中运用传统技术和当代适用技术所达到的水平，它影响了中国文物保护基本观念的发展。

云阳张飞庙的搬迁工程，通过文物保护规划分析和认知其文物价值，提出搬迁的基本方案，如同三峡工程中其他文物保护工程一样，体现了我国文物保护的系统化和科学化过程。张飞庙也是最早在价值评估中对文物所具有的文化价值和科学价值进行分析，并根据这两个价值来确定搬迁位置和保护方案的案例。

遇真宫作为武当山古建筑群这一世界遗产项目的构成要素，它的抬升工程不仅反映了当代文物保护技术能力的巨大提高，更反映了世界遗产保护中对遗产所处环境的关注。在方案编制过程中提出的利用抬升后形成的地下空间保护东西轴线上的建筑遗址，展现遇真宫的历史和保护过程，把保护工程与展示工程结合起来的理念，也是世界遗产保护给中国文物保护带来的新的观念。尽管由于种种原因，这一地下展示工程未能实现，但它仍然反映了中国从文物保护到文化遗产保护的发展，反映了从强调保护到保护与展示并重的发展。

希望《文物建筑迁移保护——基于水利工程影响下的案例研究》能够从一个方面反映中国文化遗产保护在观念和实践方面的发展。希望这部著作有助于读者认识和了解我国文化遗产保护历程。

清华大学国家遗产中心主任　吕舟

2017年6月

前　言

文物古迹作为人居环境的一部分，特别是作为历史的见证和承载人类精神和情感的纪念场所，具有一定历史、艺术和科学价值，它是世界不同文明、文化的重要载体，也是各民族相互沟通和理解的精神纽带。

文物迁移保护（Relocation conservation）是文物建筑保护中的一种特殊方式，其核心是如何理解文物环境与古迹之间的价值关系。国际保护理念自1964年《威尼斯宪章（VENICE CHARTER）》中就提出了文物环境具有重要的保护意义。文物古迹（monument）不能与其所见证（witness)的历史和产生的环境（setting）分离，不得全部或局部搬迁古迹。但是现实当中各国都普遍存在迁移文物的现象。

大型水利工程是我国重要发展的一项事业，其建设基本控制了几大江河的水患灾害，同时水电、灌溉等事业发展良好，取得了巨大的社会效益和经济效益。但水利建设也面临土地淹没、移民安置、生态环境以及文物古迹保护等一系列问题。自新中国成立以来，因为配合水利工程建设而进行搬迁的文物古迹实践非常多。

《文物建筑迁移保护：基于水利工程影响下的案例研究》是在本人博士论文基础之上进行充实完善而形成的研究成果，本书主要对新中国成立以来三次重大的文物建筑迁移工程——芮城永乐宫迁移工程、云阳张桓侯庙迁移工程和武当山遇真宫迁移工程按照时间顺序分别进行研究。通过案例研究，揭示我国文物建筑迁移保护历程，总结迁移保护（Relocation conservation）的特点，明确相关的保护原则和保护建议，同时，也对文物古迹迁移作为一种客观现象持续存在的原因进行反思。

文物古迹与其历史环境不可分离是对待文物搬迁的基本认识。因此，作为特殊情况下一种可以接受的保护手段，迁移保护必须存在两种基本前提以及相应的条件才可以考虑。这两种前提［保护古迹本身（本体）之需要；当代足够大的利益毁灭原址环境之需要］直接导致文物原址环境面临消失或毁灭，迁移保护就是将文物与其环境实施分离的一种特殊的保护方式。

从保护理论上，迁移保护从来就不是一种合理的保护措施，只是在现实中客观存在的、附带各种前提条件的、迫不得已的一种保护手段。"保护"是目的，"迁移"只是手段。迁移保护只能是在文物古迹无法在原址环境继续保存的情况下采取的一种特殊的保护方式。

相信本书能够使文物保护领域的人们加深对我国文物迁移保护的认识以及对文物迁移保护理论的理解，同时也希望对所有的读者在文化遗产保护方面有一定的参考意义。

朱宇华

2017年6月25日

目　录
Contents

序言 ··· 吕　舟（i）

前言 ··（iii）

第一章　引言 ··（1）

一、问题的提出 ··（1）

二、相关概念的界定 ····································（1）

（一）水利建设工程的定义 ····························（1）

（二）文物古迹的定义 ································（2）

（三）文物建筑的定义 ································（3）

（四）保护工程的定义 ································（4）

（五）保护（Conservation）的定义 ····················（4）

第二章　国外迁移保护的理论和实践 ····················（6）

一、国际文物迁移保护的基本理论 ······················（6）

（一）保护概念的哲学基础和基本理念 ··················（6）

（二）国际文献中对文物迁移的认识总结 ················（10）

（三）相关国家对文物迁移的保护研究 ··················（15）

（四）新的趋势 ··（18）

二、阿斯旺水利工程影响下保护埃及古迹的国际运动 ········（19）

（一）阿斯旺水坝：世界影响的水利工程建设 ············（19）

（二）埃及努比亚古迹保护的国际运动 ··················（20）

（三）全球影响：世界遗产保护运动的肇始 ··············（26）

三、国外其他因素影响下的文物迁移活动 ··················（28）

第三章　国内迁移保护的理论和实践 ····················（32）

一、我国文物迁移保护的基本认识 ······················（32）

（一）我国现代保护意识的启蒙和发展 ····················（32）

（二）我国对文物迁移保护的认识历程 ····················（37）

（三）我国文物迁移保护的认识特点 ······················（43）

二、我国水利工程影响下的文物迁移实践 ····················（44）

（一）我国水利工程建设概况 ····························（44）

（二）我国水利建设影响的文物迁移工程实践 ··············（46）

（三）水利影响下的文物迁移工程的特点 ··················（50）

三、我国其他因素影响下的文物迁移工程 ····················（52）

四、文物迁移保护的理论总结 ······························（56）

（一）迁移保护（Relocation conservation）方式的必要前提 ·····（56）

（二）考虑迁移保护（Relocation conservation）的基本条件 ·····（58）

（三）迁移保护的目的 ··································（60）

（四）迁移保护（Relocation conservation）的特殊性 ·········（60）

五、开展我国文物迁移保护的实践历程总结的必要性 ············（62）

第四章 20世纪50～60年代三门峡水利建设：山西芮城永乐宫建筑群搬迁 ··（63）

一、时代背景 ··（63）

（一）三门峡水利工程建设 ······························（63）

（二）20世纪50～60年代的保护思想 ····················（68）

（三）永乐宫的历史与建筑概况 ··························（70）

二、项目提出与方案论证 ································（77）

（一）项目提出与确立 ··································（77）

（二）搬迁方案的研究与论证 ····························（80）

三、工程实施 ··（86）

（一）壁画的揭取迁移 ··································（86）

（二）古建筑的整体迁移 ································（89）

（三）实验与技术创新 ··································（93）

四、工程总结 ··（96）

（一）开创了壁画揭取保护的新技术 ······················（96）

（二）总结发展了我国木结构保护维修技术 ················（99）

（三）锻炼形成了一批美术家和古建专家 ··················（106）

　　五、永乐宫迁移工程的影响和评价 ·················· （108）

　　　　（一）保护方面的影响 ·················· （108）

　　　　（二）文物迁移体制方面的影响 ·················· （116）

第五章　20 世纪 90 年代三峡工程水利建设：重庆云阳张桓侯庙
建筑群搬迁 ·················· （122）

　　一、时代背景 ·················· （122）

　　　　（一）三峡工程 ·················· （122）

　　　　（二）20 世纪 80 ~ 90 年代保护思潮 ·················· （125）

　　　　（三）张桓侯庙历史与建筑概况 ·················· （132）

　　二、项目提出与方案论证 ·················· （140）

　　　　（一）项目提出与立项 ·················· （140）

　　　　（二）搬迁方案的研究与论证 ·················· （145）

　　三、工程实施 ·················· （156）

　　　　（一）历史环境再造 ·················· （156）

　　　　（二）古建筑的整体迁移 ·················· （158）

　　　　（三）保护理念冲突下的选择 ·················· （159）

　　四、工程总结 ·················· （165）

　　　　（一）国际保护理念的影响和实践 ·················· （165）

　　　　（二）保护技术体制的科学建立 ·················· （171）

　　　　（三）市场经济下的保护工程 ·················· （177）

　　五、张桓侯庙迁移工程的影响和评价 ·················· （180）

　　　　（一）保护方面的影响 ·················· （180）

　　　　（二）制度方面的影响 ·················· （187）

第六章　21 世纪初南水北调工程水利建设：武当山遇真宫古
建筑群搬迁 ·················· （193）

　　一、时代背景 ·················· （193）

　　　　（一）南水北调工程 ·················· （193）

　　　　（二）进入 21 世纪初的我国保护思潮 ·················· （197）

　　　　（三）武当山遇真宫历史与建筑概况 ·················· （208）

　　二、项目提出与方案论证 ·················· （215）

　　　　（一）项目提出与立项 ·················· （215）

（二）搬迁方案的研究与论证 ················· （218）

三、工程实施 ······························ （237）

（一）新的环境——遇真岛的建造 ············· （238）

（二）世界纪录的顶升工程 ··················· （239）

四、工程总结 ······························ （241）

（一）多种类型保护工程的综合 ··············· （241）

（二）保护理念和技术的成熟运用 ············· （253）

五、遇真宫迁移工程的影响和评价 ·············· （263）

（一）文物迁移的核心问题——文物环境价值认识的成熟 ··· （263）

（二）文物迁移技术路线的革新 ··············· （265）

（三）遗产展示的新需求与移民政策的不足 ······· （269）

第七章 结论 ································· （273）

一、文物迁移保护的理论总结 ················· （273）

二、永乐宫迁移保护总结 ····················· （274）

（一）20 世纪 50～60 年代（建国初期）我国的文物保护思潮 ··· （274）

（二）永乐宫迁移保护总结 ··················· （274）

（三）建国初期的水利工程移民制度 ··········· （275）

三、张桓侯庙迁移保护总结 ··················· （276）

（一）20 世纪 80～90 年代（改革开放初期）我国的文物保护思潮

······································· （276）

（二）张桓侯庙迁移保护总结 ················· （277）

（三）三峡工程移民制度的全面创新 ··········· （278）

四、遇真宫迁移保护总结 ····················· （278）

（一）21 世纪初我国的文物保护思潮 ··········· （279）

（二）遇真宫迁移保护总结 ··················· （279）

（三）南水北调工程中国家移民制度的完善与不足 ····· （280）

参考文献 ··································· （282）

后记 ······································ （296）

第一章
引　言

一、问题的提出

水利建设往往关系到一个国家稳定和发展。但大型水利建设同时也给生态和人居环境带来巨大改变。文物古迹作为人居环境的一部分，特别是作为历史的见证和承载人类精神和情感的纪念场所，在水利建设中往往面临毁灭的危险。在现实情况下，出于保护文物的需要，越来越多的文物古迹面临着迁移保护的境况。而随着全社会文物保护意识的不断提高，任何迁移文物的行为又无疑都是一次破坏原有文物价值的过程。如何在"不改变文物原状"保护原则下去认识和指导文物建筑的迁移活动，需要我国文物保护理论的进一步探索。

针对文物建筑迁移保护的特殊性，本书希望能通过收集目前较分散的少量研究，归纳古迹迁移保护的基本概念，梳理国内外关于文物迁移的各种认识。本书主体部分通过对我国文物建筑迁移保护重大案例的专项研究，揭示我国在文物迁移保护方面的保护历程，总结迁移保护（Relocation conservation）的特点，明确相关的保护原则和保护建议。

二、相关概念的界定

（一）水利建设工程的定义

按照《中华人民共和国水法》，水利建设工程也称为水工程，是指在江海、湖泊和地下水资源上开发、利用、控制、调配、保护水利的各类水工程的总称。

水利建设工程可以分成多种类型：防止洪水灾害的防洪工程；灌溉和排水工程；水力发电工程；改善和创建航道和港口工程；防止旱涝、渍灾为农业生产服务的农田水利工程；防止水土流失，水污染，保护生态的水土保持工程及环境工程；为工业和生产生活服务用水，排除污水和雨水的城镇供排水工程；保护和促进渔业的水利工程；满足工农业生产或交通运输需要的围海造田，海涂围垦工程等。一项水利工程同时结合了防洪、发电、灌溉、航运等多种服务目标，称为综合水利工程。

（二）文物古迹的定义

作为普遍意义的概念，文物古迹往往是指与金石、古玩、字画等馆藏文物相对应的不可移动文物。

《中华人民共和国文物保护法》规定主要包括以下内容。①具有历史、科学、艺术等价值（Value）的古建筑、古墓葬、古文化遗址（Sites）、石窟（Cave Temples）及石刻（Stone carvings）、壁画（Murals）；②与重大历史事件、著名人物或革命运动（Revolutionary movement）有关，以及具有重要纪念、教育意义（Great significance for Education）或史料价值的近现代重要史迹（Sites）、实物、代表性建筑（typical buildings）。

由国际古迹遗址理事会（ICOMOS）中国国家委员会2001年公布的《中国文物古迹保护准则（China Principles）》中规定：

"本准则的适用对象通称为'文物古迹（heritage sites）'。它指由人类在历史上创造……、具有价值的不可移动实物遗存（Immovable physical remains），包括地下、地面的古文化遗址（Archaeological Sites）、古建筑、古墓葬、石窟寺（Cave Temples）和石刻、近现代的重要史迹（modern and contemporary places）及纪念建筑（Commemorative buildings）、……历史街区（村镇）［historic precincts（villages or towns）］，以及其中的附属文物。"

1972年《保护世界文化和自然遗产公约（Convention Concerning the Protection of World Cultural and Natural Heritage）》（以下简称《遗产公约（World heritage Convention）》中提出文化遗产的三种类型，

也属于文物古迹的范畴，它包括古迹纪念物（Monuments）、建筑群（groups of buildings）和遗址（Sites）三类。[①]

（三）文物建筑的定义

文物建筑从字面上理解，就是被认定为文物古迹的古建筑，或者是具有文物价值但尚未认定的古建筑。此概念未见于法规文件和国际文件中，但广泛运用于相关学术研究和社会媒体中。

民国时期多以"古物"泛称之，文物建筑的称呼最早可能始于1949年3月梁思成先生受解放军之委托，编撰了《全国重要建筑文物简目》发给解放军各部队，在作战当中保护古建筑。新中国成立后，中央人民政府政务院在有关保护文物的指示中偶尔使用了文物建筑的称呼，如1950年7月6日政务院《关于保护古文物建筑的指示》；1986年清华大学陈志华先生在《世界建筑》杂志中介绍《威尼斯宪章（VENICE CHARTER）》时，文件全名翻译为《保护文物建筑及历史地段的国际宪章》[②]，进入20世纪80年代后，文物建筑逐渐成为一种通用名词广泛见于各类学术报刊中。

在所有文物古迹的类型中，无论国内外，古建筑的数量无疑是最多的。在实践中涉及古建筑保护工程也是非常多的，古代建筑受到社会关注和学者研究的程度普遍较高。在国家目前公布的总共7批的全国重点文物保护单位中，古建筑总量达1878处，占到总量的43%。（表1.1）

表1.1　全国重点文物保护单位统计表

公布批次	第一批	第二批	第三批	第四批	第五批	第六批	第七批	合计
古遗址	26	10	49	56	145	220	525	1031
古墓葬	19	7	29	22	50	77	177	381

① 世界遗产保护运动从1972年起发展非常迅速，文化遗产的概念也不断得到拓展，不再仅仅限于原有的古迹纪念物、建筑群和古遗址三方面，涌现了文化景观、文化线路等新类型，随着非物质文化遗产的保护以及基于世界文化多样性的影响，文化遗产的概念和范畴不断扩大。

② 原文名称为：International Charter for the Conservation and Restoration of Monuments and Sites（1964），字面上理解应该是"保护与修复古迹（纪念物）遗址的国际宪章"。

公布批次	第一批	第二批	第三批	第四批	第五批	第六批	第七批	合计
古建筑	77	28	107	110	248	513	795	1878
石窟石刻	21	5	27	10	32	63	114	272
近现代	33	10	45	50	41	207	326	712
其它	4	2	1	2	5	1	6	21
合计	180	62	258	250	521	1081	1943	4295

（四）保护工程的定义

2002年《中国文物古迹保护准则（China Principles）》的第二十八条定义："保护工程（Conservation interventions）是指文物古迹及其环境（Setting）修缮整治而实施技术措施。文物古迹修缮包括重点修复（major restoration）、现状修整（minor restoration）、防护加固（physical protection and strengthening）、日常保养（regular maintenance）四类。……所有措施都应记入档案（Document）保存"。

2003年《文物保护工程管理办法》第二条规定，保护工程是指对核定为文物保护单位或者其他具有文物价值的古遗址（Sites）、古建筑、古墓葬、石窟寺石刻、近现代重要史迹、代表性建筑（typical buildings）、壁画（Murals）等不可移动文物进行的保护工程。

办法中将文物保护工程分为：抢险加固工程、修缮工程、保养维护工程、保护性设施工程、迁移工程五类。

可以看出，迁移保护（Relocation conservation）工程也是国家规定的文物工程类型之一。

（五）保护（Conservation）的定义

保护（Conservation）是指为保存古迹的实物遗存（physical remains）以及历史环境（historic settings）而进行的全部活动。保护目的是其全部历史信息和重要价值的真实性（Authenticity）得到全面保存和延续。所有的保护措施（Conservation measures）都必须遵守"不改变文物原状（Not Altering the Historic Condition）"的原则[1]。

现代意义上的保护概念，是在新的史学意识以及随之而来的对文化多样性的认识中得以萌芽和发展[2]。各国文物保护意识的形成过程也是普遍基于对自身文化和历史的认知。

我国同样也是基于自身历史文化的特点不断总结了自己的保护认识，正如《中国文物古迹保护准则（China Principles）》序言中写道"中国是世界上……，历史悠久，文化传统不曾中断（unbroken cultural tradition）的多民族统一的国家（unified country of many ethnic groups）。……，中国文物古迹，不仅仅是中国各族人民的（various ethnic groups of China），也是属于全人类共同的财富（common wealth of all humanity）。因此，将它们真实、完整地（in their full integrity and authenticity）流传下去，是我们的责任。"

第二章
国外迁移保护的理论和实践

一、国际文物迁移保护的基本理论

（一）保护概念的哲学基础和基本理念

"保护（Conservation）"其实是一个非常现代的概念。保护运动的起源因为一个社会或群体存在广泛的"传统与现代"的意识区分而产生，当然，无论是西方和东方，这都是一个比较长的历史过程。欧洲保护运动的起源可以从18世纪启蒙运动对宗教统治的批判与反抗，理性主义兴起，甚至也可以追溯到文艺复兴的人文主义思想。现代科学实证主义的发展，以及对古罗马和古希腊遗迹的考古再发现，促进了广泛的新的历史意识的形成。这种历史意识最大的特点是逐渐摆脱了宗教神学的历史范畴，以考古学、艺术史等现代科学的方式逐渐呈现。伴随着工业革命和大规模的城市建设，以及现代主义建筑运动兴起。"现代"社会的蓬勃发展与"消失的"传统文明同时在西方社会中展现出来，传统与现代的意识区分逐渐成为广泛的社会共识，保护意识也因此得以萌芽并迅速发展起来。

正如尤噶·尤基莱托所说"现代保护在本质上与新的历史意识有关"[3]22（如图2.1），中国的文物保护意识也正是在19世纪末西方列强入侵和掠夺下，国家封建帝制的社会结构全面彻底地瓦解而得以激发。从思想意识上，"五四运动"带来了西方的科学和民主思想，伴随着国家沦陷和革命，对传统社会的激烈批判以及渴望建立现代化国家的强烈意识成为20世纪中国的思想缩影。新的历史意识在激烈的批判与革命中逐渐形成。西方现代考古学的引入以及新的考古发现也对我国形成新的历史意识起到了巨大的推动作用[4]。

　　另外一方面，尽管保护运动兴起的本质一致，但各国走过的文物保护历程却不同，对待传统的态度和方式也不同，因此形成了各自不同的保护理念和方式。欧洲的保护运动自18世纪开始经过200多年的实践发展，基本形成了比较统一的认识和理论。对于欧洲的保护历程的历史发展，有学者概括成以法国为代表的"风格式修复（Restoration）"派，代表人物是维奥雷-勒-杜克（Viollet-le-Duc），追求恢复一栋建筑的特定历史风格的完整面貌。以英国为代表的"遗迹维护（Preservation）"派，代

图2.1　尤嘎·尤基莱托《建筑保护史》

表人物是约翰·拉斯金（John Ruskin，1819～1900），主张任何修复都是对古迹的破坏，主张用维护来替代修缮。以意大利为代表的"科学式保护（Conservation）"派，代表人物如乔凡诺尼（Giovannoni）等，意大利派综合了风格修复和现状维护两种认识，结合意大利的保护实践，提出了相对完整的保护方式，成为现代保护理论的重要源泉[2]306-311。这种概况性的梳理十分有助于了解欧洲保护运动的主要的思想源流和保护方式。当然，实际上的欧洲各国走过的保护历程是十分复杂多变的，各国基于自身的文化传统和政治体制开展保护实践，保护方式也往往不同，彼此之间的观念冲突此起彼伏，相互争论、相互影响。经过200多年的实践，以欧洲为中心的文物保护理论和方法逐渐趋于成熟。1931年欧洲的历史古迹建筑师及技师（Architects and Technicians of Historic Monuments）在雅典举行了第一次国际会议，大会形成《关于历史古迹修复的雅典宪章（Athens Charter for the Restoration of Historic

Monuments）》（也称《雅典宪章（Athens Charter）》）①，宣言中提到"无论何种情况，都可能会有不同的解决方案，但是大会注意到一个基本事实是，不同国家都意识到一个普遍存在的趋势，即放弃采用修复（Restoration）的方式能够避免不可预测的危险，相反，通过启动一个经过评估计算的以日常维护为主的保护系统，更能够有效地保护我们的文物古迹"[6]。这个观点基本总结了欧洲各国对于文物修复长期实践的结果，标志着欧洲文物保护认识的逐渐统一。这次大会也同时意味着文物古迹保护运动开始登上国际舞台。

需要强调的是，在1931年的《雅典宪章》中对于文物古迹的历史价值已经开始关注，并体现在多项原则中。其中提到"当由于衰败和破坏使得修复（Restoration）成为必须采取的手段时，大会建议，应当尊重反映古迹历史的和艺术的全部特征，而不能人为排除其他历史时期的风格"。在对于文物古迹的环境方面，《雅典宪章》提出"要格外注意对文物古迹周边环境的保护"，同时对于城市中大量新建的建筑要求注意尊重城市历史特征和外在风貌，特别是在紧邻古迹的地方，要关注古迹所在的环境，要保留历史上如画景观的美学特征和视线等等。

1964年历史古迹保护技师和建筑师们又来到意大利的威尼斯，召开了第二次会议，这次国际会议通过了一个更重要的保护文件——《关于古迹遗址保护与修复的国际宪章（Charter for the Conservation and Restoration of Monuments and Sites）》（即《威尼斯宪章（VENICE CHARTER）》）。《威尼斯宪章》奠定了文物古迹保护更完整和更准确的保护原则。后来事实的发展证明，《威尼斯宪章（VENICE CHARTER）》确定的基本原则对于全球各国的保护运动产生了极大的影响，逐渐成为世界范围内各国公认的古迹保护的理论基石。《威尼斯宪章》确定的保护认识和主要原则包括：

保护的意义：文物古迹是人类千百年来历史与传统的活的见证，

---

① 被称为《雅典宪章》的有两部，一部是1931年《关于历史古迹修复的雅典宪章》，一部是1933年国际现代建筑协会（CIAM）制定的《雅典宪章》，称为全球第一部都市计划大纲，两部宪章一个关注历史古迹的保护，一个则代表着城市规划和现代主义运动的全面兴起。两组完全不同背景的人在同一历史时期确定的两部不同主题的《雅典宪章》，反映了当时欧洲社会当中现代与传统意识的并置。从后来历史的发展看，这两部《雅典宪章》都对世界产生了极其深远的影响。

反映人类各种价值的统一（unity of human values），是人类共同的遗产。

保护的目的：为子孙后代而保护文物古迹的全部的真实性，并传之永久。

真实性（Authenticity）原则：保护就是真实完整地保护文物古迹的全部信息。

价值保护原则：文物古迹的保护和修复，既要当作历史见证物，也要当作艺术品来保护。修复的目的是完全保护和再现文物建筑的审美和历史价值。

最小干预原则：保护古迹的真实性和全部历史价值，必然要求对古迹最小或最少干预，《威尼斯宪章（VENICE CHARTER）》第四条规定"保护（conservation）古迹最重要是在于日常基本的维护（maintain）"。同时第十三条规定"对文物古迹的任何添加或添建不被允许，除非它不会损害该古迹的有价值部分（interesting parts）、传统环境（setting）、格局的平衡及其与周边环境（surrounding）的关系"。

可识别性原则：修复必须基于考古资料和文献研究之成果做到精确细致。任何必须的保护干预措施必须与原有古迹明显区别，必须做上当代干预的标识。

保护文物环境原则：《威尼斯宪章（VENICE CHARTER）》中提到的环境概念包括两种层面的内涵：一种是作为可以延伸作为本体看待的古迹环境。宪章定义第 1 条"文物古迹（historic monument）不仅指单个的建筑作品（the single architectural work），而且也包括见证了某种文明（particular civilization）、某种意义的发展（significant development）或某种历史事件（historic event）的城市或乡村环境（the urban or rural setting）"[7]，这个环境概念的扩大导致了后来历史城镇、历史地段保护概念的形成和发展。

另一种概念是文物古迹的背景环境。第 6 条规定"保护一座文物建筑，意味着要适当地保护一个环境。凡传统的环境还存在的任何地方，就必须保护"；第7条规定"古迹（A monument）不能与所见证（witness）的历史和其环境（setting）分离。除非出于保护古迹之需要（safeguarding of monument），或因国家或国际之极为重要利益而证明有其必要（justified by national or international interest of paramount importance），否则不允许全部或局部搬迁古迹。” 这个环境概念的发展直接导致了2005年《西安宣言》对于背景环境保护意义的国际确认（表2.1）。

表2.1　文物环境的两种概念

文物环境范畴	基本论述	影响及扩展
城市、乡村环境	文物古迹不仅仅指单个的文物建筑，而且也包括具有保护意义（见上述）的城市或乡村环境	历史城镇、历史地段的保护
文物的产生环境	保护一座文物古迹（Monument），意味着要适当地保护一个环境（setting）。凡传统之环境（traditional setting）还存在的任何地方，就必须保护；古迹（A monument）不能与所见证（witness）的历史和其环境（setting）分离。不得全部或局部搬迁古迹	背景环境的保护

在后来全球范围的遗产保护运动中，《威尼斯宪章（VENICE CHARTER）》提出的这些认识和原则得到不断深化和发展。相关原则和认识的内涵在全球实践中得到进一步明确和拓展，形成了既包括《世界遗产公约（World heritage Convention）》一类的国际法律文件和宪章；也包括了一些地区性的保护共识，如欧洲委员会的《保护建筑遗产的欧洲宪章》[8]。当然，看到更多的现象是，世界各国都以《威尼斯宪章（VENICE CHARTER）》为基础，纷纷建立起适应自己本国文化传统的国家保护准则。如澳大利亚的《巴拉宪章（Burra Charter）》，中国的《中国文物古迹保护准则（China Principles）》和新西兰的《新西兰宪章（New Zealand Charter）》等等，形成了世界范围内日益繁荣的古迹保护运动。

（二）国际文献中对文物迁移的认识总结

文物建筑的迁移不仅仅是在国内，在世界各国都是非常普遍的现象。如果不是日益发展的保护文物古迹的观念在全球逐渐普及，迁移房屋的历史可以说自古以来就普遍存在。

我国《史记》中记载“秦每破诸侯，写仿其宫室，作之咸阳北阪上……”[9]。在18世纪末的英国，由于社会高涨的海外殖民的浪潮，一种“便携式殖民小屋”出现在英国的报纸广告上，方便大量前往新殖民地移民的绅士们到达新居住点，让新移民能够"早上从船上前往登陆一个新国家，晚上就能在海滩边睡在自己的房子里"[10]。

作为文物古迹的古建筑往往也因为各种实际需要，包括保护的需要而进行搬迁。搬迁文物古迹的现象从来就是不可避免的，甚至列入世界遗产名录的文物古迹往往都可能面临着搬迁的选择。系统的国际保护理论和不断发展的保护认识对这一现象进行了持续的思考和识别，指导着我们慎重对待这一类特殊的保护方式。本文试图以时间为轴，通过对一系列具有全球影响的国际保护文件中对于迁移文物的相关认识进行归纳梳理，总结国际理论中对迁移文物的保护认识。

1964年《威尼斯宪章（VENICE CHARTER）》最早提出了文物古迹不能随意搬迁的环境认识。第7条："古迹（A monument）不能与所见证（witness）的历史和其环境（setting）分离。除非是出于必须保护古迹之存在（safeguarding of monument）需要，或因国家或国际（national or international）极其重要的利益（interest of paramount importance）需求而使其必要，不得……搬迁古迹。"；第15条："任何重建都应理所应当予以事先制止，只允许归位整修（anastylosis）……"①。其后在ICOMOS②一系列文件和宪章中都延续了这一立场。

1975年ICOMOS欧洲委员会联合发表了《保护建筑遗产的欧洲宪章》。对于文物环境的重要性，第1条提到"多年以来，只有主要的古迹和纪念物得到保护和修复，人们并没有去考虑他们的周围环境。最近，大家意识到，如果周围环境发生损害时，那些古迹也会因此失去很多独特性（价值）"。强调了周围环境与文物古迹的价值具有重要的关联作用。

1976年联合国教科文组织（UNESCO）第19届会议在内罗毕通过了《关于保护历史地区及其当代作用的建议（Recommendation

---

① Anastylosis:（from the Ancient Greek: αναστήλωσις, -εως; ανα, ana = "again", and στηλόω = "to erect (a stela or building)") is an archaeological term for a reconstruction technique whereby a ruined building or monument is restored using the original architectural elements to the greatest degree possible

② ICOMOS即国际古迹遗址理事会（International Council On Monuments and Sites），1964年《威尼斯宪章》通过后，1965年在波兰华沙成立，它由世界各国文化遗产专业人士组成，是古迹遗址保护和修复领域唯一的国际非政府组织，为联合国教科文组织世界遗产委员会提供专业咨询，制定了一系列古迹保护和遗产申报与管理的国际保护文献。

concerning the Safeguarding and Contemporary Role of Historic Areas）》
（即《内罗毕建议》），对于历史地区和环境的认识提高到新
的高度。文件第2条提出"历史地区（Historic areas）及其环境
（surroundings）应被作为一处不可代替（irreplaceable）的遗产整体
（an universal heritage）"；第3条"历史地段及其环境应看成一个相
互联系的完整统一的整体（a coherent whole），其价值在于各部分相
互联系而成的整体的意义，这些组成部分包括空间布局结构（spatial
organization）、建筑物、人的活动（human activities）及周边环境
（surroundings）"[11]。这些意见继承了《威尼斯宪章（VENICE
CHARTER）》中文物古迹不可与环境分离的思想认识，从保护意义
上明确了文物环境与文物古迹是相互联系的统一整体。此外，《内罗
毕建议》第4条提出"历史地段及其所在环境（surroundings）应得到
有效保护，使之免受破坏，特别是由于不当利用（unsuitable use）、
不当添建（unnecessary additions）和其他损坏其真实性的错误的改
造（misguided or insensitive changes）而带来的破坏，还包括各类污
染影响而带来的损害"，将历史地段的保护与周围环境一起整体考
虑。在第29条中提及关于文物古迹的迁移问题，"一般情况下，除
非在极特别的条件（exceptional circumstances）下，出于完全不可避
免（unavoidable reasons）的原因，不应允许破坏古迹所在的周边环
境（demolition of its surroundings）而使其孤立（isolation），也不
允许将其迁移他处"[11]。这个观念继承了《威尼斯宪章（VENICE
CHARTER）》的基本立场，除非迫不得已，不允许文物古迹从原址环
境迁移出去。

在这些关于文物与环境关系的原则基本确立的情况下，随
着全球保护运动的开展，出现了新的认识变化。1999年ICOMOS《历史
木结构建筑保护准则》中提出："对历史木结构建筑的最小干预无疑
是最理想的，但在某些特定情况下，最小干预意味着允许对建筑进行
完全或部分解体，然后组装，以方便木结构的维修"[12]。这里首次在
国际保护文件中提出木结构体系的古建筑在"某些特定情况"下允许
解体、维修，然后组装回去的，间接默认了木结构建筑可以"落架维
修"或"重建"的可能。

在2003年ICOMOS《建筑遗产的分析、保护和结构修复准则》
中，ICOMOS组织更是进一步发展了对于古建筑的解体重建的认识。在

该文件第1.2条中，首先提出了一个全新的保护立场。"古建筑的价值和真实性不能固定标准，因为出于对所有文化的尊重要求，遗产本体应该在它所属的文化背景下进行考虑"。在这个观点下，文件对于建筑重建提出了新的认识。

"建筑解体和重新组装作为一个可选择的保护措施，这首先需要建筑材料和结构本身具有某些特殊的属性，并且无法通过其他手段实现保护文物或者会对文物有害的时候，才可以实施"[13]。

这里所说的材料和结构的特殊属性，应该是指建筑原有的材料仍然可以获取和组装，结构上具有可拆卸的可能等。

能看出，这些认识开始发生了全新的改变。客观原因之一是基于文物古迹保护运动在全球不断发展的结果。1994年ICOMOS在日本奈良的会议首次对文物古迹"真实性（Authenticity）"提出了新的思考和拓展，认为保护古迹的真实性不能基于固定的标准来评判，反之，"出于对所有文化的尊重，必须在基于相关的文化背景下来考虑对遗产地的评判"[14]。会议形成的《关于真实性的奈良文件（The Nara Document On）》正是保护运动在全球发展的重要成果之一。这个文件将文物保护的立场拓展到保护世界文化多样性的高度上，承认"保护和加强世界文化和遗产的多样性是推动人类发展的基本动力之一"。对文化遗产的保护即使"在文化价值存在冲突的情况下，出于对文化多样性的尊重，应该承认所有各方文化价值观的合法性"；"（真实性）取决于文化遗产的本质属性（Nature of the cultural heritage），文化内涵以及随时间而发生的变化（evolution through time），真实性的判断（authenticity judgements）与大量信息来源（sources of information）的价值判定相关"。

这种观点把《威尼斯宪章（VENICE CHARTER）》所强调的保护文物本体历史信息的真实性和完整性的概念，从物质实体层面提高到信息来源的层面。由于对信息来源的理解因文化差异而不同。如果强调对于信息来源的真实性的判断必须基于尊重各自文化多样性的前提，那么事实上，遗产概念的范畴，保护方式的选择等等，都将因各国文化传统的不同而得到极大的拓展。世界遗产保护运动从以欧洲古迹保护为基础的"绝对标准"逐渐走向尊重世界文化多样性的"相对标准"。

这种认识变化在2001年联合国教科文组织（UNESCO）发

表的《世界文化多样性宣言（UNESCO Universal Declaration on Cultural Diversity）》中得到进一步倡导。它提出"文化多样性（Cultural diversity）是交流（exchange）、革新（innovation）和创作（creativity）的源泉，对全人类来讲，就像生物多样性（biodiversity for nature）对于维持生物平衡那样必不可少。从这个意义上讲，文化多样性（Cultural diversity）是人类的共同遗产（common heritage of humanity）。"[15]正是这一观念的逐步普及和推广，成为了文物保护理念得以突破和发展的新的基石。对待文物迁移和重建的态度也呈现出更多的灵活性和相对性，体现在诸多国际保护文件中（表2.2）。

表2.2　国际文件中文物迁移认识演变

国际保护文件	基本论述	解析
1964年《威尼斯宪章（VENICE CHARTER）》	古迹（A monument）不能与所见证（witness）的历史及其环境（setting）分离。除非出于保护古迹之需要（safeguarding of monument），或因国家或国际之极为重要利益而证明有其必要（justified by national or international interest of paramount importance），否则不得……迁移古迹	文物不能与所在环境分开，不得迁移文物
1975年《保护建筑遗产的欧洲宪章》	最近，大家意识到，如果周围环境发生损害时，那些古迹也会因此失去很多独特性（价值）	再次证实和确认《威尼斯宪章》的环境认识
1976年《内罗毕建议》	每一历史地区及其周围环境应从整体上视为一个相互联系的统一体，历史地区及其环境应被视为不可替代的世界遗产的组成部分	环境认识扩展，成为文物本体的组成。不得改变环境
1994年《关于真实性的奈良文件》	出于对所有文化的尊重，必须在相关文化背景之下来对遗产地加以考虑和评判。真实性的判断与大量信息来源的价值判定相关	价值标准出现文化相对性的趋势。
1999《历史木结构建筑保护准则》	在某些特定情况下，最小干预意味着允许对建筑进行完全或部分解体，然后组装，以方便木结构的维修	建筑解体、组装被特定允许
2003《建筑遗产的分析、保护和结构修复准则》	古建筑的价值和真实性不能固定标准，因为出于对所有文化的尊重要求，遗产本体应该在它所属的文化背景下进行考虑。建筑解体和重新组装作为一个可选择的保护措施	在保护文化多样性的基础上，相对价值标准成立。建筑解体、重组、迁移可以存在

（三）相关国家对文物迁移的保护研究

保护文物古迹的运动自1964年《威尼斯宪章（VENICE CHARTER）》之后，迅速从欧洲地区扩展到世界各地。各国在吸收《威尼斯宪章（VENICE CHARTER）》保护理念的同时，结合本国的文化传统，逐渐发展出适合自身文化特点的保护理念，形成本国的保护宪章或准则。在这些国家的保护文件中，对于文物建筑的迁移和重建也都提出了各自的认识。

当然，世界上大部分国家在最初确定自己的文物保护准则时，基本都延续了《威尼斯宪章（VENICE CHARTER）》的保护观点，1983年加拿大《关于保护与加强已建成环境的文件》（《阿普顿宪章》）中直接引用《威尼斯宪章》对文物环境认识的表述，"建成环境的全部要素不能与其所见证的历史分离、不能与其产生环境分离"[16]。在文物迁移方面也坚持否定的立场，"搬迁和解体现有的建成物只能作为最后的手段使用，只有在确实无法通过任何其他手段实现保护的情况下"。

ICOMOS澳大利亚委员会制定的《巴拉宪章（Burra Charter）》作为澳大利亚文物古迹保护的基本准则。经过了几十年的推广应用，巴拉宪章在澳大利亚已经深入人心，得到了广泛的社会认同和良好实施。《巴拉宪章（Burra Charter）》最初由ICOMOS澳大利亚委员会1979年在澳洲南部的巴拉制定，经过1981年修订、1988年修订和1999修订三次修订版之后逐渐完善。2013年澳大利亚公布了最新修订的《巴拉宪章（Burra Charter）》。最初由ICOMOS澳大利亚委员会1979年在澳洲南部的巴拉制定，经过1981年修订、1988年修订和1999修订三次修订版之后逐渐完善。2013年澳大利亚公布了最新修订的《巴拉宪章（Burra Charter）》。

通过不断的修订，《巴拉宪章（Burra Charter）》更好地贴近澳大利亚本国的文化传统和保护实际，同时也极大地宣传了国际保护理念在澳大利亚社会的普及。

涉及保护古迹与其所在环境的标准，1979年版的《巴拉宪章（Burra Charter）》首先全盘接受了《威尼斯宪章》的基本立场。第8条强调"保护意味着需要保留一个合适的视觉环境，如形式、规模和纹理色彩等……"，对于迁移文物，第9条规定"必须原址保护，任何建筑和艺术品的移动或部分移动都是不可接受的，除非是为了确保文物安全的情况下，才可以作为采用的极端手段"[17]。可以看出，1979年的《巴拉宪章（Burra Charter）》反对迁移文物，强调场所和原地点是其文化意义的重要部分，这与《威尼斯宪章（VENICE CHARTER）》高度一致。但是，随着本国保护的实际需要，在1988年的修订版中，出现一条对第9条的旁注说明："有一些建筑，最初设计就是为了方便移动，或者历史上已经被迁移过，如预制组装的住宅或井架。如果这些建筑与他们目前所在位置确实没有必然的联系，那么迁移就可以考虑……"[18]，这个变化在随后的1999年修订《巴拉宪章（Burra Charter）》中得到确认，第9条被扩展成关于"地点（location）"的三条标准：

9.1（古迹）的地点位置（physical location）是文化意义的一部分。一个场所的建筑物、工作或其他组件应保持在其历史位置。搬迁一般是不可接受的，除非这是唯一切实可行的方法以确保其存在。

9.2 有些地方的建筑物、艺术品或其他组件原先就被设计为易于拆除或已经有搬迁的历史。只要这样的建筑、艺术品或其他零部件不具有与他们现在位置的重要联系，移动可能是适当的。

9.3 如果任何建筑物、艺术品或其他组件需要移动，它应该被移动到合适的位置，并给予适当的使用。并保证这样的行动不损害任何文化场所的重要性[19]。

可以看出，1999年《巴拉宪章（Burra Charter）》对于《威尼斯宪章》文物迁移的认识进行了拓展，结合本国文化传统中存在"设计时可移动"和"历史上已经迁移过"两种情况，提出了"可以迁移文物"的条件。通过宪章的修订更好地指导本国文物古迹的迁移保护工作。在保护认识上，首先仍坚持"文物与所在环境不可分离"国际保护理念。同时提出了文物建筑与现有环境存在着一种"没有必然联系"的本国实际情况（如设计可移动或已经被迁移过）。那么，迁移是允许的。这个认识是对威尼斯宪章关于文物与环境关系认识的一次拓展（图2.2）。

与澳大利亚等国家首先坚持国际保护理念，再结合本国保护实

图2.2　澳大利亚迁移保护认识历程

践不断修订的方式不同。也有少部分国家先依据本国实际需要制定准则，然后再接受国际保护理念修订本国准则。

1993年ICOMOS新西兰委员会制定的保护具有文化遗产价值场所的《新西兰宪章》中，十分务实地直接提出可以迁移文物的方式。

"历史建筑的原址应该作为遗产价值完整性的一部分，但是，迁移文物在存在如下评估结论中仍可以作为合法保护过程的一部分。

Ⅰ遗产地点与遗产价值无关（一种无关环境的）或

Ⅱ迁移是建筑得以保存的唯一方式，或

Ⅲ迁移能延续遗产的价值。"[20]

新西兰的木构建筑历史上经常由于人口迁徙和自然灾害会不断迁移或重建。《新西兰宪章》中对于文物迁移采用十分务实的方式从一个侧面反映了国家实际的传统情况。但是这种规定在实践操作中必然会逐渐模糊了文物古迹迁移与一般建筑迁移的区别，也导致在文物认定、迁移工程是否属于保护性质、文物保护管理上的混乱。

2010年的ICOMOS《新西兰宪章》对于文物迁移进行了修订，重新确立《威尼斯宪章》中文物古迹不可与原环境分开的保护基本立场。同时对于非保护目的而迁移文物的行为予以"非保护方式"的定性。对于必须迁移的情况也予以规定。宪章第10条"迁移"规定"具有文化遗产价值的建筑物和特征与它的位置、场所、庭园和背景环境紧密相关，这与遗产的真实性完整性本质相连。因此，具有文化遗产价值的建筑和特色应该原址保留"[21]。重申了《威尼斯宪章》的基本保护立场。同时规定，为了其他目的或建设工程需要将文物古迹迁移出原址，以及让文物古迹迁移至另外地点进行开发利用，都视为非保护性的过程，不再认可为古迹。说明在新西兰的保护实践中，逐渐开始以国际保护理念为指导，针对文物建筑的保护行为和非保护行为进行了严格区分（图2.3）。

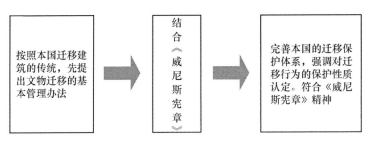

按照本国迁移建筑的传统，先提出文物迁移的基本管理办法 → 结合《威尼斯宪章》 → 完善本国的迁移保护体系，强调对迁移行为的保护性质认定。符合《威尼斯宪章》精神

图2.3　新西兰迁移保护认识历程

可以看出，文物迁移问题在各国都是一个普遍存在的现象，各国基本都延续《威尼斯宪章（VENICE CHARTER）》的保护立场，即文物迁移不可以接受，仅仅是在特定情况下采取的一种极端的或唯一的特殊保护方式。各国在保护实践中面临的迁移文物的情况不同，但是通过ICOMOS等国际保护组织的协助和交流，各个国家逐渐完善对迁移文物的认识，并通过不断的修订国家文件得到体现。

（四）新的趋势

通过对国外保护理论与实践的梳理，可以发现，各国对文物迁移的认识基本一致，承认并延续《威尼斯宪章（VENICE CHARTER）》中对于文物古迹与环境关系的基本认识。文物古迹价值的真实性和完整性体现在古迹所在的位置和环境中，除非在特定的无法保证文物安全的情况下，文物迁移才作为唯一的手段可以接受。

同时，注意到各国在自己的文化传统和保护实践中，对于文物迁移的实践也是各有不同。澳大利亚将"设计时可移动"和"有过迁移历史的"作为允许文物迁移的额外条件。新西兰则在本国已有的大量的建筑迁移的传统中，通过对国际保护理论的吸收，将文物迁移是否属于保护行为的范畴进行了严格限定。

另外需要注意到的是，随着国际保护运动的发展，从《关于真实性的奈良文件》到《世界文化多样性宣言》，各国自身的文化传统和保护实践也对保护理论的发展产生了巨大影响。世界文化多样性对于人类发展的积极作用，逐渐在全球得到广泛共识。2005年教科文组织发布《保护和促进文化表现形式多样性公约》。对于世界文化多样性的尊重，使得国际保护运动也呈现出一种对相对价值的认同趋势。不同国家对于文物迁移也出现了一种日益增长的关于随时间和空间变化的历史意识。这些认识上的改变，不断出现在一些新的国际保护文件和各国的国家文件中。

二、阿斯旺水利工程影响下保护埃及古迹的国际运动

（一）阿斯旺水坝：世界影响的水利工程建设

埃及尼罗河是世界上最长的河流之一，从苏丹自南向北流经埃及全境，全长6670公里。尼罗河是一条非常古老的河流，距今6500万年前就存在。尼罗河的定期泛滥对于埃及文明的产生和发展具有重大的影响。在埃及的历史文献中，尼罗河泛滥导致的各种灾害记载十分普遍。

古埃及很早就开始建造水利治理尼罗河。考古发现，在中古王国第12世王朝期间（公元前1991年至前1786年），埃及法老开始利用北部法尤姆洼地（Fayum Depression）调蓄洪水控制水利，也就是现在所谓的美利斯湖[22]。

后来的考古发现公元前3世纪托勒密罗马统治时期，在法尤姆地区建造了一个由夯土构筑的大坝。大约公元60年前后，重新用混凝土以及石灰浇筑新大坝。考古发现了大坝遭到冲毁剩下的5处墙体遗迹，时间可以追溯到公元前2世纪至公元前1世纪[23]。

近代埃及历史上也多次开展尼罗河的现代水利工程建设。1889年建造了被称为一号坝的尼罗河水利工程。大坝在1912年和1933年两次不断加高，依然不足以控制住尼罗河巨大的洪水灾害。1946年尼罗河发生特大洪水，洪水水位越过一号大坝坝顶，倾泻而下，造成巨大灾害。

1959年埃及独立，贾迈勒·阿卜杜勒·纳赛尔（Gamal Abdel-Nasser）成为了新任总统。为了彻底根除尼罗河水患，新独立的埃和苏丹两国政府共同商定。在阿斯旺地区修建一座大型水坝，根治尼罗河水患，推动国家经济恢复和发展。

对于水利工程将导致大量埃及古迹被水库淹没的问题。贾迈勒·阿卜杜勒·纳赛尔（Gamal Abdel-Nasser）总统发表了他著名的名言："保护文化遗产与修建大坝、建设工厂以及人民因此而获得巨大繁荣相比，一点也不重要！"[24]

阿斯旺大坝在1960年1月9日奠基，1971年1月15日竣工。大坝坝体总长3600米，高度从河床上计算高达111米，大坝呈两翼向两岸外扩展。大坝建成后，形成了一处长达500公里，总面积5000平方公里世界级的人工湖（纳赛尔湖）。水库总库容达1640亿立方米。

建设阿斯旺大坝可以获得的效益包括：

①将时令淹灌种植的土地全部变成常年灌溉土地，总面积达983000费丹（1费丹=1.038英亩）。

②可耕作土地面积从5.8万费丹增加到740万费丹。

③增加作物的种植面积从1952年3.8万费丹增加至1993约1400万费丹。全面解决埃及全国人民的粮食问题。

④大坝建成后，大批的村庄将获得常年的可饮用水源。

⑤尼罗河将成为可全年航行的航道，彻底改变随时令分区域通航的历史。

⑥新形成的阿斯旺高坝湖（纳赛尔湖）将每年生产40,000吨鱼类，成为发展埃及渔业经济的主要来源。

⑦大坝每年产出10亿千瓦的电力为埃及国家产业发展提供重要的能源支撑。

从水利工程建设方面看，阿斯旺大坝建成后确实给埃及的稳定和繁荣带来了巨大效益。没有阿斯旺大坝建设，要同时满足埃及对耕地、粮食、水源和能源的需求是不可能的。另外，大坝建成后的事实发展证明，对抗击后来的非洲十年干旱，持续促进埃及国家经济建设至关重要。同时在1964年、1975年、1977年尼罗河大泛滥灾害中保护了埃及避免大的损失，阿斯旺大坝都起到了重要的调蓄作用（图2.4）。

（二）埃及努比亚古迹保护的国际运动

1. 努比亚地区概况

正如纳赛尔总统名言提及的，阿斯旺水利工程建设能带来巨大效益的同时，对生态环境以及文物古迹是一场巨大的威胁。特别是埃

图2.4　纳赛尔湖与阿布辛贝勒神庙

（来源：http://bbs.fzbm.com/）

及尼罗河上游的努比亚（Nubia）地区的文物古迹，面临全面淹没的危险。

努比亚地区的地理边界在埃及历史上是相对变化的，总体上涵盖了从苏丹到埃及之间全部的尼罗河峡谷区域，其间布满了阻塞航行的众多大瀑布。范围自北往南包括埃及第一座瀑布到苏丹的第六座瀑布之间，距离约为800公里，从第一到第二瀑布之间被称为努比亚下游地区，也称为埃及的努比亚。从第二瀑布以上再往南的地区就是上游地区，也称为苏丹的努比亚。

考古发现，公元前4000年左右粮食作物开始引入该地区，这一时期称为A-组群文化。公元前3200年前后随着统一的埃及王国出现，在努比亚下游区域发现的C-组群文化，埃及南部形成了科尔玛（Kerma）文明。公元前1900年左右即埃及中古王国时期，特别是第12世王朝期间在该地区建立了一系列军事城堡来实行统治。埃及新王国时期在此峡谷区域建造了大量的神庙圣殿（图2.5）。

努比亚地区后来在此建立强大的纳帕坦（Napatan）王国。在公元前750年前后的埃及第25王朝时期，塔哈尔卡（Taharqa，公元前690—前664年）在努比亚地区开展了大量的建设活动，包括建造在博尔戈尔山（Gebel Barkal）的阿蒙神庙。在库奴的努里发现的纳帕坦国王和王

图2.5　努比亚地区的古代遗迹

（来源：http://www.quanjing.com/ ）

后的陵墓，以及博尔戈尔山区域的一些统治者的陵墓，这些陵墓中普
遍采用小一点金字塔，反映出早期埃及文明的影响。

　　大约公元前320年左右，亚历山大大帝（公元前332—前331年）
入侵埃及，埃及开始融入了环地中海的文化圈，建立了托勒密的统治
（公元前305年）之后，在公元前1世纪，埃及被罗马统治。公元7世
纪左右，阿拉伯人入侵埃及，努比亚地区逐渐融合了阿拉伯文化的影
响，发展至今。

　　可以看出，努比亚地区作为古埃及文明的一部分，保留有历史非
常悠久数量丰富且独特的文物古迹和遗址，反映了该地区与众不同的
古代埃及文明。

2. 保护埃及努比亚古迹的国际运动

　　20世纪50年代，第三世界国家纷纷从西方帝国主义和霸权统治下
谋取民族和国家独立。中东地区一直是国际政治的敏感地区。1952年
以纳赛尔为首的埃及军官发动政变，推翻英国扶持的王朝统治。1953
年6月正式成立埃及共和国，实现埃及独立。1954年，埃及新政权从
英国手中收回苏伊士运河。同时，着手建设阿斯旺大坝。埃及新政权
向世界银行申请贷款，但世界银行组织最终却因政治因素背弃承诺，
放弃资助大坝建设。于是新埃及决定接受了苏联的经济援助，开始

了阿斯旺大坝的建设工作。这些敏感的政治因素使得工程建设一直受到西方国家的非议和阻挠，也使得中东局势滑向危险的方向。1956年由英国、法国和以色列三国联合开始对埃及进行了军事干预，爆发苏伊士运河危机。在这次西方军事入侵埃及的政治借口中，就包括劝阻埃及新政权放弃修建阿斯旺大坝，同时还包括要求埃及应该采取措施保护受到威胁的古代埃及的文物古迹。

1959年，埃及文化部长特拉瓦特（Tharwat Okasha）会见了当时联合国教科文组织总干事助理雷恩马耶（René Maheu），希望由联合国教科文组织（UNESCO）来出面

图2.6　教科文组织总干事维托里诺·维罗纳塞

（来源：http://www.unesco.org）

组织保护埃及努比亚古迹。背后的意图是希望通过联合国机构参与协调，缓和西方强国对新埃及政府的压力和紧张的中东局势。联合国教科文组织的反应非常迅速。在埃及提出申请后24小时，教科文组织总干事维托里诺·维罗纳塞（Vittorino Veronese）就向他保证。他立刻给联合国教科文组织的执行局提交一份建议，呼吁国际社会联合起来，开展保护救援行动。于是，世界上首次实施的一个全球性的国际间文物古迹联合救援计划初步成型，这个计划就是著名的努比亚国际文物古迹救援行动计划（图2.6）。

后来的发展表明，这次由联合国教科文组织牵头，前后有50多个国家参与抢救埃及和苏丹两个国家受阿斯旺水利建设影响的文物古迹的国际保护运动。后来逐渐发展成世界各国科学家和考古学家积极参与的在埃及历经十年的考古运动。这十年的考古活动不仅改写了我们对埃及古代文明的认识，而且也极大地推动了文物古迹保护在全球的影响，促进了世界遗产概念的形成。在1960年3月8日教科文组织总干事维托里诺·维罗纳塞（Vittorino Veronese）当时发出的全球呼吁中，对保护面临危险的埃及古迹提出以下几点认识和建议[25]：

①在当代人的利益需要和保护文化遗产之间做出选择是非常不容易的。

②具有无与伦比价值的古迹珍宝应该得到全球最普遍意义的保护。

③救援行动不仅仅是去保留一些即将面临损失的古迹，同时也对许多尚未发现的但对全人类都具有价值的财宝带来一些拯救的希望。

④只有在各国政府、机构、公共和私人基金会以及随处可见的善良的人的积极参与下，文物古迹才能得到全面有效地保护。

⑤强调营救运动对大量专业服务、保护设备和资金的需要。

从维罗纳塞的建议中，再结合当时处于冷战初期的国际政治环境，可以看出，这些呼吁完全超出了国际政治和意识形态的纷争，而从保护文物古迹本身具有的全球意义和全人类价值方面去充分阐释。建议首先客观承认了当代人的需求和保护文物古迹之间的选择对于一个国家来说十分矛盾。第二条直接提出从普遍意义的角度看，保护具有无与伦比价值的文物古迹更具有全球意义，应该超越某一个国家对当代利益追求的需要。接着提出了保护救援不仅仅是抢救一些已知的古迹，而是全面了解和发掘大量未知的人类文明的财富，这些财富对于全人类都具有普遍价值。最后一条就是保护行动的关键着力点，要求各国政府和全球人民共同联合起来，才能实现此次保护任务。这些建议之间充满了逻辑关联，其核心思想就是文物古迹作为人类文明的见证，具有全球普遍意义，对全人类都具有重要价值。

后来的事实发展证明，维罗纳塞超越政治和意识形态，充满保护逻辑的呼吁变成了真正的历史预言：因阿斯旺水利建设而兴起的努比亚古迹保护国际救援运动不仅保存了大量的文物古迹，更是了解古代埃及文明以及埃及人民的一次国际间的文化运动。该运动已导致埃及数十年的考古活动无处不在。从根本上彻底改变了我们对古埃及文明的知识，包括尼罗河流域史前史。基本上重写了埃及考古学。在全球范围内，维罗纳塞当初提出的"（保护）任务前无古人"也开启了联合国教科文组织在支持拯救世界文化遗产的国际运动先河。

在这场保护行动中，最受关注努比亚地区的23座古代埃及神庙的文物迁移工程，除了5座捐赠给法国、美国等博物馆外，大部分都在埃及和苏丹境内得到重新复原和安置[26]。其中最著名的保护工程就是对阿布辛贝勒神庙的迁移工作。这场搬迁工程不仅向全世界展示了阿布辛贝勒神庙神秘历史以及建造工艺的伟大神奇之处（如每年两次的太阳光射入陵墓内拉美西斯二世神像的设计），而且也宣传了文物迁移工程的实施难度以及各国专家联合开展的巨大的技术创新。将依托崖体建造的巨大神庙切割成807块，运输到新址处进行原状复原。整个搬迁过程历时8年，充分体现了世界各国专家和机构之间的国际合作，以至于在大量媒体的报道中，阿布辛贝勒神庙的文物迁移工程成为了整个努比亚保护救援运动的一个代表和缩影（图2.7、图2.8）。

图2.7　阿布辛贝勒神庙迁移

（来源：http://www.haokanbu.com/story/）

图2.8　搬迁后的阿布辛贝勒神庙

（来源：k.ifeng.com）

（三）全球影响：世界遗产保护运动的肇始

1. 促进世界文化遗产概念的形成

由于埃及阿斯旺水利工程建设，教科文组织通过一次完整的国际政府间的联合救援行动，将"保护对全人类都具有重要价值的文物古迹具有全球普遍意义"的概念在全世界范围内得到了广泛传播。从维罗纳塞的呼吁中，我们仍然能看到1931年《关于历史古迹修复的雅典宪章》对文物古迹价值的基本认识，但维罗纳塞却是第一次把这种价值认识提高到对全人类都具有重要意义的高度，保护文物古迹的问题首次超越了国家历史的界限。

随着各国政府和专家学者的积极参与埃及努比亚保护运动，大量新发现的考古遗迹不断吸引了全球媒体的关注。遍及全球各大博物馆的埃及出土文物巡回展览等活动，也进一步推动了全世界对保护作为人类文明见证的文物古迹的全球意义。在世界范围内逐渐形成了一种普遍共识。

1964年在威尼斯召开的第二次国际古迹遗址保护理事会（ICOMOS）会议，会议形成的《威尼斯宪章（VENICE CHARTER）》中，明确了当时正在开展的埃及努比亚国际保护运动中体现出的全球和全人类意识，在宪章开篇中明确"人们越来越意识到人类价值的统一性，应把古代遗迹看作（全人类）的共同遗产，认识到，为子孙后代保护这些古迹是（全人类）的共同责任"。这里，文物古迹具有的"人类价值的统一性（unify of human values）"，是"共同的遗产（Common heritage）"和"共同的责任（Common responsibility）"。可以看出，世界遗产的概念已经初步形成。

2. 促使《保护世界文化与自然遗产公约》的诞生

随着保护努比亚古迹国际运动的成功开展，以联合国教科文组织为主导，各类国际保护团体纷纷成立。努比亚国际保护运动的成功带动了教科文组织在全球其他地方开展类似的国际保护活动，例如在意大利的威尼斯国际保护项目，在巴基斯坦的摩亨佐达罗（Mohenjodaro）国际保护项目，以及在印度尼西亚的婆罗浮屠（Borobodur）保护项目等等。 1965年在美国华盛顿召开的教科文组织会议上，相关国际保护机构共同推动，通过了旨在保护全球自然和文化遗产的一项决议，即设立"世界遗产信托基金"[27]。

在教科文组织主导下，国际社会开始广泛开展文物古迹保护合作，对文化遗产的法定保护开始进入联合国教科文组织的工作议程中。在国际古迹遗址理事会等机构的帮助下，草拟了一份保护文化遗产的公约。同时，与美国的自然保护国际联盟（IUCN）合作，将全球自然遗产一起考虑放入一个法律文件中。1972年11月在巴黎教科文组织（UNESCO）第17届全体会议正式通过了著名的保护全球遗产的国际公约《保护世界文化和自然遗产公约》（以下简称《遗产公约》）。公约开篇明确了世界遗产的基本属性：

"不论哪国人民，保护具有独特且无法替代的遗产对全世界人民都很重要。"

"考虑到文化或自然遗产具有突出的重要意义，因而需作为全人类共同的世界遗产加以保护。"

"考虑到存在威胁这类遗产的各类危险的规模和严重性，所有国际社会有责任通过集体援助来参与保护这一类具有突出普遍价值的文化的和自然的遗产。"[28]

公约对文化遗产属于全世界和全人类的公共属性进行了再次明确，强调具有突出普遍价值的文物古迹是属于全人类的共同遗产，国际社会具有共同的责任。从此，文物古迹保护从各个国家内部开始走向世界遗产保护的方向，公约的制定和实施有力地推动了世界遗产保护运动在全球的开展。

3. 促使联合国教科文组织（UNESCO）遗产委员会组织的建立

1961年埃及努比亚国际保护运动开始后，在联合国教科文组织文化部门内部成立了一个"努比亚古迹保护的服务处"，在开罗和喀土穆都设有平行的办事处。随着各国进入埃及参与各项保护和考古工作，教科文组织随后设立了一个执行委员会，1962年决定执行委员会由15个参与成员国组成。执行委员会代表教科文组织总干事对于国际救援行动中的一般问题作出决定。比较有意思的是，执行委员会全部由参与各国的代表组成，并不是由保护专家组成。具体保护项目中的技术问题，由执行委员会委托国际上其他专业咨询机构来负责。努比亚国际保护运动的这种管理组织模式在1972年通过《遗产公约（World heritage Convention）》后，在公约实施上依然沿用。通过成立由各缔约国代表参与组成的遗产委员会来保障公约的实施。同时相关国际咨询机构予以提供技术支持，如ICOMOS、IUCN、ICOROM等国际组织。

1976年11月教科文组织（UNESCO）成立了由21个国家成员的代表组成的世界遗产委员会（The World Heritage Committee），负责保障《遗产公约》的执行和实施。随着缔约国成员越来越多，列入世界遗产保护名录的项目越来越多，1992年总部设在巴黎的教科文组织下设成立世界遗产中心（World Heritage Centre），负责协助各个成员国具体执行《遗产公约》，并对世界遗产委员会的工作提出各类建议，同时执行和实施世界遗产委员会相关决定，成立遗产中心是为了保障《遗产公约》执行的日常管理工作。遗产中心负责编制并协助提名新的世界遗产名录，协调开展国际援助，举办培训课程，以及提供紧急援助等。自公约实施以来，由世界遗产中心提供了各类语言版本的纪录片和教育片，出版光碟，书籍等，持续推动着国际保护运动的开展。教科文世界遗产委员会（The World Heritage Committee of UNESCO）的组织架构和世界遗产中心（World Heritage Centre）的设立无疑是具有伟大的全球意义。这一组织架构也可以视为由于阿斯旺水利建设而开展的保护埃及古迹国际运动的最珍贵的成果之一。

三、国外其他因素影响下的文物迁移活动

从全世界范围看，除了水利建设的影响外，其他国家搬迁文物古迹也各有其客观原因，有些国家还有自己的文化传统。

首先，需要介绍的是作为文物迁移保护（Relocation conservation）的一种典型方式——露天博物馆，最早由瑞典人在1891年建立的斯堪森露天博物馆（Skansen open-air museum）。

创建这个博物馆的A·哈契利乌斯1878年曾经在巴黎万国博览会上见到一个室内展出的农舍建筑，大受启发。回国后开始迁移一些民间房舍，并保持原来风格面貌，使得民族的文化遗产能够在一个地方集中完整的展示出来。1891年斯堪森露天博物馆终于落成，吸引了大批的游客和爱好者。斯堪森博物馆（Skansen Museum）占地大概有三十多公顷。里面集中了瑞典境内不同地域不同风格的建筑共130多栋。

岛上陆续建成北方博物馆、瓦萨博物馆，形成一个独具特色的文化区域[29]（图2.9）。

图2.9　瑞典斯堪森露天博物馆

（来源：http://wo.poco.cn/）

自19世纪末瑞典最先创立斯堪森露天博物馆（Skansen Museum）以来，迅速吸引了大量游客参观并喜爱。北欧地区瑞典周边的挪威、丹麦和芬兰等国家纷纷仿效。随后，这种集中迁移历史建筑的方式也迅速传遍其他各国，并影响了20世纪60年代的美国、70年代的日本和澳大利亚以及80年代的中国。最典型的就是1988年公布的安徽"潜口民宅博物馆"作为全国重点文物保护单位，成为我国露天博物馆保护方式的典型代表之一。

其次，由于重大建设的需要而对文物古迹实施搬迁也是最多的原因之一，这一点和我国因为铁路、高速公路和交通市政建设需要搬迁文物一样。1996年英国政府通过的英法海底隧道高速铁路线（CTRL）工程建设计划。1998年开工建设的CTRL的工程是欧洲比较著名的是一个反映建设发展和文物古迹保护冲突的典型案例。采用文物迁移的保护方式成为了解决遗产保护问题的主要手段。作为欧洲最大的建设工程之一，海峡隧道铁路连接线路从隧道入口算起总长109公里，终点站设在伦敦圣·派克那斯（St Pancras）国际火车站。1998年开工建设。CTRL建设线路上总共31处历史建筑（大部分是英国二级登录保护建筑），其中12处文物建筑实施了迁移保护。包括实施整体平移、原样拆除复原等多种迁移方式[30]。

　　另外，澳大利亚对待文物建筑迁移的认识也比较特殊，由于昆士兰地区（Queensland Area）历史上有随着金矿位置变化而整个城镇随之迁徙的传统。许多历史建筑从设计之初就是为了便于随时迁移使用。随着露天博物馆的保护方式从欧洲传入澳大利亚，当地社区居民非常认同这种迁移方式。组成各种民间保护团体对自己所居住小镇的历史建筑进行集中迁移保护，并对外展示开放。20世纪60年代，澳大利亚民间自发设立的民俗露天博物馆开始如雨后春笋般建立，达数百家。到1993年，昆士兰总共有234家博物馆和建筑展示馆，24家露天民俗博物馆。当地政府不得不专门设立相关机构对此进行登记和管理[31]。澳大利亚的广大社区居民对于自身历史的重视和迁移建筑的传统，也直接导致了ICOMOS澳大利亚国家委员会不断重新修订《巴拉宪章（Burra Charter）》中关于"文物建筑迁移"的相关条款。

　　1961年，美国密苏里州的威斯敏斯特大学，为纪念英国的温斯顿·丘吉尔爵士从该校接受名誉学位的25周年纪念活动。经过国际谈判，学校计划将位于英国伦敦的圣玛丽埃尔顿曼伯里（St. Mary Aldermanbury）的一座小石头教堂搬迁到美国校园里，以纪念这一历史性时刻。这所教堂由克里斯托弗雷恩爵士和罗伯特·胡克在17世纪70

图2.10　伦敦的圣玛丽教堂

（来源：london.lovesguide.com）

年代设计，第二次世界大战期间由于遭到轰炸而严重破坏，因此决定拆除后，跨过大西洋运到美国的威斯敏斯特大学，然后重新在校园里竖立起来。在这个过程中，石雕被重新清洗，整个拆除迁移过程被完整地作了记录。1969年修复后的纪念教堂和博物馆在威斯敏斯特大学完工并对外开放[32]（图2.10）。

第三章
国内迁移保护的理论和实践

一、我国文物迁移保护的基本认识

（一）我国现代保护意识的启蒙和发展

我国现代意义上的古迹保护始于上世纪30年代。与西方通过启蒙运动和工业革命逐渐步入现代社会的方式不同，我国摆脱传统意识禁锢，渴望建立现代国家的社会意识完全是在西方列强的入侵与掠夺下，激发出强烈的民族忧患意识，并且通过持续不断的革命行动①得以较快地实现的。

正如前文所述，现代意义上的"保护"起源根本在于一个国家或社会普遍存在传统与现代的意识区分，其本质与"新的历史意识"有关。"五四"运动开启了对我国传统文化的激烈批判，社会上涌动着维新和革命的浪潮。伴随着西方侵略与殖民，我国文物古迹也遭到列强们大肆掠夺。同时现代历史学和考古学等西方现代学科的引入与传播，逐渐激发了国民对于本国"古物"的价值意识[33]。北洋政府和民国时期都先后颁布了保护古物的法规，将保护古物纳入法律管理。

在文物建筑的保护方面，1929年创立的中国营造学社不仅奠定了中国建筑史学的学术体系，也开启了文物建筑保护实践与理论探索的方向[34]。梁思成1930年加入中国营造学社，在开展中国古代建筑研究的同时，开始针对古代维修传统提出了完全不同的保护认识，代表了那个时代逐渐开启的"传统与现代"的意识区分。在1935年曲阜孔

----

① 笔者认为，从广义上可以理解为100多年来我国连续的旧民主主义、新民主主义革命，国家独立革命及文化大革命。甚至改革开放也可以看做是中国现代化历史进程中的持续革命的一种形式。

庙的修葺计划中，他提出"在设计人的立脚点看，我们今日所处的地位，与二千年以来每次重修时匠师所处地位，有一个根本不同之点。以往之重修，唯一的目标，在将已破蔽的庙庭恢复为富丽堂皇，……若能拆去旧屋另建新殿，更是颂为无上的功业或美德，但是今天我们的工作却不同了，我们须对各个时代之古建筑，负保存或恢复原状的责任"[35]。这段话强调了今人与古人对待古建筑的认识差别，成为我国现代"保护"意识的最早表述之一。

不可否认，中国营造学社的实践和理论认识对新中国的文物保护有直接的影响，在国家保护法令、公众教育与宣传，考察和记录文物，传统技艺传承，专业人才培养等方面都对新中国文物保护工作具有重要的影响[36]。这其中，梁思成先生的建筑保护思想无疑是影响最广泛的。

早在1932年梁思成先生在《蓟县独乐寺观音阁山门考》一文中提出了现代意义的文物古迹保护所需的三个基本社会前提。其中，关于社会保护意识的形成，提到"保护之法，首须引起社会注意，……使知建筑在文化上之价值……是为保护之治本办法，……其根本乃在人民教育程度之提高"；在保护法令方面，他呼吁"在社会方面，政府法律之保护，为绝无可少者。……尤须从速制定、颁布、施行"；在专业人才方面则提出"而所用（古建筑修葺及保护）主其事者，尤须有专门智识，在美术、历史、工程各方面皆精通博学，方可胜任[37]"。

这三个作为现代意义文物保护的基本社会前提，在新中国成立之初就及时体现在国家文物管理的工作重点中。

1949年新中国成立始，中央和地方政府都统一设置文物管理机构，直接将文物管理工作纳入各级政府的基本行政职能当中。随后就是颁布法令，从1950年颁布《禁止珍贵文物图书出口暂行办法》开始，到1961年制定颁布《文物保护管理暂行条例》。这期间，中央政府关于保护文物的法令和文件不断出台，通过各级政府层层下发，落实到全国基层的实际工作中，对全社会建立保护文物的意识起到了极大的宣传和促进作用。其中，为配合国民经济发展第一个五年计划，中央政务院1953年发出《关于基本建设中保护革命历史文物的指示》，明确"做好文物保护工作是文化部门和基本建设部门的共同重要任务之一"。1956年国务院《关于在农业生产建设中保护文物的通知》首次提出"……建立群众性文物保护小组"，着手发动群众，开展文物保护工作。同时，在这个文件中，第一次提出了开展文物普查，建立文物保护单位等要求。这些文件在全国范围内得到了很好的落实和执行，迅速造成了全民重视文物保护的社会普遍意识（表3.1）。

表3.1　建国初期两部具有重大制度影响的法令

法令名称	基本内容	制度影响和意义
1953年《关于在基本建设工程中保护历史及革命文物的指示》	各级人民政府对历史及革命文物负有保护责任。保护文物工作为目前文化部门和基本建设部门的共同的重要任务之一；基本建设的主管部门，在较大规模的基本建设工程之前，应负责与同级文化主管部门联系，商定工地保护文物工作的具体办法。中央人民政府文化部应有计划地举办考古发掘训练班，培养考古发掘人员	-文物工作纳入国家政府职能； -确立建设部门和文化部门的会商制度； -确立中央文化部开展文物干部培训制度
1956年《关于在农业生产建设中保护文物的通知》	必须在既不影响生产建设、又保护好文物的原则下，采取应急措施，加强宣传，在农业生产和建设中开展群众性保护组织。进行经常的文物保护工作。……由于农业生产建设范围空前广阔，农村的文物保护工作已绝非少数文化……干部所能胜任，因而必须发挥广大群众……，使保护文物成为广泛的群众性工作。……必须在全国范围内对历史文物/革命文物遗产进行普查调查工作。……各省、……市在本通知到达后2个月内提出保护单位的名单，报……批准先行公布，通知……做出标志保护。被确定的文物保护单位，由文化部……登记并发执照，交由……负责保管。	-"两利"原则的雏形； -大规模的群众性文物保护运动，直接影响了最广大的农村人口。首次深入全国范围的推广和普及了现代文物保护意识； -确定了文物普查制度雏形； -确定了文物保护单位的国家制度雏形

在人才培养方面，1952~1954年为配合大规模基本建设，中央政府决定由文化部、北京大学、中国科学院等机构联合组织短期考古人员训练班，为期三个月。梁思成先生作为古建筑方面的教员也参加了培训。训练班从1952年起连续举办了四届，共培训了考古与古建筑方面的人员341人，结课后集中分派到全国各地。这四届短期训练班被老一辈称作新中国文物战线上的"黄埔四期"[38]。可以看出，无论是在国家保护法令建设、公众教育与宣传，文物普查登记，专业人才培养等方面，都在新中国成立后短短的10年内迅速得到推动并建立起来。

国家型的文物管理体制初步形成，全社会形成了"需要保护文物"的普遍共识，使得新中国的文物保护工作一开始就脱离了民国时期依靠小型学术团体的模式。这一方面是新的中央政府积极推动和倡导的结果；另一方面也是久贫积弱的中国在实现国家独立后民族情感集体抒发的需要。由此产生的"文物保护单位"制度成为了我国政府主导型文物管理工作的重要特色[39]。

在保护理论方面，继承了民国时期初步形成的"不失原状"的保护认识。在50年代新中国与苏联及东欧一些社会主义国家开展了有益的文化交流活动，开始认识到文物具有艺术、历史、情感等多方面的价值，对于文物修复各国基本坚持"恢复原状"的要求。但是在理论探讨方面，并没有像西方一样开始逐渐思考并形成较系统的保护哲学，更没有意识到文物价值主要体现在历史信息的真实性等方面。相反，我国对于文物古迹保护的理论思考主要停留在对"文物原状"的探讨上，与19世纪法国兴起的"风格修复"时的探讨颇为相似。

中国营造学社开始古建筑研究后，对于文物修葺工作逐渐脱离古代传统要求"焕然一新"的认识，普遍认为应"不失原状"。1932年梁思成以现代人的保护意识提出"（今日）我们须对各时代之古建筑，负保存（现状）或恢复原状之责任"，但是在实践中面对修复工作中的实际困惑，又提出保存现状的意见，"（复原问题）愚见则以'保存现状'为保存古建筑之最良方法，复原部分非有绝对把握，不宜轻易施行"[38]。1935年在《杭州六和塔修复状计划》中，出于对六和塔实物研究的自信，又明确提出"恢复宋绍兴23年重修时的原状"的要求[40]。凡此种种，反映出在是否恢复原状和保存现状之间，存在必要的前提和条件，但隐藏背后的，却是中国古建学人对恢复古殿堂初建原状的理想和孜孜追求。

新中国成立后，对于保存现状和恢复原状的讨论一直在保护实践中存在，在1961年国家颁行的《文物保护管理暂行条例》中则把两种态度一起纳入法律规定，"在…（文物古迹）修缮和日常保养的时候，必须严格遵守'保存现状或恢复原状'的要求"。北京文物整理委员会祁英涛同志在大量保护工程实践后认为，"恢复原状"应该是最高要求，是最理想的，但也是最难达到的。'保存现状'比较符合我们国情，在经费、材料、工期等方面都比较节约，同时也为恢复原状提供了必要的研究[41]-125。这时期1958年对赵州桥修缮时追求恢复原状由于大量采用新石料又引发"整旧如旧，还是整旧如新"的讨论。

1973年在全面恢复南禅寺唐代面貌的工程中采用了"整旧如旧"的方式，但是在南禅寺工程"恢复原状"的努力中依然带来了很大的实际困惑，比如南禅寺的屋顶形式、鸱尾的样式等复原不免臆测设计，参与南禅寺复原的祁英涛后来自己也揶揄说道"恢复原状的工作是一件细致而艰苦的研究工作，科学性的要求是很高的，真正做到合乎要求是不容易的，因而在一般维修工作中是不主张多搞恢复原状的"[42]95。这种认识让人想起1931年欧洲的古迹保护技师们首次在一起开会时提到的，"各国普遍意识到，修复（Restoration）是需要非常科学严格的知识，而放弃修复行为往往能避免一些不必要的损失"。二者的认识如此一致。

1982年首次颁布的《中华人民共和国文物保护法》，将"恢复原状或者保存现状"的认识统一为"不改变文物原状"原则。由此"不改变文物原状"作为我国文物保护的总原则以法律形式确立下来，并逐渐成为中国文物古迹"真实性"保护的主角。

从20世纪80年代改革开放以来，我国的文物保护工作逐渐与国际接轨，随着《威尼斯宪章》被介绍引入国内以及我国加入《遗产公约（World heritage Convention）》，国际保护理念对我国的文物保护工作带来了全新的发展方向。在保护实践中，对于历史信息的保护逐渐得到重视。同时，国外的保护理念也对我国的古建维修传统（如落架维修、重绘彩画等）产生一定的质疑。与此相对，国内也出现对《威尼斯宪章》适用性的质疑。2001年由ICOMOS中国国家委员会组织编制的《中国文物古迹保护准则（China Principles）》是我国文物保护理论形成较系统成果的标志之一。这个成果是我国的维修传统与国际保护理念相结合的成果，系统阐述我国文物保护意义、目的以及保护原则和方法。

保护意义：中国优秀的文物古迹，是认识历史的实物证据、也是增强民族凝聚力，促进可持续发展的基础。既是我国各族人民的，也是全人类的共同财富；不但属于今天，更属于未来。因此，将它们真实、完整地流传下去，是我们现在的职责[43]。

保护目的：真实、全面的保存并延续其历史信息及全部价值。

保护原则：包括最小干预原则；定期日常保养原则；保存历史信息原则；保护文物环境原则等，所有措施必须遵守不改变文物原状的总体原则。

这是我国第一次以正式文件对保护的意义和目的进行阐述，可以看出，很大程度上接受和吸收了《威尼斯宪章（VENICE CHARTER）》等国际保护文件的思想，同时，对于我国古建筑维修传统，也单独列出保护工程的篇章与之衔接。在《中国文物古迹保护准则（China Principles）》阐述中，对"不改变文物原状（Not Altering the Historic Condition）"的具体范畴作了详细的规定，解决了长久以来关于文物原状和现状之间的争论。《中国文物古迹保护准则（China Principles）》对我国步入21世纪后的文物保护实践以及与国际交流方面起到了巨大推动作用。

2002年经过大规模修订的《中华人民共和国文物保护法》实施。全文由33条扩展到80条，这次修订全面吸收了国际保护理念的基本认识，全面建立了我国遗产保护的文物保护单位、历史文化名城和历史文化街区（村镇）三级完整的保护体系，其中将"保护为主、抢救第一（Rescue priority）、合理利用（rational use）、加强管理（tightening control）"的文物工作方针、要求遵守"不改变文物原状（Not Altering the Historic Condition）"的保护原则单独列出作为一条。我国的文物保护工作步入更全面和理性的发展时期。

（二）我国对文物迁移保护的认识历程

1949年国家初创，中央政府立即把文物工作直接纳入国家政府的基本职能，迅速建立了由国家来统一管理文物的体制。因此，对于文物保护工作来说，需要解决的主要问题就是，怎样处理好文物保护与国家其他工作的内部矛盾的关系问题。这个关系的解决主要体现在建国初期确定什么样的文物工作方针上。1961年国家发布加强文物保护管理的文件指示中明确提出文物保护应遵循"两重两利"方针[1]，形成建国初期我国的文物工作方针。

建国之初在对待文物保护的态度上，这种"两利"的唯物辩证的思维方式，甚至有些传统"中庸"思想的影响，从中央政府到具体从事文物工作的人员都是普遍存在和认可的。因此，当时的实际现象

---

[1] 《进一步加强文物保护和管理工作的指示》"重点保护、重点发掘，既对文物保护有利，又对基本建设有利"的文物工作方针，后来经常简述成"两重两利"方针。

是，一方面从体制上迅速建立了国家对文物的重视和全面管理，另一方面，实际工作中又具体问题具体分析，甚至文物的拆除、迁移都是完全允许的。

1953年梁思成先生在全国考古工作人员训练班上演讲说道："……在今后所有城市的发展改建中，我们必然要遭到旧的和新的之间，现在和将来之间的矛盾的问题。具有重要历史艺术价值的文物必须保存，但是有些价值较差的，或是可能妨碍发展的旧建筑是可能被拆除的，因此这也是一种'清理、剔除、吸收'的工作"[44]。周恩来也从历史唯物辩证思维的角度提出"保存历史文物总是有条件的"；"三座门①当初我也不主张拆，后来看还是觉得拆了好"；"保存文物一定要同发展结合起来，完全孤立地去看，……不是全局的、长远的看法"[45]。因此，这种辩证的、同时又能根据现实需要，随时辨明大局利益和局部利益的思维认识，在建国之初的保护实践中，使得我国的文物工作更呈现出一种实用主义的现象。一方面积极开展了大量古建筑维修和重建工作。如积极开展北京故宫、天坛、北海、河北正定隆兴寺、赵州桥等重大维修工程。另一方面也将中南海云绘楼和东西长安街牌楼搬迁至南城陶然亭公园。拆除方面更是因为道路建设需要，将"无与伦比的都市计划"的"唯一孤例"的北京古城墙基本上拆得干干净净。

1961年国家颁行的《文物保护管理暂行条例》中同样对于拆除、迁移文物作了清楚的规定，第七条"……因建设工程的特别需要……对文物保护单位进行发掘或搬迁，建设部门应当……，同各该级人民委员会协商，……取得一致意见后方可以动工"；第九条"凡因基本建设需要……勘探、发掘、拆除、迁移文物等工作，应纳入建设工程计划，所需……经费和劳动力，由…列入预算和劳动计划"[46]。

可以看出，在我国最早颁布的保护文物的法令中，是允许迁移文物的。文物也是可以拆除的，只要是国家基本建设需要，迁移和拆除文物都是允许的。

1963年文化部颁布《革命纪念建筑、历史纪念建筑、古建筑、石窟寺修缮暂行管理办法》，规定文物修缮工程分为三类：经常性的保

---

① 三座门指当时天安门前的长安左门、长安右门和中华门，长安左右门于1950年拆除，中华门于1958年拆除。

养维护工程；抢救性的加固工程；重点进行的修理修复工程。对于文物迁移，管理办法规定同拆除文物一起对待。

第十条"如因（建筑工程）特别需要，对已公布为文保单位的古建筑、石窟寺等必须拆除迁移时，应按条例规定上报请批准"；"在拆除时应进行详细记录，并将拆除下来的艺术品、重要构件等由……等文物机构保存。……拆卸阶段应做好记录；新址重建按本办法第6、7、8条办理。"[47]

从这个办法规定可以看出，迁移文物和拆除文物属于同一个性质。因为迁移肯定要先拆除，因此有特殊需要就可以拆，只是履行报批手续、做好记录就行。在新址重建文物古迹只要按照文物修缮工程办理。

1982年我国《中华人民共和国文物保护法》首次颁布，其中，对于文物迁移保护基本延续1961《文物保护管理暂行条例》中的认识，仍按照"文物拆除"一并考虑，只规定程序上的报批审核。

第十三条"因基本建设……而需要必须…迁移或者拆除文保单位的，应根据保护级别，经……上级文化管理部门同意。……迁移、拆除所需劳动力和费用由建设单位列入……计划"[48]。这一条内容基本同1961的暂行条例一致。

依据文物法，文化部1986年重新颁布了新的《纪念建筑、古建筑、石窟寺等修缮工程管理办法》。在这个新的管理办法中，确定了五类文物修缮工程：抢险加固工程；重点修缮工程；经常性保养维护工程；局部复原工程；保护性建筑物与构筑物工程。相比1963年的管理办法，增加了局部复原和保护性工程二类。但是新的管理办法却删除了全部有关"文物迁移"的要求，把迁移问题全部当做"文物拆除"问题统一进行了规定。

第九条规定"对于需要拆除的（文物保护单位），应根据文物特征，……做好详细测绘记录……如需在新址重建时，按本办法相关规定办理"[49]。

这个规定完全没有提"文物迁移"的情况。可以看出，文物迁移不再作为单独考虑的问题。凡是"迁移"都意味着拆除，按拆除规定一并执行。新址重建时则可以按照修缮工程的要求再办理。因此，文物迁移就是文物拆除和文物重建两种文物工程的分步实施问题，不再需要单独予以规定。

虽然新的法规对"文物迁移"的理解秉持更加简单实用的态度，但是作为文物保护实际工作的人员，却逐渐把"文物迁移"作为单独一类特殊的保护工程看待。

1978年中国文物研究所祁英涛工程师在《中国古代建筑的保护与维护》①的讲稿中对文物修理工程分为五类。经常性的保养工程；抢救性的加固工程；修理工程；复原工程；迁建工程。并指出"大规模社会主义基本建设工程，常常与古建筑保护发生矛盾，根据'既对基本建设有利，又对文物保护有利'的方针，或者是基本建设让路，或者是古建筑搬家，为了解决与基建矛盾而进行古建筑迁地重建的工程，称为迁建工程。此项工作不论现状的残毁程度如何，都需要将（文物建筑）全部拆卸后搬到新址，重新刨槽筑打基础，然后依原样、用原有构件重新建造。在重建过程中根据需要与可能（条件），可以保存现状也可恢复原状"。[50]-4

可以看出，作为保护实际工作中的专业人员，他认为迁建工程是文物保护工程类型之一，而且是比复建工程更特殊的一种工程。主要体现在迁建工程必须有发生的前提"是为基本建设让路"，保护过程是先拆除文物然后到新址处重建，保护重点是"依原样并用原有构件"保护的目标是"保存现状或恢复原状"。这个认识远远比1986年《纪念建筑、古建筑、石窟寺等修缮工程管理办法》中完全忽略"文物迁移"这个事要深刻准确，更贴近实际工作。

到了1992年，由国家技术监督局颁布了一套《古建筑木结构维护与加固技术规范》，规范吸收了实际工程中的古建筑维修遇到的各种问题，将古建筑维护加固的工程分为五类：抢险性工程；重点维修工程；局部复原工程；经常性的保养工程；迁建工程等[51]。反映出在实际工作中大量文物迁移保护的特别需要。

由建设部门制定的该规范第2.0.3条，迁建工程系指"由于各种原因需将古建筑（解体）全部拆迁至新址重建（重建基础，并用原构件、原材料，按原样）建造"。这个定义基本把迁建工程的"新址重建"、"原材料原构件原样"等方面的特殊性表达清楚。

2002年《中华人民共和国文物保护法》重新修订是我国改革开放20多年文物保护工作总结的一次最重要的成果，全文从33条扩充至80

---

① 此为1978年的作者讲稿汇集而成，1986年由北京文物出版社出版。

条，对文物保护工作的一些重大认识从法律上进行了修订和明确。在文物迁移的认识方面，主要有以下几方面的重大进步：

确定了文物工作以"保护"优先的基调。第9条规定"基本建设……必须遵守文物保护的工作方针，……不得对文物造成损害"。

首次确定了避让原则和原址保护原则是迁移决策的前提。第20条规定"建设工程选址……应避开不可移动文物（Immovable cultural relics）；因特殊情况下不能避开的，……当尽可能实施原址保护（protect the original site）"。

确定了国家级的保护单位任何情况下不得拆除的要求。第20条规定"国保单位不得拆除；需要迁移的，须由……（相应级别的政府）……报国务院批准"。

确定了不得重建的基调。第22条规定"不可移动文物（Immovable cultural relics）……全部毁坏的，应当实施遗址保护，不得原址重建（rebuilt）"。

明确了文物迁移的保护性质。第21条规定"对文物古迹进行……日常保养、维修、迁移等措施时，必须遵守不改变原状（Not Altering the Historic Condition）原则"。[52]

可以看出，从1982年至2002年修订，在文物保护认识上的进步是巨大的，完全摆脱了把文物迁移当做文物拆除的类型看待，意识到原址环境（Original Setting）才是正确认识文物迁移保护（Relocation conservation）的最关键因素，从价值上认识到原址地点、位置对于文物真实性的重要性，因此规定了"保护文物优先，建设工程避让"的前提要求，明确"原址保护优先"的要求。这些认识以法律形式规定下来，反映出我国对文物迁移最核心的问题——原址地点和原址环境的保护有了准确认识。

同时，在这部法令中可以认识到，迁移与拆除的概念完全区分开。文物迁移不是拆除，它是一次完整的保护过程。迁移也是文物保护的一种方式，应遵守不改变文物原状（Not Altering the Historic Condition）的保护原则。对于文物拆除，明确规定了国保单位不得拆除。

另外，这部法律中，迁移与重建的概念也完全区分开来。重建一般情况不再允许，文物迁移不再简单理解为先拆除后重建，而是涉及文物原址环境易地的完整且特殊的保护过程，是一种特殊的保护方式（表3.2）。

表3.2 我国文物迁移法规上的认识历程

法令名称	基本内容	保护注解
1961年《文物保护管理暂行条例》	如果因建设工程的特别需要而必须对文物保护单位进行发掘、拆除或迁移，建设部门应当根据保护级别，同该级人民委员会协商，并且必须在取得一致意见以后才能动工	文物为建设让路。允许拆除和迁移文物
1963年《革命纪念建筑、历史纪念建筑、古建筑、石窟寺修缮暂行管理办法》	如因建筑工程特别需要，对已公布为文物保护单位的纪念建筑、古建筑、石窟寺等必须拆除或迁移时，应按条例的规定报请批准	为建设让路
1982年《中华人民共和国文物保护法》	因建设工程特别需要而必须对文物保护单位进行迁移或者拆除的，应根据文物保护单位的级别，经该级人民政府和上一级文化行政管理部门同意。……迁移、拆除所需费用和劳动力由建设单位列入投资计划和劳动计划	认识上，文物迁移和拆除属于同一性质。迁移文物都意味着先拆除
1986年《纪念建筑、古建筑、石窟寺等修缮工程管理办法》	对于需要拆除的，应根据文物的特征，在拆前和拆除过程中做好详细测绘记录……如需要在新址重建时，应按本"办法"有关规定办理	完全不再提迁移。迁移文物就是先文物拆除+后文物重建两个过程
1992年《古建筑木结构维护与加固技术规范》	古建筑的维护与加固工程分为五类，经常性的保养工程；重点维修工程；局部复原工程；迁建工程；抢险性工程	建设部门规范。反映出现实中大量的迁建工程需要单独对待
2002年《中华人民共和国文物保护法》修订	建设工程选址，应当尽可能避开不可移动文物； 因特殊情况不能避开的，对文物保护单位应当尽可能实施原址保护； 实施原址保护的，建设单位应当事先确定保护措施	首次提出"建设优先避让文物"的要求，提出原址保护的原则，反映迁移保护认识上成熟
2003年《文物保护工程管理办法》	文物保护工程分为：保养维护工程、抢险加固工程、修缮工程、保护性设施建设工程、迁移工程等。迁移工程系指因保护工作特别需要，并无其他更为有效的手段时所采取的将文物整体或局部搬迁、异地保护的工程	明确迁移保护是一类特殊的保护工程

这些认识的突破一方面是由于改革开放几十年大量保护实践的积累，另一方面也是借鉴了成熟的国际保护理念，使得我们对于文物迁

移保护有了更清楚的理论认识，反映出我们在文物保护认识上的巨大进步。

2003年国家文物局颁布《文物保护工程管理办法（2003）》，将迁移工程正式规定文物保护工程中的一类。第五条迁移工程"系指因保护……需要，且无其他更有效的手段时，采取将文物古迹局部或整体进行异地搬迁保护的工程"[53]。这个定义中将迁移的前提条件由"基本建设的特别需要"改成"保护工作特别需要"。反映出迁移工程的目的是出于保护而再非其他。

这些法规的修订充分反映出我国在文物保护认识上走向成熟，对待文物迁移不再简单地按照"建设需要搬迁"就搬迁，搬迁过程也不仅是"先拆除后重建"。而是从文物与环境的价值关系去认识，把文物迁移作为涉及原址和环境改变的特殊情况下的一种保护方式。这种认识比起建国初期要深刻得多，也准确得多。

（三）我国文物迁移保护的认识特点

经过以上对我国文物法律法规中关于搬迁古迹的规定进行梳理后可以发现，我国文物迁移的认识有以下三个方面的特点：

①以实际需要为优先。由于文物保护从建国之始就作为国家主导的工作之一，因此，对于如何把握文物保护工作在国民经济社会发展中的位置，如何把握文物保护与其他建设与发展的关系一直成为我国文物保护的工作特点，于是，工作方针的确立一直成为了探讨的工作重点，这个重点从建国初期的"两重两利"方针最终发展成"保护为主、抢救第一……"的十六字的保护方针写进2002年文物法，整整经历了40多年。在这40多年的时间里，对于是否需要拆除或迁移文物古迹，基本上都是以实际需要为主。而如何去确定实际需要？一般情况下就是文物部门和建设部门、其他相关部门共同协商确定，协商不了的交给上级部门确定，具体矛盾具体解决。这种有点奇特的"非科学"的工作方式一直作为我国文物保护法规定的一种行文特色长期延续至今，成为具有中国特色的保护制度的特点之一。

②缺乏深刻的理论总结和认识。文物迁移保护自新中国成立以来有大量实践，从20世纪50年代的永乐宫搬迁，三峡库区大量文物古迹的保护搬迁到进入21世纪后南水北调工程涉及的大量文物搬迁。另外城

市发展建设中也进行了大量文物古迹的迁移工作。对于这些文物迁移，普遍都是采取了工程项目的方式，完成迁移任务即可。对于文物搬迁在价值方面、真实性方面、环境方面一直缺乏深刻的理论思考。当然，一部分学者也曾进行了相关的思考和总结，如祁英涛先生总结永乐宫搬迁的相关论述，并专门发表过《古代建筑搬迁问题研究》[54]140-145一文。清华大学吕舟教授针对三峡库区文物搬迁，特别是张桓侯庙的搬迁，发表过多篇关于规划选址、价值分析、历史环境保护等方面的文章。但是相对于我国大量的文物迁移工程的实践情况来说，从保护理论上还尚有许多认识值得进一步探索和总结。

③对待国际保护理论的开放性和适应性。虽然我国文物保护方面的理论总结不如国际上成熟，但是自改革开放以来，通过引入国际保护理论认识，积极开展学习和研究，极大地促进了我们文物保护的理论认识，促进了我们文物工作方针从兼顾"两利"方面调整到注重"保护"本身的十六字方针上。在对待文物迁移方面，国际上对于文物古迹与历史环境保护的认识，促使我们更多关注文物迁移涉及的环境改变的核心问题，更好地推动并指导实践工程的保护决策和实施。

二、我国水利工程影响下的文物迁移实践

（一）我国水利工程建设概况

我国所称的"水利"最早在《史记·河渠书》就有详细记载，农耕文化为主的中华文明从产生、发展到演变一直都与水利密切相关，历朝历代"用事者争言水利"[55]。水利也是我国较早出现的特有名词之一。太史公总结自大禹治水始，到汉朝治理黄河之间各种兴修水利治理水患的历史，曰"甚哉，水之为利害也！"。老子曰"上善若水"、"水善利万物而不争"等。这些都充分反映了我国古代对水的认识和重视。

水利在我国历史上具有重要的地位。公元前605年春秋时代，楚国在今河南固始兴建期思-雩娄灌区灌溉工程，为现知中国最早灌溉工程[56]。水利工程建设在古代中国以农业立国的社会体系中，具有举足轻重的地位。2000多年前建造并使用至今的秦代都江堰、灵渠等水利工程一直使用至今，仍然发挥着重要作用。在目前列入全国重点文

物保护单位的名录中，包括芍陂、木兰陂等在内的越来越多的古代水利工程名列其中，成为我国水利遗产的优秀代表，世世代代保护下去（图3.1）。

图3.1　广西兴安建于秦代的灵渠水利工程

（来源：http://www.tripadvisor.com）

新中国成立后我国的水利建设进入一个加速发展的阶段。发展水利建设的目标随着不同阶段的需要而不断变迁，经历了由安全性需求向安全性、经济性和舒适性等多元化需求并存的历史转变[57]。

从1949年建国初期一直到改革开放前，这一时期水利建设的目标主要包括控制水患和保障农耕两个方面，一方面要控制频繁的江河灾害，控制水旱，保证人民生命和财产的安全，成为了国家重点水利工程建设的紧迫任务。另一方面是亟待改善和提高粮食产量，解决百姓的吃饭问题，开展全国范围的农田水利基础设施建设。从1950年代开始，在有限的财力下，国家对长江、黄河、淮河、海河等七大江河分别进行了一些治理，取得了一定成效，比如黄河的三门峡水利工程建设，汉江的丹江口水利工程一期建设，以及改革开放前期兴建了长江葛洲坝水利枢纽工程都是这一时期大的水利建设。

改革开放后经济增长，城市人口增加，对水利建设的经济效益方面的需求开始增长。这主要包括工业企业和农业生产的用水需求增长，以及老百姓日常生活用水需求的不断增长。从1980年至1997年，工业用水从457亿立方米增长到1121亿立方米；生活用水从68亿立方米增长到248亿立方米[58]。另一方面也对水利电力能源的需求急速增长，推动水电开发。这时期的大型水利工程建设往往都是兼顾调蓄水量，防洪、灌溉、电力能源、通航等需要的大型综合水利枢纽建设工程。其中以1992年开始的长江三峡大型水利水电枢纽工程建设为这一时期的重中之重。

进入21世纪后随着新一轮快速经济增长周期的到来，全国的工业化和城镇化呈现出加速推进的状态。国家对于能源的强劲需求进一步带动了各地水电大开发的高潮。同时，水污染事故频繁发生，饮水安全和供水保障日趋严重。许多大城市的人口剧增，京津地区的城市用水日趋紧张。国家下决心重新调整全国水资源的合理布局。2003年南水北调工程正式开始，分为东线、中线、西线三路南北贯通的水利工程，力图将全国范围内的南、北方水资源进行综合调蓄，全面形成我国"三纵四横"的江河水域的总体布局。

（二）我国水利建设影响的文物迁移工程实践

大型水利工程建设除了建造水利枢纽设施外，往往还涉及土地淹没、移民安置、生态环境以及文物古迹保护等一系列问题。自新中国成立以来，因为配合水利工程建设而进行搬迁的文物古迹实践非常多。

建国之初，中南海的云绘楼和清音阁就经周恩来批准，由文物局的郑振铎局长亲自主持搬迁到北京南城的陶然亭公园内，成为当时非常成功的一次文物迁移实例。当时的主导认识是既要保护好文物，又要配合发展建设。这个方针对水利工程建设中的文物保护也同样适用（图3.2）。

1955年第一届全国人大确定了黄河干流上的三门峡和上游的甘肃刘家峡两处地方兴建水利。三门峡水利工程建设使山西芮城元代建筑群永乐宫实施了搬迁。作为道教祖庭，永乐宫的搬迁工作受到了中央的高度重视，拨出专门经费，调集了当时中央美术学院、北京文物整理委员会、中国社科院考古所等部门投入实施。永乐宫的成功搬迁也成为了我国在壁画揭取保护、文物建筑迁移方面的一个里程碑，对我国后来的文物迁移保护具有十分重要的影响。1968年刘家峡水利工程建设使得开凿于西晋时期的炳灵寺石窟处于水库淹没区范围。炳灵寺石窟由于开凿年代较早，历经多个朝代，反映了丝绸之路早期佛教文化的传播，具有重要的价值。将处于淹没线以下的部分石窟予以搬迁，其中开凿于北魏时期的最大的卧佛被切割拆卸成9块装箱保存，直至2001年才在水库对岸新修了一个卧佛寺，将分成9段的北魏卧佛重新复原安放其中[59]（图3.3）。

图3.2　位于中南海内的云绘楼和清音阁旧貌

（来源：http://www.ccrnews.com.cn）

图3.3　刘家峡水利工程与炳灵寺石窟

（来源：http://www.tourtx.cn/）

与永乐宫搬迁和炳灵寺石窟的保护相比。建国初期由于水利建设对保护文物考虑不周而导致文物古迹被淹没水底的案例也同样存在。1958年丹江口水利工程将整个均州古城淹没在水库底。武当山道教建筑群的进山第一宫——净乐宫，以及均州至老营村100多里沿线众多的文物古迹，全部被淹没在水底。临时抢救出来少量的明永乐皇帝御赐石碑（赑屃）等精美石雕构件丢弃荒废在草坡中二十多年无人问津，直至20世纪80年代后期，通过社会媒体和报纸多次报道后才陆续由文物部门开始清理收集[60]。

除了这些规模较大的水利工程建设，地方上每年还有数量众多的小型水利工程建设，也往往涉及重要的文物迁移。1958年中央决定在河北滹沱河兴修岗南水库，作为重要革命旧址的西柏坡村处于淹没区，中央决定将西柏坡村整个旧址整体搬迁。在附近另选新址按当时党中央所在的院落格局的原貌进行了重新迁移。重新迁移后的西柏坡仍然作为重要的革命旧址文物列入全国重点文物保护单位，以及重要的爱国主义教育基地对外开放（图3.4）。

图3.4　淹没之前的西柏坡村

（来源：http://www.xibaipo.gov.cn）

改革开放进入20世纪90年代后，我国最重要的水利工程当是世界瞩目的长江三峡水利枢纽工程建设。三峡工程在1992年全国人民代表大会上获得通过实施。三峡工程在湖北宜昌至重庆沿线形成一座长达600公里，总面积10000平方公里，世界上规模最大的水库库区。沿线众多的文物古迹被淹没，三峡库区的文物抢救工程因此成为了继埃及努比亚之后世界上规模最大的一次文物保护运动，列入需要抢救保护清单的文物点多达1087处，其中规模最大的文物迁移工程张桓侯庙搬迁工程作为单独专项工程实施。三峡库区文物保护运动的全面实施对我国长江考古和文物保护带来了深远影响，对于中华文明起源的认识也提高到一个新的高度。

进入21世纪后，南水北调工程成为了我国水利总体规划的战略性工程，无论是正在实施的东线工程还是中线工程，都涉及大规模的文物保护问题。值得注意的是，东线工程主要是利用历史上形成的京杭大运河进行调整疏通和改造，在实施调水工程的同时，大运河作为一个我国独特的文化遗产整体也被国家纳入申报世界遗产的名录清单之中，反映出我国在满足国家经济建设和发展的同时，越来越重视文化遗产的保护。在中线工程的实施中，位于丹江口水源地的武当山遇真宫道教建筑群处于库区淹没范围内，属于世界文化遗产的遇真宫的迁移工作成为了我国步入新世纪后最重要的文物迁移工程。

除了这些重大水利建设导致的大量文物迁移外，步入20世纪90年代后，全国范围内兴起的中小型水电建设导致搬迁文物古迹的案例比比皆是。如1998年陕西省的仙游寺因兴建黑河金盆湾水库而实施整体搬迁[61]；1995年至1998年因为黄河小浪底水利枢纽大坝工程建设对河南洛阳市新安县的西沃石窟实施异地搬迁[62]；2003年由于辽宁省的重点工程白石水库工程的建设需要，对省级文物保护单位惠宁寺实施了整体异地搬迁等等[63]（图3.5）。

图3.5　黄河小浪底工程中的西沃石窟搬迁

（来源：http://www.esgweb.net）

1. 促文物迁移的多发性和常态性

我国水利工程建设中，迁移文物已经成为了一种常态化的现象普遍存在。如黄河小浪底工程、三峡库区、南水北调等大型水利工程建设影响下导致的大规模文物古迹迁移保护工作受到社会广泛关注。在国家水利建设制度和移民政策日渐完善的情况下，所有的水利工程建设都需要对受到影响的文物古迹实施保护。因此，文物迁移工作呈现出多发性和常态性的特点。在龙滩水电站库区蓄水前，广西天峨县为保护处于库区淹没范围的向阳镇内大宋武德将军李逢及其子李达的两座古墓，县政府将其迁往一高坡上。四川省向家坝水电项目中，四川省文物考古所经过调查列出的重要文物点达72处，其中地面文物达31处。2012年省级文物保护单位禹帝宫被整体拆除搬迁。按照规划在向家坝水电建设的淹没区内，还有3处省保单位、1处市保单位、8处县保单位、31处文物点等，将和禹帝宫一样需要实施文物的搬迁复建工作[64]。

2. 文物迁移工程的规模大、数量多

水利建设往往需要淹没一定区域形成库容，导致区域内所有村庄、城镇、工矿企业等等都面临搬迁的问题。按照目前移民政策，淹没范围内的地上和地下文物古迹需要提前进行调查、开展考古发掘、制定保护计划。因此，当一项水利工程建设立项后，受影响的文物迁移往往会呈现规模大、数量多的特点。

三峡工程中，经过全国数十家科研院所和高校的联合调查和统计，整个库区列入文物保护项目的多达1087处，其中地面文物364处，地下文物723处，文物迁移工作也几乎包括了全部的文物类型。小到一块摩崖石刻，一处墓葬。大到一处古代建筑群，甚至整个历史古城镇，都实施了整体的搬迁。是新中国成立以来实施文物迁移数量最多，规模最大的一次保护运动（图3.6）。

2009年辽宁省白石水库建设，水库规划库容达16.45亿立方米，是辽西地区最大规模的水库。按照前期文物考古调查结果，白石水库淹没区内地下、地上文物古迹总量共计多达58处，需要全面进行留取资料和搬迁保护。

图3.6　三峡工程中整体搬迁的大昌古镇

（来源：http:/ bbs.poco.cn）

3. 文物迁移工程的时间集中

　　水利工程建设需要一个比较长的周期，相比建设一座水利枢纽工程而言，移民工程的周期更长，投入资金更大。因为移民工程往往要先于水利枢纽工程开始实施，而库区形成后，移民安置工程也往往还要在数年后才能慢慢完成。作为移民工作内容之一的文物搬迁也是如此，在水利工程实施之前，就需要对淹没范围内的地上地下进行全面细致的考古调查和测绘记录，编制文物保护和考古发掘的总体规划，一起纳入水利工程建设的移民总体规划中。数量众多的文物古迹必须保证在库区淹没之前，全部完成测绘、调查记录，以及编号拆除、包装运输、库存等一系列工作，时间往往非常集中，保护工作必须赶在蓄水之前完成。拆除后又需要根据整个工程计划分期实施，有的甚至要在库区形成后才能实施文物建筑的重建复原工作。因此，受水利影响的文物迁移工作，往往还体现出时间集中，长期存在的特点。

　　黄河小浪底工程的一期建设从1994年开工，但是自1992年由河南、山西两省文物局联合负责的文物保护和考古工作就开始了，提前开展小浪底工程涉及区域的文物抢救和考古发掘工作。经过调查，小浪底工程涉及淹没的地下文物41处、地表文物84处[65]，其中河南境内位于黄河峭壁之上的西沃石窟实施整体搬迁，此外黄河漕运建筑、盐东遗址宁家坡陶窑等项目的发掘及搬迁，均在我国文物考古界产生了很大影响[66]。西沃石窟直至1999年才完成搬迁，许多考古成果一直到2002年才逐步整理发布，前后周期达十年之久。

三、我国其他因素影响下的文物迁移工程

除了水利工程建设的影响外，现实当中还有一些其他因素导致的文物古迹迁移的现象，可以归纳为三种类型：

第一种情况就是其他建设工程需要的影响，这种情况与水利建设的性质相似，因为城市建设导致文物迁移的情况在我国是最普遍的，迁移文物数量也是最多的。改革开放几十年，许多文物古迹都由于市政建设、交通建设需要而搬迁。

2004年，河南省安林（安阳至林州）高速公路建设，在多次选址论证后只能从林州慈源寺的中间通过。2006年在河南省政府协调组织下，将慈源寺整体迁移至西南400米处的新址处[67]（图3.7）。

广州小蓬仙馆是建于清中期的古建筑群，列为广州市文物保护单位。2001年由于广州市的过江隧道市政建设需要，整体迁移于附近的

图3.7　因高速公路建设而迁移的慈源寺

（来源：http://tupian.baike.com/）

醉观公园内。工程从2001年9月施工，2003年4月完工[68]。

第二种情况是古迹无法在原址保护。这种情况往往并不是由于具体建设需要，而仅仅是由于年久失修、无法管理或者其他原因导致无法在原址得到较好的保护保存。这种情况最典型的就是分布广泛、数量众多的古代传统民居。

采用露天博物馆的方式是对这类民居建筑实施保护的一种国际上通行手段。20世纪80年代至90年代在我国也十分流行。将分散的无法原址保存的古民居建筑实施整体搬迁，建成一种露天博物馆的方式集中进行保护和展示。

1985年浙江省龙游县在文物普查中发现，全县各地保存下来的明清时期的府第、民居、宗祠、戏台和店铺等乡土建筑，达302座之多。80%以上集中分布在各个乡村，随着农民生活水平的不断提高，农民拆除自家老宅新建现代小楼的愿望非常强烈。县政府决定对具有重要价值的民居收购并集中搬迁到龙游鸡鸣山实行集中保护，开辟"龙游民居苑"。1991年开始规划实施工作，至1996年先后搬迁了"高冈起凤""巫氏厅""灵山花厅""汪氏民居""翊秀亭"等建筑。1997年龙游县鸡鸣山民居苑被浙江省人民政府公布为第四批省级重点文物保护单位[69]（图3.8）。

图3.8　露天博物馆的模式——集中迁建的浙江龙游民居苑

（来源：http: sz.tuniu.com/）

　　1982 年经国家文物局批准的集中搬迁项目——潜口民宅。有关部门历时 6 年将歙县及周边各地村落中面临破坏，价值突出的徽派民居、祠堂等分批迁移至黄山市紫霞峰下集中重建，形成占地面积2万平方米的潜口民宅博物馆。10余栋徽州民居按原样复建，按当地传统村落布局。1988年列入第三批全国重点文保单位。1993年被国家文物局评为"全国优秀博物馆"，2007年潜口民宅博物馆评定为国家4A级旅游景区（图3.9）。

图3.9　露天博物馆——全国重点文物保护单位安徽潜口民宅

（来源：http://art.china.cn/）

　　第三种情况是商业利益目的搬迁文物。在这种情况下，无论是真的搬迁文物，还是以迁移名义拆除文物，其目的都是为了商业利益，完全背离了保护文物的基本前提。这种现象从20世纪90年代后逐渐增多，并一直持续到现在。

　　一种是旅游开发的需要搬迁文物建筑。黄山德懋堂度假村①是位于黄山脚下丰乐湖景区内的开发建设的一处高级别墅区，整个别墅区以徽派建筑风格为主要特征，为了凸显徽派建筑的纯粹，开发商出资迁移了三座百年以上的徽州古宅作为别墅区内三座会所，同时对古宅内部加以改造，增加现代化设施开展对外商业经营活动（图3.10）。

_____

　　①　见德懋堂地产开发网站，www.demaotang.com。

图3.10　黄山德懋堂度假村

（来源：www.demaotang.com／）

另外一种是文物建筑私人收藏。20世纪80年代中期后，位于安徽休宁县黄村的"荫余堂"是一座完整的徽州古民居，1996年美国碧波地博物馆的白铃安（Nancy Berliner）发现荫余堂面临拆除，经过与户主商议，1997年将荫余堂拆除，全部的木构件和砖瓦构件装上货柜，运至美国重建。2013年香港著名艺人成龙欲将个人收藏的4栋徽州古民居（已拆解）捐赠给新加坡的一所大学重建，引起社会广泛讨论。

还有一些私人收藏并不是出于对文物建筑的保护，而仅仅当做一种有趣的文化商品不断进行功能改造和利用，比如北京东五环路七棵树附近的一处古民居复原时候中间加入巨型的玻璃天棚作为新的别致会所，就是一位从事家具木材行业的生意人将安徽江西等处的老宅子拆除后将构件取来进行拼装复原的。"这种把古民居改造成别墅或会馆的方式，在现代化的都市成为一件新的文化消费噱头，有一定的市场需求。但这种消费方式只是有钱人的新游戏"[70]（图3.11）。

另外还有一种情况，就是以迁移保护（Relocation conservation）的名义拆除文物，是应该绝对禁止的。在许多城市的土地开发建设中，许多文物建筑都是被开发商以"文物迁移"名义拆除文物建筑，甚至有些文物管理部门也以"迁移保护"的名义予以批准实施。比如北京

图3.11　位于北京东五环的某徽派民居会所

［来源：《异地搬迁：古民居保护新模式？》中华遗产2007（03）］

东城区的孟端45号院、麻线胡同3号院以"迁移保护"的名义拆毁。近些年梁思成、林徽因故居被"维修性拆除"，重庆的蒋介石重庆行营被"保护性拆除"等等新名词层出不穷[70]，背后都是城市土地开发的商业利益驱动，是完全忽视保护文物的违法行为。

四、文物迁移保护的理论总结

（一）迁移保护（Relocation conservation）方式的必要前提

按照《威尼斯宪章》，文物古迹（A monument）不能与所见证（witness）的历史和其环境（setting）分离，故不得全部或局部搬迁古迹。对文物古迹实施搬迁必然会影响文物的真实性，损害其文物价值（Values）。因此，文物迁移保护一定是出于一些迫不得已的原因，必须有预先存在和发生的前提才予以考虑。在《威尼斯宪章（VENICE CHARTER）》中给出了文物搬迁保护的两种前提，一是"除非出于保护古迹（safeguarding of monument）"之需要；二是"因国家（by national）或国际（by international）之极为重要利益（interest of paramount importance）而证明有其必要"。

第一种前提 "除非出于保护古迹的需要"，这一点其实阐明了文物搬迁的目的应该是"保护"而非其他。在现实情况中，如果遇到重大地质灾害，如地震、滑坡、失陷等情况导致文物古迹的原址无法继续承载古迹，可以考虑搬迁。随着地质科学和结构技术的提高，通过地质加固和地基处理能够原址保护的，依然尽量在原址保留，避免搬迁。另外一种情况是无法进行管理，且文物古迹正在加速破坏中。比如大量分散的古民居，由于地域分布较分散，长期缺少维护，面临急速改造和破坏的压力，可以将部分民居进行搬迁集中管理，1984年安徽省黄山市将十余处明代徽州古民居集中搬迁到潜口村复原，设立"潜口古民居博物馆"进行文物管理就是一种出于保护古迹的需要[72]。

第二种前提 "因国家或国际的极为重要利益之需要而证明有其必要"，这阐述了在保护与发展建设的矛盾中，只有是在"国家或国际极为重要利益"下，才有实施文物搬迁的必要。现实情况中，这种情况导致的搬迁文物古迹的情况占大多数。本文所关注的因国家水利工程建设需要而导致的文物建筑搬迁保护就属于这种情况。在具体的城市建设中，往往因道路、市政、桥梁建设而导致文物搬迁的情况也屡屡发生，有些是因为重大公共工程建设的需要，也有一些是为局部利益和纯粹的经济利益让路，比如在城市土地开发中对四合院的大规模拆除，许多文物建筑都是以"迁移保护"的名义进行拆除的[73]，需要引起社会的重视（图3.12）。

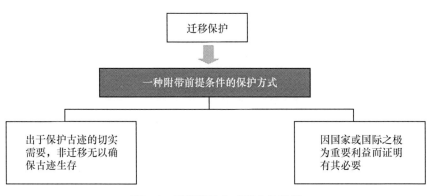

图3.12　迁移保护方式存在的前提

现实生活中，还有第三种类型的文物搬迁，既非"出于保护的需要"，又不是"因极为重要利益之需要"，而是完全的商业活动。

2006 年瑞典商人出价30万购买安徽歙县的徽州古民居"翠屏居", 欲将其搬迁出去, 一时间掀起轩然大波, 后经文物部门出面鉴定为文物建筑, 禁止转让到国外, 搬迁才得以暂停[74]。事实上, 出于商业开发、私人收藏等目的肆意购买、随意搬迁文物建筑的情况依然普遍存在。从保护认识上, 这一类文物搬迁应该是绝对禁止的。

（二）考虑迁移保护（Relocation conservation）的基本条件

即便是属于前两种的前提背景下, 也不是对所有的文物古迹都应实施搬迁。文物古迹是否可以搬迁, 仍需要考虑满足四个方面的条件。

首先的条件是: "易地是实现文物安全保存的唯一选择"。按照保护认识, 文物古迹（A monument）不能与所见证（witness）的历史和其环境（setting）分离, 那么, 搬迁文物的基本出发点应是, 在原有的位置和环境中, 文物古迹无法得到有效的保护和保存, 因此搬迁才被允许。如果有可能在原址、原环境中实现文物安全和长久保存, 搬迁就必定不是最好的保护选择。按照这个逻辑可以得出, 文物搬迁的首要条件应该是, 易地是实现文物安全和长久保存的唯一选择。

其次需要考虑的条件是: "文物古迹应该具有可搬迁性"。这个条件的设立可以从最小干预原则来认识。搬迁文物必然会失去与原有位置和环境的重要联系, 文物古迹与地点和环境相关的历史信息将不可避免地损失。同时, 作为工程手段的搬迁行为对文物古迹的艺术和历史价值也必然是一次潜在的重大干预, 尤其是必须经过解体、运输和新址复原的搬迁过程无异于一次重建, 区别仅仅在于迁移使用了部分的原有材料, 而重建可以全部是新材料。从这个角度认识, 最理想的迁移保护应该是"不用解体即可以实现易地保存"的行动, 因此, 实施迁移的文物古迹应该具备一定的可搬迁性。

当然, 不同文化背景下对于文物古迹的可搬迁性理解不同, 我国古代木构建筑本身具有一定的可拆卸性, 并且一直都有局部落架维修的传统, 因此, 我国的古建筑也常被认为是具有可搬迁性的。尽管这样, 现代保护理念与我国维修古建筑的传统仍然存在认识上差异。2006年联合国教科文组织（UNESCO）世界遗产委员会第 30 届会议通过决议, 质疑北京天坛、故宫、颐和园等 3 处世界文化遗产地的大规模维修是否符合世界遗产的保护要求, 这次质疑直接导致了2007 年在

北京召开 "东亚地区文物建筑保护理念与实践国际研讨会"以及《北京文件》的产生[75]。文件明确"在适当和可行的条件下，应对延续不断的传统做法予以尊重，……这些理念与东亚地区文物古迹的保护传统息息相关"[76]。而这也是我国通过广泛的国际讨论，将我国及东亚地区木构建筑的维修传统传达给国际同行的一次良好交流。澳大利亚则明确一些文物建筑的价值与地点环境无关，从而使得文物古迹具有可搬迁的法理基础。

迁移需要考虑的第三个条件是"文物环境完全丧失"，或环境价值不再突出或具有一定的可复制性。这个条件可以从价值保护的原则来认识。文物迁移的直接结果就是文物古迹与原有历史环境分开，在价值认识上，文物古迹不能与其所在环境相分离，因此，必然是由于环境价值已经丧失或者面临消失，才使得文物古迹的迁移成为可能。典型情况就是文物原有环境丧失，如淹没、震毁等；或环境发生重大改变，如地形地貌改变、重要环境要素消失、城市建设开发等。如果文物环境不存在任何消亡或改变的风险，搬迁文物应不允许。

如果考虑第四个条件，"文物环境具有一定的可复制性"也是迁移需要考虑的，但这个条件只是迁移保护的充分条件，而不是必要条件。其认识依然源自"周围环境是影响文物古迹重要性和独特性或者是文物古迹重要性和独特性的组成部分"[77]的价值认识。所以，考虑易地选址的重点就是与原有文物环境的相似性，文物环境具有一定的可复制性的条件必然要求新的迁移选址不能离开原有的环境区域，应该"就近选址"。在地形地貌、朝向及其他重要环境特征上具有一定的可复制性（图3.13）。

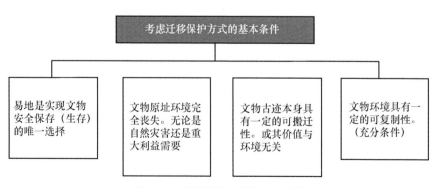

图3.13 迁移保护方式的基本条件

（三）迁移保护的目的

通过对文物搬迁保护的必要前提以及应具备条件的认识，揭示了文物古迹搬迁的根本目的是"保护"而不能是其他。但是在实际情况中，搬迁文物往往会附带上其他的功用，如旅游、建设开发等，对于任何脱离"保护"目的的搬迁，我们都可以毫不犹豫的定义为"破坏文物"。

可以明确，如果不是涉及文物安全，不涉及群众和国家重大利益的情况，应该是以保护文物为各种利益协调的基本点。事实上，在一个发展稳定的社会环境中文物迁移现象应该是越少越好。而当你处在一个高速发展的社会中，出于对文物资源不可再生的属性的认识，保持理性的态度更应该是在经济建设中更多地去考虑文物古迹保护的需要。一个不断发展的社会将保护文物古迹作为始终关注的重点，其发展轨迹必是理性且可持续的。新中国成立以来，我国为保护文物古迹而调整建设工程规划的情况数不胜数，1954年中南海北侧道路施工，为保护位于北海南门的团城不被拆除，周恩来亲自考察后决定将原来规划拉直的道路往南调整，让这一段道路略微弯曲绕过团城[78]。2013年京沪高铁上海段王玉泽总工程师介绍说在修建京沪高铁的过程中，为避让安徽凤阳城的明皇陵，多花费2.3亿元，多建6公里桥梁，多挖了285米隧道[79]。相反，在我国发展过程中最受挫折甚至倒退的"文革"十年，也是我国文物古迹遭到破坏损毁最严重的十年。文物是不可再生的文化资源。保护文物古迹是为了将历史的见证完整、真实地传递给我们的子孙后代。从这个保护意义上看，任何当代的发展和建设活动都是应该服从文物古迹的保护需要，并作为"城市建设规划的最优先考虑的重点之一[8]-7"。

从保护理论上看，迁移保护从来就不是一种合理的保护措施，只是在现实中客观存在的、附带各种前提条件的、迫不得已的一种保护手段。"保护"才是目的，"迁移"只是手段。迁移保护（Relocation conservation）只能是在文物古迹无法在原址环境中继续保存的情况下采取的一种特殊的保护方式。

（四）迁移保护（Relocation conservation）的特殊性

作为一种特殊的保护方式，迁移保护的根本原因在于文物古迹与文物环境之间的联系被破坏，即文物古迹无法在原址环境中继续得到保存或有效保护。这种易地保护方式有三个方面的特殊性。

首先是环境易地。任何文物古迹都有天然的赋存环境，这也是不同于古玩字画等馆藏文物的基本特点，无论是古代庙宇、殿堂，还是石窟寺、摩崖石刻等等都依托产生它们的环境而存在。文物迁移保护就是让文物古迹搬离它原有的环境，另选新址进行安置。如果不搬离原有环境而进行的保护工程，则是我们常常说的建筑修缮、修复和复原重建等工程。只有搬离原有环境的保护工程，我们才称为迁移保护工程。

其次是对文物本体的重大干预。文物迁移这种特殊的保护方式不仅仅损失了与文物环境的历史联系，而且不可避免地会对文物本体造成重大干预。特别是迁移过程往往需要对文物古迹进行解体后重建。2003年全国重点文物保护单位陕西省仙游寺法王塔搬迁至2公里外新址，媒体报道为我国首例古塔搬迁，50多万块砖按照原有位置进行重新恢复，同时复原了法王寺的地宫。事实上50多万块砖的古塔解体无异于一次最彻底地破坏，这种解体工程与其说是一次文物迁移保护，不如说是一次采用了原材料的异地重建，重建后的古塔毫无历史价值可言，只具有原来的外貌形式。正如拉斯金在讨论重建时说道"你可以制作一个建筑的模型，它可以是一个包裹着古老墙体的躯壳，就如同你可以为一具尸体制作一个模型，……这样做的结果将会导致一座历史建筑遭到彻底破坏，这种破坏甚至比让它最终倒塌成为一堆尘埃，或者让尸体逐渐腐化进入泥土更加严重和残忍。例如我们能够从尼尼微（Ninevch）的废墟中获得的信息，无论如何都比从重建后的米兰中所能获取的要多得多。[80]175"。的确，文物迁移过程中面临的文物解体和重建问题从保护专业而言都是不可回避的重大干预过程。

最后一个特殊性是价值变化。如果说保护的核心是保护文物的全部价值，并传之永久，那么文物迁移就意味着无法完全保护文物价值。因此，迁移需要考虑的重点是价值变化，这种变化包括两个层面，首先一个是环境消亡带来的价值损失，如何评估？另一个是本体在迁移过程的价值变化。价值变化是文物迁移作为一种特殊保护方式的重要特征，对价值变化的评估是迁移保护工程必须研究论证的重要内容之一。

五、开展我国文物迁移保护的实践历程总结的必要性

新中国成立以来，我国的文物迁移走过60多年的历程，文物迁移现象从建国伊始就一直贯穿在国家建设和社会发展中。大量文物迁移工程的实施实际上也构成我国文物迁移保护的发展历程，反映了我国经济建设和文物保护在不同历史阶段的认识发展。而且由于我国对于水利建设的一贯重视，重大的文物迁移工程基本都是伴随着我国大型水利的开发和利用产生。一个文物迁移工程从前期勘察、规划设计到实施竣工往往时间跨度较长。从保护案例的特点看，建国初期的三门峡水利工程是我国治理黄河的首次实践，永乐宫搬迁从1957年开始，至1965年结束，前后历经8年。随后就是"文革"十年开始。改革开放后，随后我国也开始了葛洲坝等大型水利建设，但是影响最大的还是三峡水利工程建设，张桓侯庙搬迁工程是三峡工程中规模最大的古建筑整体搬迁，张桓侯庙搬迁工作从1993年开始论证，至2003年搬迁工程竣工前后历时10年。成为我国改革开放后文物迁移保护的重大典型案例。21世纪初开始的南水北调工程中线工程无疑是新中国成立以来最大的国家水利布局的战略工程。属于世界文化遗产的武当山遇真宫搬迁工程是新中国成立以来保护等级最高的一处，搬迁工作从2003年研究论证开始，至2014年开始复建，已经前后历时11年，尚未完工。

案例研究方法的理论基础是社会科学的建构论。案例研究的实质便在于"建构"[81]，"建构"的实质是揭示从可能性向现实性转化过程中的存在的一种认识模式或操作模式。从"建构"的角度，案例研究也可以认为是一个创新的过程，是一个打破旧的认识要素组合，建立新的认识要素组合的过程。

因此，除去"文化大革命"十年，这三个重大文物迁移案例几乎构成了新中国成立以来我国文物迁移保护历程的重要节点，反映了我国社会发展的重要历史阶段。从"建构"的角度看，对我国这几个重大文物迁移案例的历史过程进行回顾和总结，是重新认识文物迁移现象，建构我国文物保护发展历程的重要的参考坐标之一。

第四章

20世纪50~60年代三门峡水利建设：山西芮城永乐宫建筑群搬迁

一、时代背景

（一）三门峡水利工程建设

1. 新中国治理黄河的伟大理想与首次实践

三门峡位于河南、山西两省交界处。黄河从我国北部河套地区蜿蜒而下，经过广袤的黄土高坡一直向南，冲壶口，出龙门，直下潼关，大河冲抵华山前，突然折返向东，转而冲破中条山，行至陕县，又面对太行山脉的阻挡，落差急剧，当中二块巨岩将河水分为"人门""神门"和"鬼门"，黄河从三门当中倾泻奔流而下，气势迅猛，即为三门峡。过三门峡后黄河入孟津。今天黄河三门峡北侧为山西省运城市，南侧为河南省三门峡市。

治理黄河是我国历朝历代治国安邦的大事，我国近代著名水利研究学者郑肇经曾言"吾国河流以黄河最称难治，灾害历代篾有"。从周定王五年（公元前600年）黄河首次大徙以来，黄河河道在我国北方土地上出现6次巨大的变徙[82]101-106。期间出现洪水肆虐、吞噬民生的记载数不胜数。按照姚汉源学者的研究，秦代以后两千多年来，进入史载统计的黄河决、淤达一千六百多次，而实际情况应该远超过这一数字，几乎达到每年一次[83]50。

民国二十三年（1935年），国民政府黄河水利委员会技术人员及外国专家共同查勘了孟津至陕县的黄河干流河段，并在查勘报告中认为"就地势言之，三门峡诚为一优良库址"，建议在三门峡修建拦洪坝。

1949年新中国成立后，举国一统，政令一出，但同时国民经济基础薄弱、百废待兴。新中国开始进行全面社会调整，着力建设新的社会主义国家。1950年水利部部长傅作义携清华大学教授、苏联专家等查勘三门峡一带，探讨在黄河干流建设水利工程的可行性。但水利部经过研究后，结合当时我国贫弱的经济社会条件，认为尚不具备在黄河干流上兴建大坝的能力。

1952年已经担任新中国黄河水利委员会主任的王化云拟定《关于黄河治理方略的意见》报送中央，建议在三门峡一带修建水库，首次提出"蓄水拦沙"的治黄方略，同时提出，建设高坝还可以获得水电效益[84]。这个治黄方略很快得到了中央的高度重视。但几经斟酌，利弊权衡之后，终因可能要淹没范围太大而舍弃。说到底还是由于国家初建，底子太薄弱。

1954年是三门峡正式上马的关键一年。经中苏两国协商，三门峡水利枢纽工程作为唯一的水利枢纽工程列入苏联援建"156工程"。工程所需资金、技术和设备都由苏联提供。有了这份保障，在孟津至龙门一带的黄河上选址建设水利大坝具有了可行性。经过苏联专家以及中国水利技术人员沿着黄河从邙山到龙门一带的现场考察。由苏联专家力荐，认为三门峡是筑坝的最佳选址。1954年4月三门峡工程被定为苏联援助的首批重点工程。黄河水利委员会编制《黄河综合利用规划技术经济报告》，同年年底，苏联水利部门完成的三门峡枢纽大坝和水电站设计方案也提交中国。

1955年7月全国人大一届二次会议批准了国民经济发展第一个五年计划。全票通过了寄托着新中国治理黄河千年水患、开发黄河水利的政府报告①。三门峡工程被提高到"根治黄河"的高度被正式确立下来（图4.1）。

为此，人民日报专门发表《一个战胜自然的伟大计划》的社论，提出"彻底消除黄河水害，……是我们的祖先经常想但是却没有做到的事情。这件事情就要由我们这一代……胜利完成。几千年来，我们的祖先为治理黄河作过顽强、持久的斗争；在几十年内，我们……这代人就要完全赢得这场斗争。""让高山低头，让河水让路！这就是

---

① 全名：《关于根治黄河水害开发黄河水利的综合规划报告》。

图4.1　黄河三门峡水利枢纽开工建设

（来源：http://news.xinhuanet.com）

我们的口号。"①

2. 苏联专家的帮助与影响

不可否认，三门峡工程最终落实的关键在于苏联援助和苏联专家的力荐。1954年我国正式实施第一个五年计划。"一五"计划的核心就是苏联援建的156项重点工程。"156工程"的实施奠定了我国社会主义工业化的初步基础。其中，三门峡水利枢纽工程就是开启新中国水利事业的重点工程之一。

有了苏联的援助，工程建设的资金、设备和技术力量就有了依托和保障。然而困扰中央决策的另一难点是，水利建设需要淹没一定地域作为库容，这一直以来都是中国领导人决策的大忌，毕竟淹没大量的农田和村庄影响到百姓的吃饭和居住。1954年苏联专家9人以及黄河水利委员会成员组成考察组。沿黄河进行考察后，全部苏联专家一致否定了淹没损失较小的邙山选址方案。而对三门峡坝址一致都发表了肯定的意见，认为三门峡是难得的一个好坝址，推荐三门峡建坝的方案。对于三门峡建水库会导致上游特别是渭河流域淹没大量农田，损失太大的不利影响。苏联专家柯洛略夫总工程师在发言中认为："为解决防洪问题，既不需要迁移人口，而又有一个能调蓄洪水的水库，

①　《人民日报》1955年7月20日 第1版。

只能是不切实际的幻想！没有必要来研究。""要调节洪水，就需要足够的库容，要获得足够规模的库容，就免不了淹没和移民。""任何选择一个坝址，……无论是三门峡或其他选址，为了实现洪水调控所需要的库容，都是用淹没换来的"[85]。完全理解并接受苏联专家"淹没换取库容"的论点，对当时中央最终下决心建设三门峡工程起到了决定性的影响。

1954年10月黄河规划委员会在苏联专家的帮助下完成《黄河综合利用规划技术经济报告》，全面采纳苏联专家"淹没换取库容"的基本观点。同时，苏联专家也赞同"蓄水拦沙"的治理黄河方略。1955年7月邓子恢副总理在第一次全国人大会议上，向全国代表报告了著名的"根治与开发黄河"的三门峡工程的规划。提出"三门峡水坝电站拟定1957年开始，1961年完成。苏联政府已同意完全承担这一巨大工程"；同时表达了对苏联予以援建三门峡工程的感谢[86]。报告获得全票通过，三门峡水利枢纽工程正式付诸实施。

3. 三门峡水利工程概况

1954年《黄河综合利用规划技术经济报告》中建议提出三门峡设计总库容360亿立方米，水库蓄水位的高程定为350米。规划最初设想，巨大的库容将大量拦蓄上游泥沙，经过水坝泄出的全是清水，从而将下游的洛阳等地因泥沙淤积形成的"地上河"将重新冲刷成"地下河"，千年悬河问题将彻底解决。此外，大坝建成后的航运、发电、灌溉等综合效益也是巨大的。

规划报告的美景进一步打动了中央决策层。1955年7月全国人大会议通过决议后，原本计划最高设计水位为350米，8月国家计委让黄河规划委员会进一步提出，继续加高350米高程以上，提出设计方案来供选择。1956年初苏联水电设计院列宁格勒分院完成初步设计，推荐360米高程的大坝设计。7月经国务院审查后，提出电站大坝按360米高水位的设计目标一次建成，要求1961年开始发电，1962年全部建成。尽管把设计水位从350米提高到360米高程，会使得库区移民人数由60万增加至90万，并淹没更多的农田。但是更大库容所展现出来的根治黄患，发展水电的美景依然激励着新中国最终下决心实施这项伟大工程。

1957年4月三门峡水利枢纽开工典礼在鬼门岛坝址举行。6月10日至24日水利部召集河南省、陕西省、清华大学、天津大学、武汉大学和三门峡工程局等多单位共70名学者和工程师在北京饭店召开"三门峡水利枢纽讨论会"。由周恩来总理主持，对苏联专家的"蓄水拦沙"方案和"拦洪排沙"的意见方案的利弊进行比较。会上除了清华大学黄万里、天津大学温善章等几个人反对外，几乎全部的专家、学者和部门负责人一边倒地赞成并支持苏联专家的"蓄水拦沙"的治黄方案。大坝刚建成后不到一年，库区开始淤积泥沙并迅速蔓延至上游渭河入黄口，引起渭河倒灌，三门峡水库不得不降低设计水位，进行淘孔排沙等数次改建，最终使得三门峡水利枢纽几乎完全失去了当初预想的综合效益[87]。

1960年6月大坝修筑至340米高程，达到拦洪设计高度。此时中苏关系迅速恶化。8月，在三门峡工作的苏联专家全部奉召回国，撤回苏联。三门峡工程设计任务由北京勘测设计院继续完成。1961年大坝浇筑到353米的一期工程设计标高，三门峡主体工程基本竣工（图4.2）。

图4.2　黄河三门峡水利枢纽

（来源：http://tmx.zjwchc.com）

三门峡水利工程由于设计水位的提高，库区淹没面积从205万亩最终增加到326万亩，淹没区内迁移人口从60万人将增加至90万。由于当时工程的关注点主要集中在水利枢纽建设上，对于移民工作认识不足，出现移民生活困难，移民多次往返迁徙等现象，直至上世纪80年代逐渐稳定，给当地社会和人民生产生活带来极大的不安定环境。

在文物古迹保护方面，位于黄河北岸的元代建筑群永乐宫处于淹没区内。虽然相对于整个淹没区的规模来说，永乐宫仅仅是一处建筑点，但因精美的壁画和早期建筑的重要性，永乐宫得到了党和政府的高度重视。国务院文化部安排专项资金实施了搬迁。永乐宫整体搬迁工程成为了我国在文物古迹迁移历程上的一个重要里程碑。

（二）20世纪50~60年代的保护思想

在文物保护领域，20世纪50年代的新中国全面继承了民国以来创立的古建史学和保护认识萌芽。

19世纪下至20世纪上半叶是我国近代遭受西方侵略和殖民最严重的一百年。伴随着外来的军事入侵，影响同样深远的是西方现代科学文明带来的巨大冲击。国家需要革故鼎新、个人需要图强自新的意识贯穿整个中国的近代历史。对传统的摒弃以及对现代文明的学习加速了我国从传统走向现代的变革。这种变革无论是通过维新立宪还是暴力革命的方式来实现，其初步形成的特征在于最大多数国民开始普遍建立的现代社会意识。比如现代国家、现代制度、现代科学等意识。作为现代文明意识之一的保护文物古迹的认识，以及作为现代史学类型之一的中国古代建筑史的创立也是其中重要的一方面。

早在抗日战争时期（20世纪40年代）梁思成和林徽因首次完成了《中国建筑史》和《图像中国建筑史》。中国古代建筑独特的结构体系和基本演进历程第一次系统地展现在世人面前，使中国建筑在当时开始获得了一种"具有普遍性的建筑的美学认证"[88]，奠定了中国建筑的美学基础以及作为艺术品和文物古迹的重要地位。北洋政府和民国时期已经先后颁布了保护"古物"的法规法令，现代意义上的"文物古迹"概念开始普及。中国营造学社开展的古建筑调查和维修活动对于文物保护的基本原则和方法进行了有益的探索。这些都对新中国成立后的文物古迹保护事业提供了一个开创性的良好基础（图4.3）。

1949年由梁思成编撰并提交给解放军作战部队的《全国重要建筑文物简目》（图4.4），下发到各个部队南下作战解放时备用，防止破坏古建筑。这本《全国重要建筑文物简目》在建国之初得到再次重印，由文化部下发给新成立的各省、地市人民政府。这些措施极大的

图4.3 《中国建筑史》、《图像中国建筑史》

（来源：http://tsinghua.cuepa.cn）

促进了全国范围内对于保护古建筑的重视。新国家在文化部内下设文物局，统一调查和管理全国范围内的文物古迹，各省市也必须配套设立相应的文物管理机构。同时民国时期引入的建筑学科在建国"老八校"等八所重点院校内全面设立[89]89的《中国古代建筑史》课程，其教材前后修订八稿，并作为重要的一门专业课程开始在各大高校传授，为新中国开始培养出一大批专业古建研究人员。[90]103-111

图4.4 梁思成《全国重要建筑文物简目》

（来源：http://tsinghua.cuepa.cn）

可以看出，1949年新中国成立后，对近代开创的古代建筑和文物保护的有益成果进行了全面地继承和总结，并在新的社会主义制度和工作实践中进一步发扬。到了50年代，我国基本形成保护文物古迹所需要的两个重要的社会基本背景，一方面在全国范围内普遍确立了中国古建筑具有重要的美学价值、是我国重要的一类文物古迹（艺术品）的全社会基本共识。另一方面古代建筑史开始作为一类专门知识，在高等院校内开始得到大规模总结并传授，培养大批古建研究人员。

当然，新的社会制度要求所有的工作都紧紧围绕着社会主义国家建设大局服务。文物工作被提高到国家行政管理层面的同时，也急需明确与其他建设工作的关系。这集中体现在1956年确立什么样的文物保护的工作方针上，"重点保护、重点发掘、既对文物保护有利，又对基本建设有利"的"两重两利"方针成为50年代文物工作的重要指导。保护文物的同时也需要和国家社会主义现代化建设的大局结合起来，"不能一律保存，而是要有选择的保存，留其精华，去其糟粕"[91]。

在保护原则方面，基本延续了梁思成和营造学社的"保存现状或者恢复原状"保护思想。与此同时，由于20世纪50年代国际意识形态区分，我国和以苏联为首许多社会主义国家开展全方位交流，其中包括文物保护和博物馆工作领域。我国先后和苏联、波兰、捷克斯洛伐克、罗马尼亚等国家开展博物馆和文物工作方面的考察交流活动。在文物修复过程中采用"恢复原状或者保存现状"的方式得到了东欧各国普遍的确认[92]。我国1961年公布《文物保护管理暂行条例》也正式明确"一切核定为文物保护单位的古建筑、石窟寺，……等，在进行修缮、保养时，必须遵守保存现状或者恢复原状的原则"。当然，在50年代我国仍然比较贫穷的情况下，实际当中文物工作多以"保存现状"为主。1961年国家发布《关于进一步加强文物保护及管理工作的指示》，提出"文物工作必须坚持勤俭办事业的原则。对于革命纪念性建筑和古建筑，主要是保护原状（指现状），……，一般以维持'不塌不漏'为原则，不要大兴土木"[93]。

可以看出，20世纪50年代我国的文物保护继承了民国时期的开创性成果。建立了古建筑作为文物古迹的普遍的社会共识，确立了"恢复原状或者保存现状"的保护原则。进入新的社会主义建设后，根据实际需要，国家又确定"两重两利"的文物工作方针，以及勤俭办事业的现实维修原则。

（三）永乐宫的历史与建筑概况

1.《道藏》与吕洞宾信仰

道教信仰是我国特有的一种宗教信仰。道教教义上吸收了老子和庄子的哲学思想，在汉代逐渐发展成一种有组织、有教义的教派。有学者认为汉末"天师"派的形成可以作为道教正式确立的起始[94]。汉以后道教的发展和演变非常复杂，各种教派的道经、符箓不断出现，同时也不断销毁佚失。历朝统治者和各个教派都在不断地收集并重新编纂新的道教经目。经刘宋明帝、北周武帝、唐玄宗、宋真宗、宋徽宗、金世宗、金章宗、明成祖、明英宗等笃信道教的帝王多次组织编纂，形成了道教经籍的汇总，通称为《道藏》。以明英宗时期的《正统道藏》最为典型和代表，它收集了自汉以来的历朝历代的各家道经文献共5305卷，共480函，集历代之大成。后世研究常把自黄老学说以来所有的道教经籍统称为《道藏》，主要就是指明代《正统道藏》[95]。《道藏》成为研究我国道教发展和道教文化的重要基础文献史料。

《道藏》中记载，蒙元时期全真教逐渐兴盛。丘处机（长春真人）拜谒成吉思汗后，自云祖师之一为吕洞宾，全真教和吕洞宾信仰受到了元代朝廷的大力推崇。其实自宋以降，汉地已经普遍形成了对吕洞宾的神仙信仰，宋徽宗于宣和元年（1119年）封吕洞宾为"妙道真人"。吕洞宾原籍就是山西芮城永乐镇人，唐时在其家乡旧址处，乡人已建祠祀之，曰"吕真人祠"，宋称"纯阳祠"。《道藏》多处记载，元初全真教披云真人宋德方路过永乐镇纯阳祠，"见其荒芜狭隘，师乃招集道众住持"，立志复兴纯阳宫。碑载"（披云）真人乃谒纯阳祠于永乐，叹其荒陋，谓道侣曰：祖庭若此，吾辈之责也……盍易祠为宫，上光祖德，下启后人"。随后由当时全真教的掌教李志常（真常真人）奏请朝廷，大行兴建河东永乐宫，奏准后命潘德冲（冲和真人）奏请朝廷，大行兴建河东永乐宫，奏准后命潘德冲（冲和真人）率众徒前往营之，元宪宗二年（1252年）肇始至中统三年（1262年）主体完工，历时十年。《道藏·甘水仙源录》载"不数捻新宫告成。堂殿廊庑，……，各有位置，莫不焕然一新。……立'大纯阳万寿宫'碑于宫中，成为三大全真教祖庭之一，号'东祖庭'"[96]，见诸于各方典籍。一直以来，引起学术界关注的元刊《道藏》（又称《玄都宝藏》）的研究，经诸多学者文献考证，主持编撰刊行《道藏》的披云道人宋德方就埋葬在山西永乐一带，元代刊刻《道藏》经版按史载也藏于全真教之东祖庭"纯阳万寿宫"中[97]。

然而，在道教历史和学术研究上具有重要地位的元代"纯阳万寿宫"一直以来不知所踪，或云早湮于历史尘埃中。建国后1954年，新中国首创推行文物普查制度，山西永济发现位于县城西南侧的一处古建筑群——永乐宫。随后，由北京文物整理委员会派出祁英涛、陈明达、杜仙洲等人前往勘察，随即认定永乐宫即为元代全真教祖庭"大纯阳万寿宫"之所在。埋没于荒草之间的古建筑群依然保持元代初创时的建筑风貌和格局。满壁精美的元代壁画（Murals）的发现更是震动文化界。不久，在随后1959年实施永乐宫迁移工程中，考古人员对永乐宫旧址及周边进行了考古发掘。两位历史上全真教著名道长宋德方和潘德冲的墓葬也被发现[98]，构造精美的元代墓室和记录详细的碑铭进一步印证了《道藏》所载之史实。永乐宫正是藏于典籍之中的元代全真教祖庭"大纯阳万寿宫"所在（图4.5）。

图4.5　永乐宫匾

（来源：http://yonglegong.com.cn）

2. 永乐宫的建筑与壁画

1954年虽然没有颁布文物法规，但是新中国针对保护文物古迹的各项政令却不断出台。文物普查就是其中重要的一项创新。 时任国家文物局局长王冶秋回忆，在1954年初由山西省文教厅崔斗辰同志在山西各地普查文物时，发现了这座位于山西南部芮城黄河边上的永乐宫古建筑群[99]。上报国家后，文化部陆续指派北京文物整理委员会、中央美术学院等专家教授前往考察，不断惊人的发现引起了学术界和国家的高度重视。永乐宫作为新发现的道教祖庭"纯阳万寿宫"具有重要的历史价值，基本保持完整的元代建筑群和格局在中国建筑史研究上也具有重要意义，在当时，更加引起广泛重视的是，三座元代建筑内保存完好的规模宏大、精美绚丽的元代壁画（Murals），震动当时的考古界和文化部门。

永乐宫四座元代建筑从南自北分别是无极之门（龙虎殿）、三清殿、纯阳殿、重阳殿。四座殿宇呈中轴线一字纵深排列。除了无极门外，其余三座殿内均有精美的壁画，其中以三清殿（主殿）内的三百六十值日神像（后认定为"朝元图"）最为突出。三清殿四壁和神龛内满绘着共400多平方米的壁画，气势磅礴地绘制了总共8位帝君和帝后，簇拥帝君帝后的各路仙侯将王总共有280多人，个个表情富于变化，个性鲜明。如此巨大的一幅构图严谨、人物众多的群像图采用了比较稳定的同方向的构图手法。以中间的帝王和王后为主体。在总体规整的构图内，人物创作又不断局部打破单一方向的变化。整体氛围如浪花起伏一样活跃着画面，显得不再生硬呆板。以八个君王和君后的主像为中心，所有的人物排列总是群像簇拥环列。远看之下，总体构图十分严正规范，主题意图十分清楚。近观则细节丰富活跃，群像个个千姿百态，左顾右盼，神情变化丰富，面部表情特征突出，无论是仙侯、神王、玉女、真人、力士等等无不生动，色彩华丽绚烂，观之不由啧啧称奇，反映出人物性格的差异，画面整体严肃又不板滞（图4.6）。

图4.6　永乐宫朝元图

（来源：http://www.nlc.gov.cn）

纯阳殿内，也是四周墙壁上满绘壁画，为"纯阳帝君（仙）游显化之图"。用连环画的形式表现出了吕洞宾一生的主要事迹。傅熹年先生称之可与敦煌经变图反映出的连续图画之媲美。其中影响最为广泛的就是神龛后壁当中的"吕纯阳问道汉钟离之图"壁画像。反映的是八仙当中最著名的吕洞宾向汉钟离问道作答的场景。汉钟离神情慷慨，面貌古拙，正在向吕洞宾讲解道法，手指口张、须发飞动。而吕洞宾神情肃穆，形态恭敬，似乎在认真听取汉钟离的解说。整个画面对比强烈，背景比较单纯，古松之下溪水蜿蜒而过，二位仙人坐于巨岩之上，把"空山问道"场景生动地描绘出来。用笔疾徐顿挫，笔墨技巧极高，简单勾勒，人物动态呼之欲出。周围山水树石用泼墨法画成，淋漓痛快，把二位人像烘托出来，画面显得幽静深邃，主题突出。

重阳殿的壁画是王重阳和七真人画传，和纯阳殿壁画风格相同，能看出一起画成。画中人物繁多，最重要的是把当时社会场景反映的比较准确清楚，无论是宫殿还是市井建筑，如茶屋、庙观、酒肆、村家农舍等无所不包，当时整个社会环境的三教九流，杂处其中，实物勾勒清晰准确。为了解宋元社会提供了极为重要的资料。

永乐宫壁画（Murals）卓越的艺术魅力在中国美术史和壁画史上具有重要的价值和地位。傅熹年先生在考察完永乐宫壁画后论断，永乐宫壁画在我国绘画史上具有重要的地位，特别是三清殿的朝元图壁画堪称我国中原地区现存艺术水平最高的画作。"它使我们能够正确推测到唐宋时期我国壁画的风格和所达到的艺术水平；使我们能重新评估寺观壁画在绘画史上的地位"。在现存的绘画遗产中，元代的大幅人物画数量极少，而永乐宫壁画的发现恰好弥补了这个缺陷。永乐宫壁画显示出元代壁画的特点和水平，完全可以作为研究鉴定元代绘画的标准。在绘画学术研究方面，它还可以帮助我们研究唐以来人物画风格的演变，尤其是宋代至明代这一段时期的演变[100]。

在古建筑方面，永乐宫由于地处偏僻，自建成以来较少破坏，四座高大的元代建筑自南往北形成一条中轴线，周围绕以墙垣，前后分割成各进院落，这组建筑群基本保持了元代初建时的原貌。在无极门（龙虎殿）之外另有清代建造的另外宫门一座，各建筑之间设甬路笔直相连。周围都是民田草墟，少量民房建筑散落周围。按照当地清光绪县志所载舆图，在寺观西侧原有大量道院，如书院、城隍殿、披云道院等，但发现时基本无存，当时的现状为一学校（图4.7）。

图4.7　永乐宫旧址全貌

（来源：http://yonglegong.com.cn）

　　无极门是永乐宫初建之时的原宫门。面宽五间，进深两间，单檐四阿殿顶，屋顶坡度比较平缓。斗拱为五铺作，系六等材单杪单下昂。补间采用真昂，昂尾压在"下金平槫"下面，结构上具有实际承挑杠杆的作用，用材近宋法式制度。角柱比檐柱略粗，墙垣和檐柱均有里侧1.84％的侧脚，增加结构稳定。砖砌台基，较低矮。建筑平面为"分心槽"，梁架"砌上露明造"，梁栿多用圆木做成，断面无固定比例，加工粗糙，肥瘦不一，仍属于"草栿"做法。柱头、椽头和飞子头等处都细作"卷杀"，与宋制同。

　　三清殿，也称无极之殿，是永乐宫中的主大殿，供奉道教三清祖像，面阔七间，进深八椽四间，单檐四阿殿顶。主体建筑伫立于宽大台基之上，雄壮巍峨，设前出的宽大月台，铺墁方砖。大殿平面"减柱造"，前排金柱全部取消，后排明间次间仅仅围绕神龛处保留金柱八颗，极大地扩大了室内空间，为元代建筑常见做法。四壁满绘精美壁画，神龛侧壁也满绘壁画，为该建筑中最为珍贵的元代画作珍品。斗拱六铺作重拱造，单杪双下昂，约五等材。各间施两朵补间铺作，工艺精致工整，形式尺度几合《营造法式》规定。侧脚明显，前檐约1.3％。梁架进深八架椽，前后两根四椽栿以中柱为中心分别搭在柱头上，梁架上部为后期清代改建，梁下有清康熙题记，非元代原构。屋面采用蓝绿黄三种琉璃。两只高达3米的龙吻也非元代构件，但屋面琉璃雕饰精美，构件如宝珠、海马、力士、狮子等走兽反映出山西高超的琉璃工艺传统（图4.8）。

　　纯阳殿，也称吕祖殿、混成殿，供奉全真祖师吕洞宾，单檐歇

第四章 75 20世纪50～60年代三门峡水利建设：山西芮城永乐宫建筑群搬迁

图4.8　永乐宫旧址

（来源：http://yonglegong.com.cn）

山顶，面阔五间，进深八椽三间，前后檐进深不对称。平面布局十分罕见，大量采用"减柱造"，仅剩下中间神龛四根金柱。其余全部取消。斗拱六铺作重拱，单杪双下昂，约五等材。檐柱侧脚达2%，天花藻井制作精美，梁架全部为清代重换，已非元构。

重阳殿，又名七真殿，供奉全真教创始人王重阳和七真人，单檐歇山顶，位于轴线末端。规模最小，面阔五间，进深六椽四间，平面减柱，四壁绘王重阳故事壁画。斗拱五铺作，单杪单下昂，六等材，后尾起秤杆，开明代"溜金斗拱"的先河。柱侧脚1.6%。梁架总体仍保留元代特征，个别构件为清代更换，较之前的纯阳殿、三清殿的梁架更具有元代木构的研究价值。

永乐宫无论是单体建筑还是整体布局都保留了元代官式建筑的成就，特别是大规模"减柱造"做法的成熟运用，构件和梁架做法开始发生很大变化，特别是大规模的梁枋构件与柱子的搭接，斗拱用材渐渐缩小，结构作用降低，杜仙洲先生认为，这些技术的变化于古建筑的结构的发展具有相当深远的影响[101]。对于研究宋以后的古建筑营造之法的演变，以及对明清建筑的影响具有重要意义。

二、项目提出与方案论证

（一）项目提出与确立

1. 元代壁画（Murals）的发现及巨大影响

　　直到建国后，永乐宫才由当地政府进行文物调查时发现。之前中国营造学社等专业学术团体在山西一带数次调查没有发现。据罗哲文先生回忆大概时间是在1950年或1951年左右。山西省文教厅崔斗辰副厅长亲自前往勘察后发现[102]，并及时上报给当时的文化部王冶秋同志。1952～1953年山西省文物管理委员会编撰了《二年来新发现古建简目册》，收录了在建国后山西各地文物普查后新发现的一批重要古建筑，其中就包括永济县永乐宫、五台南禅寺等我国早期建筑的代表。这个事实也反映出新中国开创的文物普查工作取得的巨大收获。

　　1954年，依据山西省提供的《二年来新发现古建简目册》，北京文物整理委员会派出古建技术人员前往山西考察新发现的古建筑。祁英涛、杜仙洲、陈明达、陈继宗、律鸿年、李竹君、李良姣等人前往山西永济县对永乐宫进行了初步勘察，在当年（1954年）《文物参考资料》第11期发表了《两年来山西省新发现的古建筑》[103]以及《山西省新發現古建築的年代鑑定》等文章，详细描述了新发现的永乐宫在元代建筑、碑刻题记等方面的重要价值，并特别提到三座元代建筑内保存的满壁精美的壁画，祁英涛在文章中说道："三个殿内均有元代壁画（Murals）（泰定二年，公元1325年，及至正十八年公元1358年绘制）。壁画中又以'纯阳帝君仙游显化之图'为主，在这连环画的故事图中，绘出了当时社会的各种生活情况，为现存元代壁画规模最大，画工最精，内容最丰富之作品"[104]，1956年王世仁考察后发表《"永乐宫"的元代建筑和壁画》一文，介绍了新发现的永乐宫所在环境和建筑概况。提及壁画时说道："（永乐宫）宫内的数十通碑文也是有价值的历史资料（特别是一些元代的口语碑），而尤其宝贵的则是宫内三座殿堂中的满壁壁画。这些壁画在其所表现的生活内容、宗教内容及服饰上都能给人以当时社会生活的极其鲜明的印象；至于色彩、构图、笔法等艺术价值，如果拿它来和敦煌壁画相此，可能是只在轩轾之间"。1957年傅熹年先生考察后专门写下《永乐宫壁画》一篇文章，从艺术史的角度详细分析和介绍了永乐宫各殿的壁画主题和绘画风格。赞叹道："既有高及几丈而挥洒自如的煌煌巨制，也有长仅数寸而刻画入微的精心杰构①。……画笔之妙，在目前所知的元代壁画中是仅见的"。

永乐宫精美壁画的发现给当时的文物界、考古界和美术界很大震动，吸引了众多从事艺术和美术工作的人员前往考察。我国著名画家，已故的前山东画院院长于希宁先生在1957年专程前往观摩，并对纯阳殿的壁画专门作了记录。他当时写道："自从发现山西永乐宫保存内容丰富、艺术价值极高的元代壁画消息传出后，不仅立即引起了国内考古学家、美术家的重视，就是一些外国专家们，也莫不想亲眼看看这个新发现的遗迹"[105]。可见当时永乐宫精美的元代壁画的发现在社会上产生的巨大影响。

2. 文化部指示和组织

1955年7月作为建国后"根治黄河"的第一项大型水利工程三门峡工程正式上马。按照国务院最终批准的要求，三门峡大坝按360米高程设计一次建成，刚刚发现的永乐宫古建筑群处在库区淹没范围内。

永乐宫被发现后，精美的壁画引起了文化部的高度重视。1957年初，文化部派遣美术家们前往考察，主要目的是现场考察一下是否具备临摹的条件。随后不久（1957年春）中央美术学院专门研究古代壁画的陆鸿年教授和王定理先生带领中央美术学院和华东分院（后来的浙江美术学院）60多个学生前往永乐宫，开始对壁画进行首次临摹。第一期主要是三清殿（主殿）的朝元图局部临摹工作。这次临摹成果随后在1958年北京故宫的奉先殿举办了"永乐宫壁画展"，引起了巨大轰动。文化部郑振铎部长及国务院中央领导也前往参观[106]。文物出版社也及时出版了《永乐宫壁画选集》[107]，虽然仅有20幅三清殿内的摹稿，但精美的元代人物画像打动了当时的美术界和国家领导层（图4.9）。

同年底，为避免被三门峡水库淹没，国务院和文化部做出了对永乐宫古代建筑群实施搬迁的决定。1958年秋文化部再次安排中央美术学院组织第二次前往永乐宫，继续完成纯阳殿和重阳殿的壁画临摹工

---

① 傅熹年先生提到了古代的几种画法如'天衣飞扬，满壁风动'的吴道子遗风，'笔酣墨饱、纵横恣肆'的颜秋月笔意等均可以在永乐宫壁画中找到。

图4.9　文物出版社1958年《永乐宫壁画（Murals）选集》

（来源：参考文献［107］）

作。并于1959年1月1日，由华东分院（后改名浙江美术学院，现在中国美术大学）在上海博物馆成功举办"永乐宫壁画展"。5月15日，由中国美术协会和中央美术学院在北京举办第二次"永乐宫元代壁画摹本展"［108］。这几次展览在全国的美术界、考古界引起巨大反响。永乐宫整体搬迁工作也得到了国务院的高度重视，迅速下达指示并动员起来。

三门峡水利建设主要依靠苏联援助，并没有考虑相应配套文物保护的经费。实际上当时苏联援助计划也仅仅是针对大坝枢纽工程的建设，连库区移民工作都不在建设投资内容中，迁移保护文物古迹当然更不在计划当中。于是，永乐宫搬迁项目所需经费最终由国务院决定，单独划拨出200万元专项经费用于此次搬迁工程。

按照国务院和文化部决定，1959年3月山西省组织了由国家、省、地、县、公社五级机构共同组建 "永乐宫迁移委员会"。参与单位包括北京古代建筑修整所、中央美术学院、山西省文物管理委员会、永济县人民政府等六个单位。委员会下设工程、行政股，工程股下设施工、设计和劳动三小组。其中施工组由柴泽俊任组长，设计组由祁英涛任组长（图4.10）。

图4.10　祁英涛、柴泽俊、王定理和陆鸿年

（来源：百度图片搜索）

祁英涛是北京古代建筑修整所（1956年更名为北京文物整理委员会，）的工程师，在他的带领下，古代建筑修整所的大批工程师和年轻的技术人员投入到这项搬迁工程中，逐渐成长为我国新一批古建修缮的专业人才。柴泽俊当时仅有23岁，配合北京专家们进行壁画和建筑搬迁工作，后来成为我国著名的古建筑专家。

（二）搬迁方案的研究与论证

1. 对永乐宫建筑的前期调查

对永乐宫古建筑群的调查，在山西省普查发现后就开始了。1954年北京文物整理委员会派出祁英涛、杜仙洲、陈明达等人对新发现的永乐宫进行了初步勘察。调查报告由陈明达执笔，最早发表在1954年11期《文物参考资料》中。文章主要是对当时调查所见之永乐宫五座古建筑形制的基本情况进行了描述，并没有进行测绘。文章通过现场勘察初步判定，轴线上保留的五座建筑格局完整，其中大门为清代重建，而无极门、三清殿、纯阳殿和重阳殿四座均为元代建筑，其中无极门和重阳殿的梁架基本保持元代遗构，而三清殿、纯阳殿的梁架天花以上部分为清代篡改。

在建筑测绘方面，目前所知最早由王世仁、杨鸿勋两位先生对永乐宫建筑进行测绘。1956年梁思成先生派遣当时刚从清华大学毕业的王世仁、杨鸿勋两位同学，协助文化部文物局赵正之和北京大学的宿白先生前往永乐宫考察。在现场大概考察半个月左右，期间对永乐宫建筑进行测绘，并开始绘制测绘图。但是由于随后忙于其他事情，永乐宫测绘图并未最终完成[109]。随后文化部已经考虑到永乐宫面临被三门峡水库淹没的危险，于是1957年先安排中央美术学院陆鸿年教授带领学生和美工人员前往临摹永乐宫壁画，为将来壁画迁移做好准备。随后1958年7月指示由北京古代建筑修整所派出祁英涛、陈继宗及六位技术人员正式开始对永乐宫建筑进行全面测绘和制图。到1958年底测绘工作全部完成。这次测绘成果是永乐宫第一次最完整的测绘记录，为随即开展的整体搬迁工作做好前期准备。

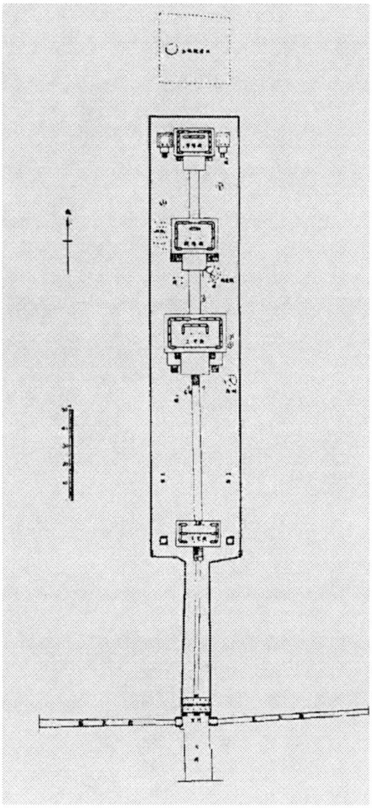

图4.11　永乐宫旧址平面图
（来源：杜仙洲，《永乐宫的建筑》，
《文物》1963（08））

2. 搬迁选址方案的提出与论证

文物迁移工作首先需要考虑的就是选址问题。当时我国没有相应的文物法规，也没有形成系统的保护理念，如此大规模的迁移壁画和永乐宫古建筑完全毫无先例可循。能够做出实施永乐宫迁移的决定一方面反映了新中国对古代壁画和古建筑艺术价值的重视。另一方面对于迁移文物的认识仍然处于摸索当中。

按照柴泽俊先生的回忆，1957年开始永乐宫文物保管所以及他本人就曾先后在永济县、芮城县等多个地方进行勘察，先后提出了共7处可供选择的新址。在柴泽俊先生负责起草的《永乐宫迁移工作报告》中，将调查可供选择的新址作为专门问题提出，供大家讨论。其中位于太原市晋祠、永济县万古寺苍龙峪、芮城县北侧龙泉村三处选址成为大家讨论的重点选址[110]（图4.12）。

图4.12　原址与太原晋祠空间关系

（来源：自绘）

①太原晋祠附近。

②永济县西部苍龙峪。

③芮城龙泉村北侧。

　　搬迁至500公里外的山西首府太原的晋祠选址方案，优点是可以让具有精美壁画的永乐宫能够和晋祠放在一起。既可以让更多人方便参观，领略古代劳动人民伟大的艺术创造力，又可以方便开展文物管理，与晋祠形成更大的文物风景区。同时便于群众参观。存在的问题是距离太远，从黄河边上的永乐镇到山西首府太原的距离将近500公里，路途遥远，而且一路山路崎岖，拆解下来的建筑构件以及脆弱的壁画如何安全地运到晋祠。在当时条件下运输问题几乎不可能解决，因此这个方案虽然大家觉得比较理想，但不具备实施的可能（图4.13）。

图4.13　永乐宫前临黄河、古木郁郁的原址环境

（来源：《中国文物研究所七十年》）

永济县西侧的苍龙峪位于永乐宫旧址西北侧。选址坐东向西，方位改变，但仍然背靠中条山，海拔高约445米，周围竹林茂密，风景优美；远处西北方向可以与永济县普救寺遥遥相对，北边与万国寺紧紧相连，且有九处明代墓群，周围没有现代工厂，完全可以形成一个相对独立的文物区。主要的问题有几个方面，首先，此处距离永乐宫原址太远约60多公里，绕过崎岖的山路才能进入峪口，山势较陡，道路崎岖，运输壁画的安全会受到很大的影响；其次，这里地势高差很大，按照永乐宫南北400多米的进深，新址的场地高差约20余米，而原来建筑群前后高差不大，仅仅有4～5米左右，基本上是一处平地上；同时这里还需要考虑山洪的可能，如遇洪水也会威胁到永乐宫的安全。

芮城县龙泉村位于永乐宫旧址东北方向的芮城县北侧。附近原来是古魏城遗址所在，地势较平坦，高差不大，方位不变，背靠中条山，仍可保持永乐宫原有坐北朝南的格局。并且附近有五龙庙，下有五龙泉水流出，灌溉良田千亩。又有宋朝佛塔可与其相映照，被称为"古魏之都邑，三晋之遗风"。当然，最重要的优势还是距离近，此处距离永乐宫原址仅有20多公里，是所有选址中最近的，而且不需要绕山路。在当时中国社会条件十分有限，没有足够的文物搬迁经验的情况下，如果不得不实施搬迁永乐宫，那么距离近一些，困难会少很多（图4.14）。

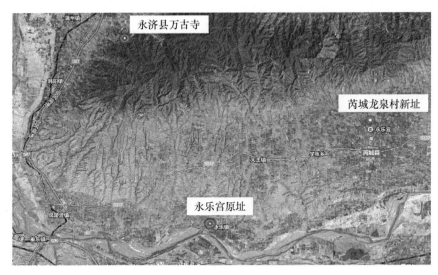

图4.14　芮城和永济二处选址地点与原址关系示意图

（来源：自绘）

1959年永乐宫迁移委员会考虑了上述几个选址意见，确定新址的选择最好能与原有地形地貌相似，具体包括：

原址基本上是前后高差不大的缓坡地带，四座元代殿宇的台基都是通过笔直的甬路相连，这种总体布局形制应该注意保留。

壁画（Murals）是此次搬迁需要保护的重点，琳琅满目的元代壁画的保存需要干燥的气候条件。建筑物的方位最好不变，仍保持正面朝南，变成东、西向建筑室内容易受阳光直射，对壁画颜色有害，如果要是反方向，正面朝北，建筑常年处于阴影当中，对外貌的欣赏不适宜。

在满足上述两项要求的同时，还有照顾到将来的参观和利用，以及当前施工的经济等条件[111]。

从上述几条意见也可以看出当时对三个选址的考虑意见。晋祠方案由于距离太远无法实施；永济万古寺附近的苍龙峪的地势和朝向都与原址有较大改变，另外一个永济县水峪口的选址方案也存在建筑朝向变成了反方向（朝北）的问题。第三个搬迁到芮城龙泉村附近的选址方案总体上较其他选址更合适。柴泽俊先生回忆当初在芮城境内考察作为新址可能的地方的时候，当地政府就很积极申请，希望永乐宫能搬到芮城县来。

"我们勘查芮城的时候，芮城（当地政府）就知道了。（他们）就积极给中央写信，愿意让永乐宫搬到他们这里，承担这个任务，（就是）愿意贡献力量。"

经各方面的协商，中央文化部和山西省人民委员会决定将新址定在距旧址约45里的芮城县城北龙泉村附近，即原有古魏城遗址所在。距离近一些，运输可以解决。靠近芮城县城也方便群众参观。地形高差不大，方位不变，能保证原有建筑格局。最后选定的复建基地位于一片农业产量较低的农田里，也是考虑了尽量减少对农业生产的影响。祁英涛后来总结永乐宫的选址经验说道：

"原址永乐镇的地形是前低后高的缓坡地带，背靠中条山，面临黄河，经过有关方面讨论协商，最后搬迁到距芮城县城北5华里的龙泉附近，距原址45华里。新址的地形也是前低后高的缓坡地带，依然是背靠中条山，优点是地形地貌与原址相似，而且靠近龙泉村内唐代建筑的五龙庙大殿，不足之处就是距黄河岸边稍远。搬迁后的永乐宫，与县城及龙泉村都保持一定的距离，四周都是农耕地，既可少受城镇发展后的工业污染之害，利于元代精美壁画的保存，又可便于环境绿化和县城附近居民的参观游览。"

综合上述选址过程，可以看出，永乐宫新址决策的出发点主要是如何万无一失地保障壁画的安全，因此，"距离近一些"成为首要考虑的现实问题和决策关键点。"晋祠方案"的提出就反映出当时人们普遍希望能把永乐宫的搬迁与现有著名古迹结合在一起的愿望。另外，建筑物的布局和朝向也成为搬迁考虑保留的重要特征，其中保留整体布局反映出对永乐宫古建筑群作为古代艺术品的整体价值的认识，而保留建筑的原有朝向更多的也是出于对保护壁画保存环境的安全考虑。因此，保留永乐宫建筑原有布局和朝向的需要，必然要求新址应具有和原址相似的地形地貌特征。这一点在迁移委员会提出的选址要求中得到了体现。

同时，对于搬迁后的建筑利用方面，永乐宫的选址考虑也反映出当时的社会普遍意识，一是在安全无害的情况下尽量与城镇靠近；二是尽量与其他文物古迹为邻，形成新的展示区域，方便群众参观。正如祁英涛总结所言"整组建筑的搬迁地址的选择应与城镇距离不太远的空旷地带为宜，如能与其他文物保护单位成为近邻，将是更为理想的地方"[112]143。

三、工程实施

搬迁工程从1959年3月开始实施，先从揭取壁画、拆下拱眼壁开始，然后是拆除古建筑，对壁画、建筑构件和石碑等分别进行包装。至1960年4月全部构件和壁画木箱运输到新址处，顺利地按照三门峡蓄水时间要求提前完成了全部文物解体和运输任务。从1960年至1965年底共五年左右时间，在新址处永乐宫壁画和建筑群得到了完整复原。如果从1957年文化部开始着手安排永乐宫搬迁事宜开始，至1965年工程全部完成，永乐宫文物迁移工程前后历时8年。

（一）壁画的揭取迁移

永乐宫搬迁工作是从壁画揭取开始，以壁画修复结束。

1954年起经过大批专家前往勘察，永乐宫精美的壁画和完整的元代建筑引起了文化部的高度重视。1955年三门峡水利工程上马后，考虑到永乐宫处于淹没范围内，文化部王冶秋同志一面安排中央美术学院和北京文物整理委员会组织开展永乐宫的壁画临摹和建筑调查工作。另一方面郑振铎部长也积极同国务院打报告申请对永乐宫进行搬迁。1958年北京故宫举办的"永乐宫壁画临摹展览"以及文物出版社及时出版的仅有20幅临摹作品的《永乐宫壁画》一书扩大了永乐宫的社会影响，国务院和文化部决定划拨专项资金实施永乐宫搬迁工程。

壁画（Murals）无疑是此次搬迁的考虑重点。当时我们国家完全没有这方面的经验和人才。20世纪50年代我国和东欧社会主义国家积极开展文化交流，罗马尼亚和捷克斯洛伐克的教堂壁画修复工作给我国工作者留下了深刻的印象[113]。1957年文化部为此专门邀请了捷克斯洛伐克的壁画专家前往永乐宫，希望能帮助实施壁画揭取和留存工作。但是两位捷克专家看完永乐宫近1000平方米的宏大壁画后，心里也不是很有把握。捷克专家提出了高昂的资金要求、时间周期也不保障、以及其他各种助手和设施配套等等要求，无法满足三门峡水利工程既定的蓄水时间要求。资金方面对于我国来说更是"天文数字"。在这种情况下，遵照毛主席"自力更生、奋发图强"和"勤俭办一切事"的教导，北京文物整理所自力更生，在北京着手咨询老画工和艺师，开始独立试验壁画揭取。与此同时，山西省文物部门在山西太原附近也开始自主试验进行壁画揭取尝试。

从1958年下半年开始，以古代建筑修整所祁英涛同志作为壁画揭取的实验主持人，在北京着手对古代壁画如何封护，如何揭取和加固的研究和实验。基本方式还是现场实验结合古代彩画工艺中一些方法，摸索出一整套初步可行的壁画揭取和保护的实验方法。在北京试验的地点主要在南河沿的皇堂子，采用封护和黏接材料也都是传统彩画上常用的。参加过当时壁画试验的王仲杰曾回忆说，当时在北京主要是考虑壁画封护和黏接的处理，方法是通过向老工艺师和彩画师傅进行求教，祁英涛进行不断试验不断总结，最后确定把老彩画传统工艺中最常用的胶矾水作为壁画封护加固的最好的材料。

另外，在黏接加固方面也采用了陆鸿年教授和王定理总结的白芨水黏接的方法，将来用水一泡又可以很快地除掉[114]33-34，是不会损坏古代壁画的。这些都是古代壁画和拓片上常用的传统材料和工艺做法。经过试验后大家逐渐心里有了底。

同样在山西，1958年8月，山西省文物管理工作委员会的领导亲自挂帅，组织相关技术人员在太原东郊的延庆寺也成功地实施了壁画揭取的实验，当时由刘子林先生带头，柴泽俊、刘宪武和杨子荣等几位年轻人参加。采用的方法基本上相同，也是先制作同样大小的木板壁，将墙上壁画的四边进行切缝分割后，将木板壁紧紧贴住壁画，然后从壁画后面用锯子切割剥离墙体，然后随着剥离情况逐渐放倒木板壁，壁画就成功被揭取下来[115]（图4.15）。

1958年末，祁英涛带领古代建筑修整所的技术人员又来到永乐宫，和山西文管会的同志们一起交流各自取得的经验。在现场进一步讨论和试验，边试验边总结，终于初步形成了一条以先加固封护，然后分块切割、木框套揭、揭取下来后实施加固修复，最后重新上墙，按原样复原并修复画面的一整套壁画揭取和修复的技术路线。并循此路线制定了更加完善可行的永乐宫壁画揭取实施方案。

由此，在贯彻"自力更生、奋发图强"的决心下，我国成功地独立开创了古代壁画揭取加固和修复技术。从1958年下半年各方开始实验一直到1959年3月搬迁工作正式开始，前期研究试验和准备工作总共近9个月时间，形成了一整套完整的壁画揭取、修复和复原技术路线。

图4.15　乐宫壁画（Murals）揭取

（来源：http://www.daynews.com.cn）

在完善的技术方案指导下，真正的壁画揭取施工仅仅用了4个月的时间。从1959年6月初正式开始揭取壁画，到当年9月下旬永乐宫近千平方米的元代壁画揭取工作就全部完毕，前后仅用4个月的时间。为后世开创了我国壁画揭取保护的一个奇迹。可以看出，前期完善的试验和技术准备，对各种施工问题的妥善考虑，使得整个揭取过程非常顺利。

1960年4月底，揭取下来的壁画全部搬运到新址工地，比三门峡水利工程一期水位预定的蓄水期提前二个月完成任务，没有给国家水利建设增加麻烦。

1961年起，在新址处首先开始的是建筑复原工程。在放线筑基，复建四座元代建筑大木结构的同时，在工地的修复工房里开始进行壁画加固修复工艺的最后试验工作，到1964年底全部壁画加固后上墙安装完毕。1965年由美术家潘絜兹主持带队对全部壁画实施修补裂缝和画面补色完整。至此，整个壁画的迁移工作顺利完成。

（二）古建筑的整体迁移

与迁移壁画同样重要的另外一项主要任务，是永乐宫完整的四座元代古建筑和一座清代宫门要按照原有的空间布局实施整体搬迁。

1959年9月完成壁画揭取之后，即刻着手开始古建筑的拆除准备工作。10月份完成支搭木架，修建工棚准备包装材料等工作。同时考虑到五处殿宇全部拆解下来的构件较多，经过祁英涛考虑设计，采用了分层分部位进行构件编号的方式。11月正式开始拆除，至1960年4月，五座殿宇、碑碣及其附属建筑物等，全部拆除完成。全部构件及壁画都采用随拆随包装的方式，节约了时间，拆完后的各类构件和碑碣共2400吨，连同壁画、拱眼壁等特别包装的木箱一起安全地运到新址处。

早在1959年选定新址后，芮城县人民政府在新址处也随即配合开始了必要的准备工程。包括进行地基勘查、兴建临时办公室、库房和工棚等工作。1960年4月当全部拆卸构件运达时，在新址处已经修建好将近4000平方米的工房、办公室和文物库房，顺利保障了下一步的壁画复原和建筑复建工作。

古建筑复建工作主要是针对中轴线的五座殿宇，复建顺序采用先一般后重点的方式，先组织复建清代的宫门，然后是元代大门龙虎殿（无极门）、重阳殿、纯阳殿，最后是主殿三清殿的复原。这样的安排可以训练工人和干部，保障质量。至1961年底，五座建筑的主体结构全部耸立起来。后续各殿的小木、墙体、屋面瓦顶和油饰等工作与壁画复原交叉进行。至1964年基本全部完成。有些地面墁砖和油饰工作等到1965年壁画修复完成后才实施竣工完毕（图4.16）。

永乐宫整体迁移是建国后第一次最大规模的整体搬迁，回顾整个迁移工程，有几点值得总结：

首先，永乐宫并不是我国第一次实施这种迁移。1954年中南海云绘楼和清音阁迁移到南城的陶然亭是我国第一次古建筑迁移工程。当时郑振铎部长传达周恩来的迁移意见时候，向古建筑专家梁思成咨

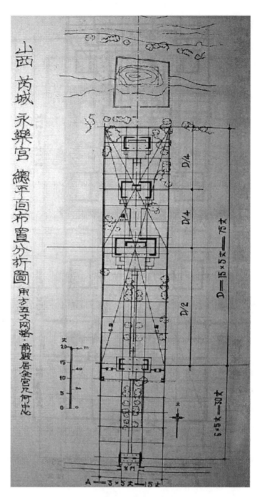

图4.16　宫新址总平面设计

（来源：《文物》1963（06））

询，梁思成说道："中国古建筑都是采用木构梁柱。门窗、斗拱这些构件是标准化的，是可以活动的，拆卸很容易。"还说中国的古建筑就像儿童的搭积木玩具，可以拆开也可以再重新组装，拆开后每个构件都是独立的，然后可以再组合起来。对于保护方面梁思成也提出拆解古建筑要十分小心，构件太多大小不一，"弄乱了，弄坏了就拼不起来了"[116]。

　　梁思成这些话里面反映出文物迁移的一个基本条件——即"文物具有一定可搬迁性"。我国的古建筑木构件主要采用榫卯搭接，具有一定的可拆卸性且易拆卸的结构特点，可以说是具有可搬迁性的一种结构体系。在对文物原址环境的价值认识尚不深刻的50年代，采用传统维修技术角度去解体一座古建筑，然后异地重新组装起来并不难。比如1955年实施的北京东西长安街的牌楼迁移工程，1954年实施山西大同的九龙壁迁移工程，1959年实施的河北正定崇因寺内的毗如殿迁移至隆兴寺等都是这一时期的迁建工程。因此，永乐宫古建筑本身的解体工作对于北京古代建筑修整所和山西文管会的维修技术人员来说并不陌生，唯一不同的是永乐宫的规模是新中国成立以来最大的。

从文物迁移保护的认识上看，50年代的新中国已经完全认识到传统古建筑是具有可拆卸的结构特点，具备可搬迁的基本条件。这也导致在后来很长一段时间内，我国对于迁移文物建筑一直理解为先拆除文物、后复建。导致后来实际工程中无论是木结构、砖结构、砖木结构、石结构，无论是古建筑还是近现代文物建筑，只要制定了迁移保护的要求都是可以拆除后再重建的。

其次，永乐宫在搬迁前后的总体布局有一些细微变化。新址具有和原址相似的平坦地势，搬迁目标也明确要求保持"整体格局"特征，盖因诸多先生在前期勘察时认定此元代道观布局的具有十分的特殊性，杜仙洲认为永乐宫只在一条轴线上排列主要建筑，而没有考虑设置两侧廊房、厢房、配殿等之类建筑，在元代建筑布局中应该是比较典型的一种布局方式。宿白先生疑惑："大殿正当宫门之次，似为当时大小道观布置的通例，而与其时大型佛寺正殿的布置颇异共趣。形制疑源于宫阙衙署……"。因此，从宫门、无极之门（龙虎殿）、三清殿、纯阳殿和重阳殿五座建筑之间的轴线布局及空间距离得到严格测量并在新址得到复原，围绕无极门至重阳殿的内垣也严格复原，各殿之间的高差也基本与原址同，特别是无极门至重阳殿四座元代建筑的内垣区域的复建几乎做到了与原址一致。

内垣区域四座元代建筑被严格复原的同时，外围区域则发挥了一些新的创造和设计。首先是测绘时发现清代宫门的轴线与内垣区四座元代建筑的轴线不一致，往东偏出一米。因此，新址复建时认定是清代施工不当，将清代宫门往西调整一米，与内垣轴线重合。另外，由于设想历史上可能存在东、西院落，于是人为新建了一圈大致规模的外垣墙，形成东西院落，其中在西院落内复原了吕公祠，东院落内将永乐镇上一座祖师行祠大殿和一座石牌坊搬迁复建过来。此外在清代宫门（外垣）至无极门（内垣）中轴线的两侧新建两组碑廊。令人奇怪的是，在原址调查发现的丘祖殿基址遗存（重阳殿后面）没有搬迁过来。原址墙外的披云道院、潘公道院等遗址完成考古发掘后也未考虑在一并搬迁。

第三点值得总结的是，永乐宫古建筑迁移总体上仍坚持"保存现状"的原则。这主要是50年代国家初创，经济条件有限，保护文物方面秉承"勤俭办事业"的原则体现。对于四座元代建筑基本上按照原有大木结构复原。对于三清殿和纯阳殿的清代改动的"草栿"梁架部分，在复建过程中通过加固和局部修复，将清代后期添加的支护构件全部去除，大致恢复原构架样式，包括重要题记梁栿的原样保留。永乐宫由于年久失修，发现时大部分殿宇的门扇佚毁，复建时依据在龙虎殿下发现的残存扇门，对四座建筑的门窗进行统一补配修复。屋顶方面，龙虎殿屋顶吻兽为后期修缮的清代式样，复建时候按照重阳殿屋顶的元代样式进行复原。所有新添构件均采用"整旧如旧"的做旧处理，与古物原貌协调（图4.17）。

图4.17　永乐宫解体工程

（来源：http://yonglegong.com.cn）

最后一点，在历史环境方面也尝试恢复原有的古木郁郁气象。虽然搬迁没有对原址古树搬迁，但是复建后依然从其他地方移栽不少的柏树，纯阳殿前原来有一颗柏抱槐，复建时候也找来两株植栽成当初模样，时间一久，这些新种植的树木也长得高大，郁郁葱葱，基本恢复了古代寺观幽深的意象。另外值得一提的就是纯阳殿原址有水系自东而西流过殿前，被诸多学者认为是具有宗教内涵的有意为之，复建选址时也引来涧水予以恢复。三清殿前一对石狮也搬迁过来按原位复原。可以说，内垣区域尽量按照原有的环境特征做到"原状"复原，外围环境则基本上是重新规划，布置一道新建的外垣墙，重新绿化布置的。

可以看出，永乐宫建筑迁移的考虑重点仍然是内垣区域四座元代建筑的原样复原。外围则发挥了新的创造设计，搬迁了其他一些古迹进来，重新布置绿化，营造氛围。在内垣四座元代建筑复原中，去除清代的后期添加构件，恢复相对完整的元代殿堂面貌，新更换的构件普遍采用"整旧如旧"方式处理，表面最后的油饰彩画也同样进行"做旧"处理，力求与元代建筑的古朴风貌相协调。整旧如旧的工程实施非常细致，以至于工程主持人祁英涛后来不无骄傲地说："在（新更换的）梁枋的外表按照原有残存彩画的旧貌进行复制，可以说达到了'乱真'的效果"[112]127。

（三）实验与技术创新

永乐宫整个迁移过程充满了全体参与人员不断摸索、不断试验的技术创新，这在我国古建筑搬迁历史上独一无二。

首先整个壁画揭取就是一次摸索创新的过程。前期在北京和山西两地的试验，依靠"自力更生、艰苦奋斗"的精神，摸索壁画揭取的技术方法，确定技术路线。

在确定了"分块揭取—木框架套装—木架内修复加固—新址上墙复原—画面修补"的技术路线外。为了实现安全有效的揭取壁画，在实际施工中，技术人员为了保障壁画揭取施工方便，1958年底进入永乐宫，开展现场试验，先后制作出前壁板、揭取台和偏心手摇锯三大自制工具。

前壁板：每块画揭取前都必须在画块前置一块木壁板，以备承托揭取后的壁画，包装时就直接作为包装箱的底托。它的形状、尺寸都与要揭取画块一致。因此每块木壁板的尺寸都不完全一致，木壁板用干燥的木板，背面钉立带做成。这个发明应该是在北京和山西太原延庆寺做前期壁画揭取试验时候就总结出来，到现场经过改良后定型。

揭取台：为保证揭取的壁画安全脱离墙体，在画前安放一个自重较大的木制揭取台。一端装有合页大轴，与前壁板底部临时联在一起。揭取后的壁画即平站在前壁扳上。通过揭取台的合页转动，将壁画及前壁板都缓缓平稳的放倒在揭取台上。这个发明主要是考虑高度4米多高的壁画在锯开后如何平稳放倒，在平地上比较好放，但是高处的壁画最好能有一个移动的揭取台，壁画切割下靠在前壁板上，再稳稳地放平在揭取台。与前壁板通过合页结合一起，就成了一个活动的壁画揭取台。参加揭取工作的王仲杰曾回忆他还在揭取台的功能上发明了上下滑动的滑绳，可以安全地把壁画轻轻的放到地面上，就是揭取台当中的一项功能（图4.18）。

图4.18　揭取台和偏心手摇锯

（来源：http://yonglegong.com.cn）

偏心手摇锯：它的构造主要由偏心轮带动大锯条，袭在木制工字架上，用手工操作进行锯开壁画后面的泥层。此种工具适用于大面积的揭取，数量小或者画块小时都不宜使用。这个工具的发明主要是壁画后面的泥墙太厚，手拉大锯费工费力，而且对表面壁画震动大，易损坏壁画。祁英涛根据蒸汽火车头轮子的灵感，利用偏心轮发明的手摇锯，中国文化遗产研究院的姜怀英高级工程师回忆道："在现场主要是寻求一种机锯，寻求一种适合现场操作的机锯。反正都是些土办法，没有合适的现成设备，都要根据现场情况我们自己动手制造，……我记得这事应该是祁工（祁英涛）创造的，他根据这个偏心轮，像火车轮子的转动，根据这个原理，我去帮他加工的。"

除了壁画外，建筑物上的拱眼壁也有精美的彩画，有些彩画还是凸雕沥金粉，十分珍贵。但是拱眼壁面积都不大，形状不规则，卡在各个斗拱之间非常不方便取出。祁英涛就把任务交给刚来到工地工作的年轻人孟繁兴，让他专门解决如何取出拱眼壁的问题。

"祁老师找我可能，就是从这点考虑。说小孟你把这个给想想，怎么能把这给弄下来。……任务就给你了，好好琢磨这事吧。……我就把这8号铅丝砸扁，砸扁以后呢，工地有的是锉刀，……可以来回锉，这泥开始出缝。我后来又改进了。……让它成曲线锯。"孟繁兴发明的这种会弯曲的小锯子，成功地将拱眼壁从斗拱中完整取出，被祁英涛诙谐地命名为"孟氏锯"。

正是这些实验和技术创新，使得这座元代殿堂的宏大壁画和拱眼壁在短短4个月内就顺利完成揭取和包装工作，打了一场漂亮的"歼灭战"，在蓄水规定时间内提前完成任务。

在古建筑方面，现场实验和技术创新也非常多，对于古建筑迁移工程来说，最主要的就是构件编号方式的确定，构件编号是文物迁移技术路线中的一个重要环节。在永乐宫文物搬迁工程中，对构件编号的方式和方法基本定型。

祁英涛提出对每个构件进行编号，要求图纸上要记录各个构件的编号，同时这个编号要做成小木牌钉在实际构件上，图纸编号和实际构件保持方位一致。"成千上万的木构件要按次序一个个编号，以防将来修建时安错位置。"[112] 25

柴泽俊先生回忆到："编号这个想法是祁英涛先生首先提出来的，但是如何编，……我向祁先生建议过。我说，这个图纸写号的时候按方位写，……将来它安装的时候，按你这个写号的方位，编号的人按方位写号，……这个方位绕周编号，安装的人也按这个方位，在外一圈绕周安装，不至于出错。"[110]（图4.19）

永乐宫建筑成千上万个构件就这样通过图纸记录与实际构件对应的一致编号，保障了将来复建时候原样原位置复原。在新址处安装时，祁英涛为了校核构件编号是否准确，对龙虎殿和重阳殿的铺作层和屋架在地面上进行预安装，拿着编号的图纸现场指导工人按照拆除时的编号构件按图纸进行了预安装，一方面复核构件编号的完整性，另一方面也指导工人学习如何按图上编号找到原位置原方位进行安装。

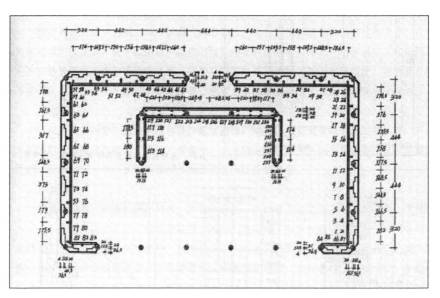

图4.19　三清殿编号图

（来源：《柴泽俊文集》）

这样的现场实验和技术创新现象在永乐宫迁移过程中非常普遍，秉承"一切从实际问题出发"的态度，整个工程团队一个一个解决了迁移过程中遇到的各种问题。

就连运输问题，也充分发挥了整个工程组的全体智慧。拆除包装后的构件，如何运输到45里外的新址？当时只有4辆苏联的小卡车，承担了全部运输任务。包装好的壁画木箱运上车后，全部用棉花草垫填塞，再用螺栓与车体固定，下部垫上弹簧。连负责运输的老司机都动脑筋想出办法，将轮胎气放去一部分，时速控制每小时10公里，防止剧烈震动，终于毫发无损地将壁画安全送达新址处[117]。（图4.20）

四、工程总结

（一）开创了壁画揭取保护的新技术

永乐宫的搬迁如果从文物迁移保护的角度来认识，首先是由于国家重大水利工程三门峡水利建设的需要，符合迁移文物的基本前提之一。第二，永乐宫处于设计水位的淹没范围，"易地"成为了保护的唯一手段。第三，作为我国传统的古建筑，永乐宫具备一定的可拆卸

图4.20　小卡车运输

（来源：http://yonglegong.com.cn）

性也是可以搬迁的条件之一。因此，永乐宫完全符合文物建筑迁移的几个基本条件和原则。但是，今天我们把这些文物迁移保护的基本准则和要求去印证永乐宫工程具备迁移合理性的同时，却不得不反思，同样在20世纪50年代，同样是国家重大水利工程的丹江口水库建设需要，却将规模数倍于永乐宫的明代皇家建筑群——武当山净乐宫建筑群淹没在了丹江口水库底。在完全没有任何水利工程中文物保护政策的时代，永乐宫何其幸哉！

　　回顾永乐宫搬迁的整个历程，不得不说，精美的元代壁画在当时社会上引起的轰动，给后来整个文物搬迁得到文化部立项并组织最强的技术人员实施搬迁起到了决定性作用。由于永乐宫壁画突出的艺术价值，再加之元代建筑的艺术价值，在当时没有相关文物法律法规的情况下，使得永乐宫的搬迁得到了国家重视和社会广泛支持。永乐宫壁画揭取与修复技术也因此成为了此次文物迁移工程最大的技术成果。对我国在壁画揭取保护方面产生了极其深远的影响。

　　祁英涛在1960年工程进行当中就对永乐宫壁画揭取的成功经验进行了总结。在1960年《文物》杂志发表了《永乐宫壁画的揭取方法》一文[118]。随后在1977年开始的河北正定隆兴寺摩尼殿的维修中对摩尼殿壁画又成功实施了揭取和修复。进入80年代，祁英涛对永乐宫壁画的揭取和修复又进行了全面的总结回顾，如1983年完成的《永乐宫壁画的迁移保护》[112]145-152。1987年和柴泽俊联合发表《永乐宫壁画的加固与保护》[119][185]。同时，也结合我国墓葬、石窟和寺院壁画的不同类型和保存特点，对中国壁画的揭取修复技术进行了专门研究，发表了《中国古代壁画的揭取与修复》一文[120][186]。文章对我国不同时期、不同构造的壁画进行了分类，并总结了壁画揭取和修复的方法，成为我国壁画揭取保护的重要技术文献之一（图4.21）。

图4.21　1960年《文物》（Z1）：第82～86页

壁画保护技术可以分为壁画揭取技术和修复技术。永乐宫开创的壁画揭取和修复是一个连贯的整体。揭取下来的壁画既可以就地开展修复，放入博物馆原样保存，也可以修复后重新在新址处重新挂画上墙，恢复原状。

揭取技术基本方法是前期临时加固措施（抢救性加固措施），分块画线，测绘临摹，揭取作业工具准备，揭取实施五个步骤。

前期临时加固措施主要是针对大部分壁画在揭取之前普遍存在的病害进行必要的抢救性处理。壁画主要病害包括空鼓脱落、泥层酥碱、龟甲起裂、脱胶、发霉变色等。处理措施主要是表面除尘清理，空鼓和酥碱主要采用灌注泥浆和"打针"固胶等方法，裂缝加固主要采取贴纸黏布的方法等，保障揭取时的壁画具有一定的整体性，同时措施具有一定的可逆性。其他病害如发霉变色或烟熏污渍等可以待揭取后在修复时处理。

分块画线和测绘临摹为大面积壁画的必要准备，永乐宫各殿满壁的壁画依据人物场景的重要性和病害的分布情况，分割成大小不等的341块，其中大部分为2～4平方米的分块，实践证明方便揭取和容易保存运输。测绘临摹主要是留取档案资料，方便下一步的修复和研究工作。

揭取工具准备包括针对每块大小的壁画制作前壁板，各类锯铲工具和揭取台，运输车和包装保存材料等。

揭取实施主要是按分块切割壁画，逐块取下的过程。常用的揭取方法大体分为拆取、锯取、震取和撬取等四种方法。基本原理就是通过锯、撬、铲、割等方法壁画表层与后墙脱离，让壁画贴住前壁板进行固定后拆下的过程。

修复技术方法基本可以在实验室内完成。主要是针对各个分成块的壁画板框进行前面壁画画面修复，背面泥层剔除与加固的两个过程。永乐宫采取恢复壁画泥层的做法，用厚度薄强度大的漆皮泥层替代原有麦草泥层，同时分层贴布进行整体拉结，总共用了四道漆灰三层布，祁英涛称之为"四灰三布法"。近年来的壁画背面加固也有采用其他高分子材料，如环氧树脂等。目的就是使得壁画更薄更结实，同时与壁画表层具有相适应的伸缩性和黏接力，这些技术改进都是永乐宫壁画揭取技术的进一步发展。

壁画修复后可以像画框一样在博物馆内单独保存，也可以重新在寺观内整体恢复。永乐宫壁画待新址处各大建筑复建完成后，重新按照原有编号在各殿建筑内整体恢复。随后由潘絜兹教授带领山西大学美术学院的团队对各块壁画之间的缝隙进行修补和画面恢复，永乐宫完整宏大的壁画又重新呈现在世人面前。

永乐宫迁移工程的壁画揭取方法，在我国壁画保护技术方面具有开创性的地位，成为了后来壁画揭取和保护技术不断研究和拓展的重要基础。

（二）总结发展了我国木结构保护维修技术

1. 基本总结出一套传统古建筑的维修技术标准

永乐宫迁移工程从1959年开始实施，至1965年在新址处全部复原完成，实际施工周期长达六年。是我国在建国初期实施的最大规模的古建筑整体搬迁工程。搬迁工程的顺利实施给我国文物建筑保护提供了一个重要的实践研究案例,对于新中国成立初期总结传统古建技术,研究保护工程类型,思考保护原则起到了重要的推动作用。

在总结传统维修技术方面,建国初期实施了一系列古建筑维修工程,开始总结我国古代建筑维修技术。比如1955年实施的河北正定隆兴寺转轮藏修缮工程,以及1958年河北赵州桥修缮工程等。但是大部分修缮工程都是不用迁移的原址维修,对于古代建筑的传统建造工艺不可能通过一个工程全面了解。永乐宫迁移工程是一次建国后最大规模的解体落架复建的古建筑工程。永乐宫解体后都是一个个单独的构件,哪些需要修补哪些需要替换以前一直都是由具体实施的工匠凭着经验决定。通过永乐宫迁移工程的实践,祁英涛工程师对我国古建筑的传统营造工艺进行了全面记录总结。从地质勘察开始,立石划界、重筑地基、立大木、构件修复等,采用原材料、原工艺按原有结构和形制完全重建了永乐宫。这种全面落架重新复建的实践工程对于全面了解我国传统维修技术,总结出适应我国古建筑保护的维修技术十分难得。参与或主持了新中国成立以来多项修缮工程后,特别是主持永乐宫整体搬迁工程的全面实践,祁英涛于1978年总结了古建筑保护维修技术,编撰出《中国古代木结构建筑的保养与维修》讲义,成为我国最早的系统讲授的古建筑维修保护技术的重要著述(图4.22)。

图4.22　重建中的龙虎殿和三清殿

(来源:http://yonglegong.com.cn)

其中一些保护技术和方法成为后来我国古建筑保护维修工程的技术标准,比如:

大梁劈裂处理方式:"大梁侧面裂纹长度不超过1/2,深度不超过宽度1/4的,一般在此限度内加2~3道铁箍加固;裂缝宽度超过0.5厘米时应先用旧木条嵌补严实"等。

角梁加固方法："梁头糟朽不超过出挑长度1/5的可以将糟朽部分垂直锯掉。用新料依原样更换，刻榫黏接。如糟朽超过1/5的情况，应自糟朽处向上锯成斜口，更换的新梁头与原构斜口搭接用螺栓或铁箍2~3道加固。"

柱子加固："柱子开裂较细裂缝待油饰或断白时用腻子勾捆严实，缝宽超过0.5厘米的用木条嵌实。缝宽3~5厘米或更大，深达木心的在黏补后还需加铁箍2道。柱子墩接要求柱根糟朽高度不超过柱高1/4，墩接榫式样包括"巴掌榫""抄手榫""螳螂头榫"等式样。柱心糟朽严重（如白蚁蛀空）的可以采用高分子灌浆加固。不能墩接或灌浆加固的柱子可以考虑更换，更换要求依照原式样原尺寸。"

这些带有具体指标要求的细致的维修措施在祁英涛最初的讲义中，基本上是永乐宫元代建筑迁移实际工程的经验总结。这些工程经验的总结，随着祁英涛后来编成讲义进行培训和传授，逐渐定型，成为了我国保护维修技术的一套新的技术标准，大量出现在改革开放以后的古建筑修缮设计方案和工程验收标准中，形成了我国保护修缮工艺的一种新的技术传统。1984年杜仙洲先生主编了《中国古建筑修缮技术》出版[121]，对古建筑营造工艺的传统方法进行了汇总，书中也纳入了祁英涛总结的古建筑维修保护技术方法。

在工程类型的方面，永乐宫迁移工程的顺利实施使得迁移文物作为一种特殊情况得到了法律上的考虑。1961年国务院首次公布《文物保护管理条例》中，对于文物迁移就做出了专门规定。1963年发布的《革命纪念建筑、历史纪念建筑、古建筑、石窟寺修缮暂行管理办法》中也提到了文物迁移的特殊性，但是在认识上仍然把迁移文物和必然需要拆除文物同等对待，并没有作为一种特殊的独立的保护工程类型对待。

最早将"迁建工程"作为文物保护工程的类型之一，仍然是祁英涛工程师在《中国古代木结构建筑的保养与维修》讲义中提出的，他认为"古代建筑物的修缮，根据残毁程度和使用要求……，分为五种类型。包括抢救性的加固工程、经常性的保养工程、修理工程、迁建工程和复原工程"。在对"迁建工程"的定义中提到"为解决与建设需要的矛盾而进行异地重建的工程，称为迁建工程"。当时普遍的认识是，迁建工程是为建设工程让路而存在的一种类型。无论古建筑保存情况是好是坏，都需要全部解体落架，拆卸干净后重建。可以看出，祁英涛从实际迁移工作发现，迁建工程并不完全等同于文物拆除后重建，而是涉及重新异地复建的一类特殊的文物保护工程。这种保护认识直到我国20世纪80年代改革开放后才逐渐统一。在90年代建设部和国家技术监督局颁布的《古建筑木结构维护与加固技术规范》开始明确"迁建工程"作为一种古建筑工程类型，在2002年修订文物法后，国家文物局颁布《文物保护工程管理办法》，正式将"迁建工程"作为一种保护工程类型予以明确下来。

在保护原则方面，永乐宫迁移工程贯彻了50年代国家要求"勤俭办事业"的工作原则，一方面尽可能多的利用原有构件，对拆卸下来的构件进行修补加固，尽量少更换新料，另一方面在有限的资金情况下，去除了清代不当的后期添加，重新烧制元代式样的琉璃，在有条件情况下，局部恢复元代建筑的历史原貌。因此，在保护原则方面应该说是贯彻了局部复原的"现状保存"原则，取得了较好的搬迁效果（图4.23）。

图4.23　重建后的永乐宫环境

（来源：《柴泽俊文集》）

2. 奠定了文物迁移工程的技术路线和方法

永乐宫迁移工程并不是我国第一次实施古建筑整体搬迁，但是，无论从搬迁规模，搬迁难度和社会影响都是新中国成立后最大的一次，永乐宫迁移工程取得的搬迁经验奠定了我国文物迁移工程的基本的技术路线和方法。

尽管从当时国家建设和文物工作的实际情况看，一切工作都以解决实际问题为出发点，还谈不上在保护理论方面进行深入的思考总结。但是永乐宫整体搬迁的宝贵实践和迁移过程中各类实际问题的解决，基本奠定了我国文物迁移工程的基本方法和技术路线。

早在1954年搬迁中南海云绘楼和清音阁时，周恩来曾向梁思成先生咨询，梁思成就用"搭积木"的比喻向周恩来说明了中国古建筑具有可拆卸易搬迁的结构特点，郑振铎提议迁移新址为北京南城的陶然亭公园，那里"具有重要人文意义和文化氛围"，可以和陶然亭等古迹一起组成新的良好的环境。在具体实施的时候，除了对原有建筑进行了测绘外，按照梁思成的要求，拆除前对旧构件进行了编号记录。但是重建时并没有完全按照原样进行复建，特别是建筑室内格局，而是根据新址地形环境和新的功能要求进行了适当改造。

1959年永乐宫迁移工程是为了避免因三门峡水库淹没而实施的整体搬迁。目的是完整地保留永乐宫内全部的元代壁画，完整地保留永乐宫重要的元代建筑原貌及整体格局。因此，从保护的角度来说，永乐宫迁移工程更多关注了迁移前后壁画和元代建筑的原状得到真实完整地保留。永乐宫完整的迁移过程初步形成了文物迁移的基本技术路线和方法。

从确定选址开始，永乐宫迁移工程的技术路线包括前期准备、原址拆除和新址复建三个阶段，其中前期准备工作包括实施建筑群的整体测绘；历史调查研究；建筑形制和残损勘察；壁画揭取实验；同时新址处开展拆迁平整场地，定桩划界，建设必要的文物库房和工棚；拆除阶段的工作包括壁画分块揭取和编号包装、构件编号与制图、构件拆除与包装、运输、入库房分类码放等。复建阶段的工作包括重筑地基、构件清理和修复、建筑复建、壁画修复与安装，环境恢复等。

永乐宫形成的迁移技术路线即"建筑测绘和调查——编号拆除、建筑解体——构件分类包装——运输——新址处修复与重建"（图4.24）。

图4.24　永乐宫迁建技术过程（解体–包装–运输）

（来源：http://yonglegong.com.cn）

在整个技术路线中，前期调查对于后来的复建工作具有重要的作用，它决定了迁移最后能实现的全部成果内容。永乐宫前期准备工作将近9个月，对壁画和五座建筑进行了完整的测绘记录和实验，最后在新址处完成的也仅是壁画和五座建筑（四座元代建筑和一座清代建筑）的原状复原。而原有环境中的其他古迹要素，如建筑遗址（如丘祖殿台基）、元代墓葬（宋德方和潘德冲道长墓）等由于在前期没有进行记录，因此在新址复原时就无法再现，只能通过搬迁其他一些古迹如祖祠大殿、石牌坊等凑成新的景观。

如果从今天的价值保护认识来看，前期调查最重要的工作应该是对永乐宫价值进行全面评估，价值评估决定了文物搬迁的具体内容和搬迁目标。永乐宫之所以确定元代壁画和元代建筑作为迁移工作的内容，其实也是由于当时美术家和古建筑专家认识到它们的重要价值，而对于丘祖殿建筑基址和宋潘二人的元代墓室，本应该作为永乐宫原址的重要遗存一并纳入搬迁考虑，但是由于对它们价值认识不足[1]，而没有实施迁移。

3. 形成了技术试验和研究创新的实践作风

永乐宫工程发生在20世纪50年代的建国初期，国民经济十分落后，专业人才匮乏。偌大的三门峡水利工程也是依靠苏联的援助才得以实施，而永乐宫迁移工程则完全是在"自力更生，奋发图强"的精神指引下，由文化部主导，依靠自己的技术力量和创造智慧得以实现，为我国的文物保护工作留下宝贵的技术实验和研究创新的实践作风。

首先是以问题带动研究工作，"一切从实际出发"，确定搬迁后面临的主要难题就是壁画揭取。北京文物整理委员会（古代建筑修整所）和山西省文物管理工作委员发扬"自力更生"的精神，开始主动承担。分别在北京和山西开展技术试验，对永乐宫壁画材料的组成

---

① 其实1959年对永乐宫原址的宋德方（元刊《道藏》的作者）和潘德冲（创建永乐宫的主持人）二人墓葬进行了发掘，出土的两座精美的元代墓室，刻有十分生动的线刻画，内容丰富，反映元代真实的社会生活，具有重要价值。但当时考古方面主要是把它们作为封建地主阶级的宗教代言人加以批判，没有提高到宫内壁画和元代建筑的价值高度去认识，并不作为永乐宫价值整体的一部分看待，因此没有把它们列入永乐宫搬迁对象。具体见1960年《考古》第8期，徐萍芳《关于宋德方和潘德冲墓的几个问题》所述。

和传统工艺进行了研究分析，"绘画墙面抹泥三层，总厚约3～4厘米，底层为麦草泥，平均厚2.55厘米，中层为麦糠泥，厚0.5～0.7厘米，面层厚0.2～0.5厘米，材料有砂泥面层、白灰面层和灰泥面层三种"[112]146。随后通过泥壁切割和泥壁剥离等试验，逐渐掌握了壁画切割揭取的基本方法，积累了揭取壁画的信心。

其次就是积极发掘传统工艺，向熟悉传统工艺的老匠人和老画工学习求教。元代壁画经过600多年沧桑，表面布满了细小裂缝，揭取时候如何保证不碎不裂，祁英涛专门向熟悉古代壁画工艺的陆鸿年教授和王定理先生求教，详细了解古代壁画的制作工艺和材料。王定理向祁英涛介绍说，"壁画制作的过程我是知道的，壁画画前，先刷一层胶矾水，在画的过程中还刷那胶矾水，画完之后，再刷一道胶矾水。这胶矾水起些固定作用，这画墙不是拿水泡，就拿水刷，它是不会坏的。"因此，祁英涛了解后，才确认揭取前可以先清洗壁画，然后刷胶矾水进行画面固定，最后对于壁画墙的大裂缝还用拷贝纸和麻布精心黏贴拉结，不用担心破坏壁画内容和颜色。

最后就是积极依靠群众，发挥集体智慧的创造力。永乐宫迁移过程周期紧，许多困难是无法提前想象到的，但是通过发挥集体每个人的创造力，迁移人员解决了搬迁过程中的各种问题。先后发明了前壁板、揭取台和手摇锯等专门的揭取工具。在编号记录方面，祁英涛首次强调编号设计图纸与构件上号码牌一致，柴泽俊先生提出了按照建筑方位和构件朝向进行顺序编号的方式，使得编号方式逐渐规范合理。孟繁兴为揭取拱眼壁发明的"孟氏小锯子"后来成为了古建维修的重要工具之一。永乐宫迁移工程就是依靠集体智慧的创造力，通过不断的技术实验和研究创新，克服一个又一个困难而取得圆满成功。

（三）锻炼形成了一批美术家和古建专家

永乐宫的发现吸引当时中国美术界、文物界和考古界的广泛重视，美术家陆鸿年，潘絜兹教授、考古学家宿白先生、古建筑专家杜仙洲、傅熹年先生等都前往勘察研究。王世仁、杨鸿勋先生最早进行测绘。1957年永乐宫迁移准备工作正式开始后，中央美术学院、华东分院（后来的浙江美术学院，现为中国美术大学）、中国古代建筑修整所（现中国文化遗产研究院）、中科院考古研究所，山西文物管理委员会等机构前后组织相关技术人员参与到整个迁移工程中。为我国培养了一大批壁画保护和古建修缮的人才（图4.25）。

图4.25　参加永乐宫搬迁工程的人员

（来源：《中国文物研究所七十余年》）

在壁画美术方面，1957年中央文化部第一次委派中央美术学院教授陆鸿年和王定理带队负责，组织中央美术学院及华东分院的师生、民族美术研究所、人民画报社等机构美术人员前往永乐宫壁画临摹。第一次临摹参与者有中央美术学院及华东分院教师陆鸿年、黄均、沈叔羊、罗铭、邓白、于希宁等我国老一辈著名的画家。学生有卢沉、于月川、蒋采苹、刘文西、姚有多、周昌米、叶尚青、潘韵等36人。现许多为中央美术学院教授、著名画家。刘文西先后任西安美术学院院长、西安美院研究院院长，成长为我国"黄土画派"的代表人物，当代著名画家周昌米、叶尚青、潘韵任职为中国美术大学教授。他们中许多都以传统水墨和工笔人物享誉画坛，可见永乐宫的临摹实践给了很大的帮助。

在古建筑修缮方面，永乐宫迁移工程同样为新中国培养了大批古建筑保护和维修的专业骨干人才。1958年文化部指示，祁英涛作为主要负责人带领中国古代建筑修整所的赵仲华、王真等技术人员开始进驻永乐宫先进行全面实测制图。随后不久，梁超、贾瑞广、姜怀英以及张智等也调往现场支援。至1958年下旬全部测绘图绘制完毕。

1959年永乐宫壁画揭取和建筑迁移工作正式开始，在北京古代建筑修整所工程师祁英涛、杜仙洲带领下，参与技术人员有陈继宗、金荣、王仲杰、姜怀英、赵忠华、贾瑞广、杨烈、何云祥、张智、梁超、王真等，除此之外还有山西省芮城县副县长、山西省文化厅古建处处长以及柴泽俊、薛广云等技术人员及当地工人。

参加永乐宫的这批技术人员很快都成长为我国文物保护领域的专业技术骨干，成为我国著名的保护专家。比如姜怀英是中国文化遗产研究院研究员级高级工程师，曾主持重点维修工程二十余处，退休后又受命担任援柬吴哥窟保护工程工作队队长，完成周萨神庙的保护工程。杨烈工程师为中国文化遗产研究院研究员级高级工程师，开创石窟寺保护工程的技术工艺措施，推动了石窟保护技术的发展。而柴泽俊先生则通过永乐宫迁移工程，开启了人生的古建筑研究保护事业，成为我国著名的古建筑保护领域的专家。正如他本人在接受采访时曾说道："永乐宫的迁移可以说，奠定了我对古建筑学科研究一生的基础……。"[122]

五、永乐宫迁移工程的影响和评价

（一）保护方面的影响

从保护的角度回顾永乐宫迁移工程，可以发现，整个保护过程反映了我国20世纪50～60年代对于文物保护的一些基本认识。这些认识是我国文物保护理论发展上的一个重要历史阶段，主要有以下几个方面。第一是在保护理论上并没有形成"价值保护是文物保护的核心"的认识。在实践中对文物古迹原貌的艺术价值的关注要明显突出于其他方面；第二点是古建筑维修工程普遍采用了较现实的"保存现状"的保护原则，在有条件的情况下局部仍积极追求"恢复原状"的最高目标。第三点是文物环境保护意识薄弱，反映出对"与古迹相联系的文物环境价值"的重要性认识比较模糊。

1. 艺术价值突出影响下的一次搬迁实践

永乐宫迁移工程应该说是文物古迹艺术价值突出影响下的一次搬迁工程。对当时如何认识永乐宫的价值，罗哲文先生曾回忆道，"壁画的认识主要是有一些美术家们、画家们，认为这个在壁画艺术的价值上，在寺庙里面的是规模最大、价值最高的一个。所以这样呢，两个，一个壁画价值，一个建筑价值，可能我觉得在当时，这个壁画的价值之大还超过了建筑。所以这样，两个结合起来，（永乐宫）这个价值就更大了"[110]。在我国尚未颁布文物保护法律和水利移民政策的背景下，宏大精美的元代壁画的发现和元代建筑的重要性成为了促成永乐宫搬迁的最重要因素。搬迁的最初目标就是保护寺观壁画和几座元代建筑。回顾此次搬迁，整个决策过程没有对三门峡淹没区的文物情况进行整体调查和价值评估，也完全不是依据文物古迹的历史价值重要性来制定保护计划。

如果从今天价值保护的观点去看，元代壁画极其突出的艺术价值成为此次国家实施永乐宫搬迁的重要原因。从关注文物艺术价值（艺术风格、美学景观）的保护，到侧重对古迹全部的历史价值（历史信息）的保护。以欧洲为中心的文物保护也走过了类似的认识历程。19世纪中叶法国建筑修复师维奥勒特-勒-杜克（Viollet-le-Duc）按照哥特艺术风格修复巴黎圣母院。虽然修复之初被人称赞，但随后不久即受到了更广泛的质疑。质疑主要是针对巴黎圣母院采用哥特艺术风格式的修复方式破坏了文物古迹所具有的各个时期的历史痕迹和历史信息，这种修复甚至被认为是一种"一扫而光什么都不留下的破坏"。直到20世纪30年代经过欧洲各国一个多世纪的文物建筑修复和保护实践，特别是意大利的文物理论和保护实践，文物保护才从侧重艺术风格的"修复（Restoration）"逐渐走向了现代意义的"保护（Conservation）"。这种认识转变的核心就是价值保护，从关注文物特定的艺术风格逐渐发展到对历史信息的重视和历史价值的保护[123]1-17。1964年《威尼斯宪章（VENICE CHARTER）》中提出，"古迹建筑中各个时代的正当贡献（contributions of all periods）都必须予以尊重，因为修复的目的（aim of a restoration）不是追求（艺术）风格的统一（unity of style）"。因此，文物古迹最重要的价值应该是丰富真实的历史信息，而不能仅是艺术风格的统一。因为"世世代代留传的文物古迹（historic monuments），饱含过去岁月的（age-old tradition）传统（信息），成为人类古老的活的见证（living witnesses）"。正是这些丰富真实的历史信息反映了人类价值的统一性和多样性，是真实唯一且不可再生的。历史价值才是文物保护中最值得重视的一种价值（图4.26）。

当然，20世纪50年代我国并没有认识到价值问题是文物保护的

```
A
─── │ B
C
```
A：19世纪修复前巴黎圣母院原样；B：维奥莱特-勒-杜克
C：维奥莱特-勒-杜克部分修复的巴黎圣母院现状。

图4.26　十九世纪巴黎圣母院的修复原状工程

（来源：http://image.baidu.com）

核心。当时对于"保存什么，如何保存"仍在不断争论和探讨中[124]。同时又受到政治意识形态的影响。如果从价值保护的角度来回顾20世纪50年代我国的保护认识，关注文物古迹的艺术价值仍占有很大比重。永乐宫精美壁画的发现，其巨大的艺术价值迅速引起了美术界、考古界的关注，最终促成了此次搬迁。在建筑方面，永乐宫元代建筑的发现，作为我国为数不多保存完整的早期建筑，也是古建筑美学艺术价值的重要代表。事实上，民国时期以梁思成为代表的营造学社对于我国古建筑和建筑史的研究成果已经在学术上和社会上奠定了我国古建筑"具有（古代艺术品）普遍性的美学认证"。在《平郊建筑杂录》中梁思成和林徽因对于中国建筑的美甚至上升到"建筑意"的高度，他赞美到"……这些美的存在，在建筑审美者的眼中，都能引起特异的感觉，在'诗意'和'画意'之外，还能使她感到一种'建筑意'的愉快。"[125]343。因此，新中国成立初期，古建史学研究方面普遍存在一种对早期建筑的艺术风格情有独钟的现象，甚至一度出现"厚唐宋风格、薄明清建筑"的美学倾向。在这种普遍的审美心理下，永乐宫壁画和元代建筑突出的艺术价值促成了永乐宫成为三门峡水利工程中唯一的文物迁移保护工程。

2."保存现状、局部修复"——现实的保护原则

宏伟的壁画巨制和元代建筑的艺术魅力最终促成了国家决心实施永乐宫搬迁。在古建筑维修方面，整个搬迁过程由以祁英涛为首的北京古代建筑修整所承担，北京古代建筑修整所就是1949年后的"北京文物整理委员会"，新中国成立前称为"北平文物整理委员会"，其最早为1935年国民政府成立的"旧都文物整理委员会"。古建筑保护方面深受营造学社之影响。梁思成30年代提出的"保存现状或恢复原状"的保护原则体现在各个时期的"文物整理委员会"的古建筑维修实践中。从民国时期30年代的天坛、明长陵、西直门箭楼维修工程，到建国初50年代开展故宫、皇城、北海公园等维修工程。同时还实施了山海关长城、正定隆兴寺转轮藏、河北赵州桥、山西太原晋祠等重大的维修工程。这些工程逐渐摆脱了"重修庙宇、焕然一新"的传统，开始普遍采用了具有现代保护意义的"保存现状或恢复原状"的维修原则。

永乐宫搬迁工程也是建国后50年代古建筑的一次重大维修工程，延续了"保存现状"的原则。祁英涛在论述"保存现状"和"恢复原状"的关系认为[112]28，恢复原状是最高理想，保存现状是最低基本要求。保存现状是比较容易达到的，可以为恢复原状打下基础准备条件①。这个观点可以代表建国初期对于保护维修的普遍认识。1955年实施的河北正定隆兴寺转轮藏殿维修中，认识到二层腰檐建筑和一层的抱厦均为清代添加，古建专家普遍希望维修时能恢复宋初建时的风格。但在方案讨论时对于哪些地方恢复、如何恢复、恢复到什么时期等方面又存在资料和研究不足等不确定的因素。最终实施了保留了一层的副阶，拆除二层腰檐，按照《营造法式》恢复宋代风格的平座栏

---

① 原文为"按照最理想的要求，修理古建筑时，恢复原状是最高的要求，保存现状是最低的要求，因为保存古代木结构建筑的现存状况，往往是为其恢复原状创造有利的条件"

杆的方案。梁思成总结道"轮藏殿本身复原很困难，要恢复到一个朝代，也很困难。只可以在现状的基础上，认识到那里就恢复到那里"[126]67。这种"既有保留，又有复原"的做法对后来的维修工程产生了深远的影响，也是新中国成立初期普遍执行的"保存现状、局部修复"的一种现实保护原则的实际总结（图4.27）。

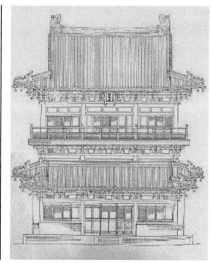

A ｜ B　A：正定隆兴寺转轮藏维修前（二层有清代添建的腰檐）
　　　　B：正定隆兴寺转轮藏维修后（去除二层清代腰檐，恢复宋代风格的栏杆）

图4.27　建国初正定转轮藏工程 "保存现状、局部恢复原状"的实践

（来源：高天《不改变文物原状的理论与实践》，清华大学博士论文）

永乐宫搬迁工程也是秉承了这种"现状保护，局部复原"的做法，总体上严格保留永乐宫四座大殿的整体布局，采用原构件修补后予以复原。局部复原方面也主要是去除后期不当添加，比如去除了三清殿和纯阳殿梁架内清代添加构件，恢复了元代质朴的梁架风格。去除了龙虎殿屋顶的清代吻兽，按重阳殿复原了元代风格的鸱尾等。

永乐宫搬迁无论从资金和工期来说都比较紧张。三门峡水利枢纽全部依靠苏联的帮助得以建设，永乐宫的搬迁经费经过国家特别调拨200万才得以实施。另外由于水库蓄水日期的限制，搬迁工期十分紧张。出于现实条件的考虑，导致永乐宫搬迁仍以"保存现状"为主，使得永乐宫的历史信息得到了比较全面的保留。如果从目前价值保护的观点来看，保护文物古迹的目的就是全面真实地保存并延续其历史信息及全部价值，为子孙后代而使其完整留存下去。永乐宫"保存现状"的搬迁方式为我们留下一个历史信息丰富而真实的保护案例。后来的实践证明，这种"保存现状"的方式更符合重视保护文物历史信息真实性的发展认识。而建国初期许多尝试"恢复原状"的工程，如南禅寺大殿唐代风格复原，却在后来不断的质疑和反思中逐渐意识到失去了它们原有的价值。

祁英涛总结认为，在当时中国的经济条件下，保存现状更符合我国国情。在经费，工料方面比较节约①。而且恢复原状需要条件，保存现状的过程就是研究整理和准备条件的过程。初步揭示出与其追求恢复原状，不如留下真实且有价值的历史信息更有实际意义的认识。

3. 文物环境认识的模糊性

文物迁移的核心问题是对文物环境的价值认识问题。1964年《威尼斯宪章（VENICE CHARTER）》就提出"古迹不能与其见证的历史和所产生的环境分离"。在保护认识上，迁移文物最直接的影响就是导致文物与环境的分离。与原有环境分离后的文物古迹无论是在价值的真实性还是完整性方面必然受到损失。这种损失如果没有详细的前期规划和评估，往往在搬迁以后才会意识到。

永乐宫搬迁前并没有制定详细的规划，表面上看搬迁对象似乎非常明确，就是被美术家、艺术家高度称赞的元代壁画和几座元代建筑。而创建永乐宫的潘德冲、宋德方二位道长的元代墓葬、丘祖殿建筑基址以及周围的古树名木没有一并纳入搬迁，导致新址处不得不重新绿化植被，再搬迁其他一些古迹进来。搬迁对象存在较大的缺失。

建国初期，对文物环境的认识是非常模糊的，一方面部分古建筑专家认识到文物环境的重要性，但另一方面更多的是把文物古迹当作景观小品可以随便拆除和复建，也可以集锦式的随意进行组合。1964年在梁思成先生发表的《闲话文物建筑的重修与维护》一文中提出"一切建筑都不是脱离了环境而孤立存在的东西。……在文物建筑的保管中必须予以考虑环境，文物环境可以衬托出古建筑的美，提供良好的观赏角度"。他提出环境与古建筑的关系就好比"红花还要绿叶

---

① 原话为："实践证明，按照'保存现状'的原则维修的古建筑，在经费、材料、工期等方面都比较节约，更为重要的是，它为进行建筑遗构的研究保存了必要的参考资料，争取了研究时间……"

托"[127]337-338。这种观念提出了绿化景观在文物环境方面的重要性，却没有认识到文物环境的价值在于和文物本体具有不可分割的重要联系，甚至有时候环境本身也具有重要保护意义。如北京古观象台的地点环境就具有重要的历史价值。在建国初期北京大规模的城市改造中得到了原址保留。

因此在实际工程中，环境问题主要作为绿化来考虑。在必须搬迁文物的情况下，如果能够与其他古迹集合起来，凑成新的公园景观或旅游景点更是被广泛认可和追求。比如中南海云绘楼和清音阁搬迁到陶然亭公园，与公园景观结合，增加新的人文景点。此次永乐宫搬迁的选址论证中，无论是搬迁到最远的太原晋祠，还是最近的龙泉村古魏城五龙庙，都考虑了与附近古迹一起构成集锦式的新的景观区。永乐宫搬迁新址后重新种植花卉，移栽柏树。经过几年成长，重新恢复了古木郁郁的景象，对于文物环境的认识仍然停留在绿化景观的衬托方面。

对于文物环境的忽视也体现在当时国家相关的保护法规中。1961年国务院《文物保护管理暂行条例》没有任何关于文物环境的要求，迁移文物就是当中必须先行文物拆除对待。至1982年我国首次颁布《中华人民共和国文物保护法》中，仅仅提到古迹周围的建设必须风貌协调，要求划出一定的建设控制地带，"不得破坏文保单位的环境风貌"。而对于迁移文物仍作为先拆除后重建的必然过程来对待，与环境无关。可以说，长期以来我国对待文物环境一直停留自风貌、绿化景观等因素考虑。对文物环境的保护认识十分模糊。

1983年祁英涛对文物建筑搬迁问题进行了全面思考总结，首次提出了"位置"具有史证价值的作用。他说道："古代建筑能不能搬迁，这是30年来，在保护古建筑工作中争议较大的问题之一。古代建筑所在的地理位置，是说明当地历史沿革的最好证明。原地保护古代建筑，是完整的保存其史证价值的重要方面。"，他还专门举出河南登封县告成镇内的观星台的例子予以说明，登封观星台是历朝派遣官员观测天文天象的地方，被认为是"地中"所在。如果将它迁地另建，它的史证价值就大大降低。

对于永乐宫搬迁后的环境价值变化，他认识到迁移后不可避免会带来环境的改变。这种改变无论怎样选址怎样规划，都比不上原址的意义。由此认识到，原址环境和地点对于文物古迹的价值具有重要的作用。一旦失去原址，迁移后的文物古迹的价值就必然受到损失。他总结道："三门峡水库淹没区域以内的元代著名道教建筑永乐宫，如果仅仅为了原地保存永乐宫，而使水库停建，或降低蓄水能量，其影响就当时的情况来看将是非常巨大的。因为水库的建设是非上不可的。那么，永乐宫的前途就有两个。一是放弃的办法。这就是认为搬迁后的古代建筑……不再是珍贵的文物，那就只有弃之不顾。果真如此，对于文物保护来说，损失也是非常巨大的。按现在已经完成的办法，即将它完整的搬迁于水库淹没区以外，按照原样重新修建起来，原来的建筑布局、建筑结构、建筑艺术以及壁画、塑像、彩画、碑围等都被完整地保留下来，除了位置变更以外，其他损失可以说是不大的，从原有位置的史证价值来看，我们也不否认，确实是不存在了。因为搬迁后的地址，也确实不能代替原来的地理位置。在实际工作中，古建筑的保护与有特殊重要意义的基本建设发生矛盾时，我们认为搬迁保存总比放弃的好。如果原地保护为上策的话，放弃不顾就是下策，搬迁保存至少也应算做中策，中策比下策好。"（图4.28）

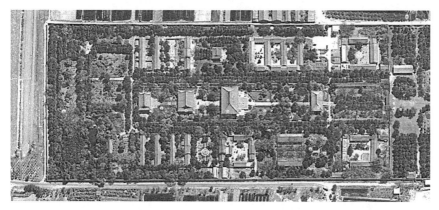

图4.28　永乐宫新址绿化后的现状环境

（来源：www.google.cn/intl/zh-CN/earth/）

这段话首次提出了文物迁移中最大的损失就是原址环境。因此，任何情况下，能实现原地保护都是上策；不得已必须搬迁的情况下，损失原址环境而保全古迹的本体属于中策；完全放弃不顾则是下策。第一次完整揭示出文物建筑迁移保护（Relocation conservation）的核心问题就是环境丧失。

由此，祁英涛进一步提出了对待文物搬迁的基本立场，"与基本建设矛盾涉及古建搬迁问题时，一般情况下都应该是反对的，力争原地保存。但遇特殊情况，我们也同意古建筑搬迁，但这是极个别的、少量的，因为它多少有损于古代建筑的史证价值，因而这是被迫不得已而同意的。"这一与国际文物保护理念相同的"原址保护"要求，直到我国2002年重新修订《文物保护法》时，才正式写进法律①。搬迁后的永乐宫前再也看不见黄河滚滚向东流，变成一幅繁华的市井集镇景象（图4.29）。

图4.29　永乐宫新址大门外的集镇环境
（来源：www.google.cn/intl/zh-CN/earth/）

（二）文物迁移体制方面的影响

1. 亟待建立保护立项机制

从今天的角度回顾，永乐宫的成功搬迁呈现出一个十分特殊的个案特点。任何一项水利工程都会影响一个淹没区内的全部古迹，而绝不仅仅是永乐宫一处。三门峡水利工程上马时，虽然沿岸进行了一些考古工作，但并没有对淹没区的文物古迹完整调查评估。事实上，我国水利事业当时也仅仅处于起步阶段，而且完全依赖苏联的援助。不要说是保护文物古迹，当时连三门峡库区的移民问题都没有纳入水利建设的考虑之中，仅仅依靠国家行政力量要求各级政府和人民服从大

① 第二十条 建设工程选址，应当尽可能避开不可移动文物；因特殊情况不能避开的，对文物保护单位应当尽可能实施原址保护。

局，强调国家利益和集体利益，基本上不考虑移民家庭个人的意见，过分依靠政治动员，让居民响应国家号召，为国家建设做贡献。后期扶持方面则完全处于政策缺失状态，造成了巨大的移民社会灾害。据统计，三门峡水利建设由陕西省迁往甘宁地区的移民，由于安置地条件极差、无法生活，移民多次返迁，最多往返迁徙达七次之多。水利移民遗留问题大量积压发酵，造成巨大的社会贫困。有调查，至2000年仍然有1/3的人刚实现温饱，仍有1/3人口处于贫困状态[128]。

建国之初的三门峡水利工程、丹江口水利工程等都因为没有充分考虑库区移民安置问题，造成全国范围内普遍存在的巨大的移民问题。移民生活贫困和往返迁徙，在后来长达二三十年内给当地带来了巨大的社会不稳定和经济贫困问题。连库区移民体制都没有建立的背景下，保护文物更无可能纳入水利建设的考虑当中。

1955年三门峡水利建设上马之前，永乐宫刚刚被发现不久，精美的壁画和完整的元代建筑已经造成的巨大社会影响，促成了文化部专门单独立项，划拨经费，并组织全国最好的美术院校和古建筑机构负责实施，最终成功搬迁永乐宫，成为我国文物建筑搬迁历史上的一座里程碑。而就在同一历史时期，1958年上马的湖北丹江口水利工程，由于没有得到国家专项资金和社会重视，规模数倍于永乐宫的武当山道教第一宫——净乐宫被淹没在水库底，和净乐宫一起淹没的，还包括从均县（均州城）至武当山"治世玄岳"牌坊（目前尚存）沿途30公里的两侧的大小道教宫观、庵堂、亭祠、庙阁等各类古迹120余处（图4.30）。

水利工程中的文物保护工作，不能依靠个别古迹突出的艺术价值和社会影响来决定是否保护。国家开展水利工程建设，没有配套的水利移民政策以及文物保护法规指导，没有相应的文物保护机制，受库区淹没的文物古迹注定无法得到国家全面保护，必然造成巨大损失。20世纪50年代我国初创不久，百废待兴，还没有颁布文物保护法规，也没有出台相应的水利移民政策。在国家大规模开展水利枢纽工程建设时，不可避免地造成大量文物古迹的损失。在这个背景下，永乐宫搬迁工程呈现出一个非常特殊的个案性质。而这个特殊的案例也反过来提示，水利建设应该确立有法可据的政策，通过完善的前期规划，建立库区淹没文物保护立项机制，才能有效避免文物古迹被淹没的危险。

图4.30　建国初期丹江口水库淹没的均州古城和净乐宫

（来源：http://www.chinawudang.com/）

2. 亟待确立前期规划研究机制

任何一个水利建设工程必然需要一定的库容。受库区淹没的文物古迹往往不止一处，应该通过细致的前期调查、制定完整的保护规划来确定受库区淹没影响的文物古迹范围和全部对象，建立前期规划研究的机制。

后人常常把永乐宫搬迁作为国家在水利工程中保护文物的成功范例进行宣传，但是三门峡淹没库区内的文物古迹远不止一个永乐宫。

大部分文物古迹在国家治理黄河的雄心壮志面前，被迅速拆毁，其数量从未经过统计。目前比较熟知的是因修建三门峡水库被拆毁的县城有5座，包括陕西朝邑、潼关，河南陕州、灵宝，山西的蒲州，这些古城在我国历史上赫赫威名，文物古迹众多。历史上潼关老城位于黄河脚下，城内大量古迹在多次历史战争和黄河水患中未被摧毁，在三门峡水利工程中因为建坝需要误作为淹没区而悉数拆毁，居民迁徙宁夏，留下残墙断垣。媒体曾以"宫阙万间都做了土"为标题报道潼关的历史变迁。

遭受同样命运的还有陕州古城遗址。陕州是一座有2000多年的历史文化名城，从未被黄河淹没过。由于工程建设需要全部居民迁移至新城，后来由于三门峡水库建成不久，黄河泥沙迅速淤积，历史上三面环水的陕州古城从此看不到黄河环绕了，成为一座城市遗址，遍布古迹残存、四下荒草蔓蔓。留下"甘棠旧治何处觅，陕州不见惟痛哭"的悲凉感叹。

更为讽刺的是，由于对于黄河泥沙淤积估计不足，三门峡大坝建成不到一年就发现泥沙淤积速度远超预期，淤积的河沙很快威胁到陕西关中平原的安全，国家不得不及时调低大坝计划的蓄水位，从规划350米高水位调整到335米。潼关老城、蒲州古城和陕州古城为了配合三门峡水利建设已经大规模拆毁、居民迁徙。后来实际上发现，大部分古城并没有被水库淹没，但房屋拆毁，居民已迁，古城荒废凋敝成一座座遗址，成为失败的三门峡水利工程造成的奇特的"无水的淹没"巨大的文物灾难[129]。（图4.31）

如果能提前做好前期调查研究，制定文物保护总体规划，许多文物古迹就能在水利工程中得到完整的调查统计，确定适宜的保护方式。而建国之初的水利工程建设中由于没有建立一个完整的规划机制，把水利工程仅仅看作一座大坝的枢纽工程建设，忽略了相应的移民安置规划、文物保护规划。最终导致三门峡水利工程整体上的失败。

3. 水利工程成败是迁移保护的大前提

正如前文所述，迁移文物古迹必须具备的两种前提，一是出于保存古迹（安全）的需要（safeguarding of monument）；二是因国家（by national）或国际（by international）之极为重要利益（interest of paramount importance）而证明有其必要。国家大型水利工程建设导致

图4.31　因三门峡水利工程而拆毁的潼关古城（未被淹没而拆毁成为遗址）

（来源：www.tongguan.gov.cn/）

需要搬迁文物古迹的现象在我国十分普遍，永乐宫的迁移就属于这种前提情况。

文物古迹的地点和位置与文物价值紧密相连，是文物真实性的重要标准之一。祁英涛认为在文物古迹与国家重大工程建设发生矛盾时，上策应该是首先坚持原址保存，中策才是实施异地迁移。一旦采用异地迁移的保护方式，无论从技术和方法上怎样保证搬迁前后的本体不受损害，也比不上在原址保存。对于永乐宫工程这样非常成功的一次文物搬迁，祁英涛也客观地承认，"（永乐宫）除了位置变更以外，其他损失可以说是不大的，从原有位置的史证价值来看，我们也不否认，确实是不存在了。因为搬迁后的地址，也确实不能代替原来的地理位置。"

1955年国家批准三门峡水利工程建设，按照规划蓄水位，永乐宫确实处于淹没区范围内，无法在原址保存。于是，异地搬迁成为了保护永乐宫文物本体安全的唯一选择。经过北京古代建筑修整所、山西文物管理工作委员会以及中央美术学院、山西大学等机构前后8年的细致工作，成功地将永乐宫完整的迁移到45里外的新址进行复原。然而，由于三门峡水利工程规划设计的失误，不断调低大坝蓄水位，结果造成永乐宫原址其实并没有被水库淹没。（图4.32）

图4.32　永乐宫旧址（未被完全淹没）

［来源：文物参考资料1956（09）］

中国文化遗产研究院总工程师傅清远先生曾不无遗憾地说，"（永乐宫）国家花了那么大力气，投入专项资金进行搬迁，将永乐宫解体复建在几十公里外，结果原址没有被水淹没，让（永乐宫）搬迁实质上成了一次失败的保护工程。"

的确，实施迁移保护（Relocation conservation）的基本条件就是"文物环境完全丧失"或"易地成为保护文物安全的唯一选择"。永乐宫原址没有被淹没，依然还存在的现实直接使得永乐宫整个迁移行动完全失去了保护上的意义。

参加壁画临摹的王同仁对此深表遗憾，他说："三门峡水库本身是一个大败笔，……（壁画）一块块切割下来再到新址拼起来，总归是残了的东西了，绝对伤筋动骨，线条还会那么流畅？补的人是些什么人，你又不是元代画工，还是那么高明？肯定留下许多遗憾。这样呢，（永乐宫的搬迁）实际上成为了一次破坏[114] 53"。

第五章

20世纪90年代三峡工程水利建设：
重庆云阳张桓侯庙建筑群搬迁

一、时代背景

（一）三峡工程

1. 开发长江的百年梦想与实践

长江是我国最长的河流，古代称为江、大江等，发源于中国青海省唐古拉山脉，全长6380公里。长江同时是亚洲第一长河、也是世界规模第三的河流。

三峡工程的最初构想是由孙中山先生提出，1919年在《建国方略之二：实业计划》的第二计划中，就"改良现成水路及运河"的问题提出对长江三峡的一个设想就是设坝蓄水，同时实现航运和水电效力。"自宜昌而上，入峡行。约一百英里则达四川之低地。改良此上游……，当以水闸堰其水，舟得溯流以行。……。于是，水深十尺之航路，下起（武汉）汉口，上至重庆。"[130]10（图5.1）

民国时期也断断续续开展三峡水利资源开发的调查工作。1933年国民政府编制《扬子江上游水力发电勘测

图5.1　建国方略
（来源：http://book.kongfz.com）

报告》。报告初步选出黄陵庙、葛洲坝两处作为坝址，推荐葛洲坝方案。1936年扬子江水利委员会顾问奥地利人白郎都主持研究三峡水利开发，但由于"社会经济凋敝，……殊难举办"而作罢[131]11。

1944年5月，美国萨凡奇总工程师（Dr. J. L. Savage）受邀来华，开展中美合作三峡工程计划。萨凡奇在三峡地区几经勘测后，惊叹于长江三峡的巨大水利潜能。1944年9月完成著名的《萨凡奇方案》①。该报告是在详细勘察基础上第一次提出了科学的工程计划，使三峡工程进入了可以设计实施的阶段。其后萨凡奇多次来华继续考察三峡，对于在三峡开发水能，他曾动情说道："三峡的自然条件在中国是唯一的，在世界上也没有第二个。三峡计划是我一生中最满意的杰作。"[132]

1949年新中国成立后，在1949年及1954年间长江先后发生严重的水灾，新中国领导人很快把治理长江水患提上议程。

1953年2月毛泽东主席视察长江，听取水利部副部长林一山计划在长江支流修建多座梯级水库的设想后，提出："修这么许多水库，都加起来，能不能抵过一个三峡水库？……为什么不先在总口子卡起来，先修那个三峡水库呢？"[130]19。

1958年国家第一次提出了三峡工程（水利枢纽工程）的基本意见，强调两个结论，一个是从长远的国家利益需要来说，是需要兴建三峡工程的。另一个方面就是目前条件还远远不具备，主要是国家经济和技术条件过于薄弱[133]。

20世纪60年代我国决定先修建一个葛洲坝工程，为三峡工程作实战锻炼和准备。工程虽然经过反复，但最终克服重重困难，1981年1月实现了长江截流并网发电。仅水力发电一项一年内创造利税即收回工程投资总额，经济效益十分显著。葛洲坝的成功建设，不仅为三峡工程积累了大量的宝贵经验和科学技术资料，而且也为我国锤炼出了一批大坝工程方面的技术专家。

进入80年代，长江流域经常性的洪水频发，造成巨大的社会和经济损失，是否需要建设三峡工程的紧迫性逐渐凸显。

1984年国家水利部门编制完成了一个高程150米左右的三峡水利枢纽工程方案②，很快得到国务院批准并开始决定筹备三峡工程领导小

---

① 1944年9月萨凡奇完成了《扬子江三峡计划初步报告》，并在美国发表，引起举世轰动。

② 即《三峡水利枢纽150米方案可行性研究报告》。

组。这一决定略显突然和草率，在社会上引起了广泛的大争论。1986年6月，中共中央和国务院根据各方意见，认为有必要再进行一次更广泛的论证，积极吸收各方人士意见，实事求是，进一步加强科学研究。

遵照中央要求全面重新论证的要求，国家成立三峡工程论证领导小组，正式统筹各方专家，汇总不同意见，拉开了三峡工程再论证的序幕。前后历时32个月，共有412位专家参加，分14个专题组，独立负责各自专业领域，秉承科学务实的精神，不同意不签字。1988年底在14个专题论证结论的基础上，以全体专家民主投票方式，原则通过了重写的《三峡工程可行性研究报告》，研究论证报告连同9位专家的反对意见一并上报中央。

从1990年7月开始至1991年8月，国务院三峡工程审查委员会对可行性研究报告进行审查，采取"先专题预审，后集中审查"的办法，分成10个预审小组，分为不同专题，先后邀请163位各个领域的专家分别审核。这次审查周期前后长达一年多。三峡工程前期工作时间之长、研究论证之深，规模之大实属中外罕见。审核结论认为，可行性研究报告的深度已达到要求，其结论可作为国家决策的依据。

1992年国务院提请全国人大审议《关于兴建长江三峡工程的议案》。大会以1767票赞成、644票弃权、177票反对、25票弃权。正式通过了兴建长江三峡工程的决议。至此，我国经过长达40年的规划论证，三峡工程正式进入实施阶段。

2. 三峡水利工程概况

长江三峡水利枢纽工程，简称为三峡工程。坝址位于长江三峡下段的西陵峡三斗坪，距峡谷出口南津关约40公里。三峡工程是有史以来世界最大的水利工程。大坝坝顶高程185米，正常蓄水位175米。初期蓄水高度156米，采取"分期蓄水、连续移民"的实施方案。

三峡工程总工期18年，分为三期完成（1994~2009年）。第一期工程为5年（1994~1997年），完成大江截流，长江水位从海拔68米提高到88米。二期工程6年（1988~2003年），2003年大坝蓄水至135米高度。三期工程6年（2003~2009年），2009年大坝蓄水至175米高度。

在库区建设方面，按照规划设计，建成后三峡水库的总面积达1084平方公里，淹没陆地面积632平方公里，规划移民113万人。三峡工程建成后，三峡库区成为一座长达600公里的峡谷型水库。水库总库容393亿立方米，可有效控制上游洪水，削减长江洪峰流量，可以大幅提高长江流域的防洪抗洪能力。

按照水库规划方案，每年秋季10月三峡水库开始蓄水，水位升高至175米。每年从5月起，库区水位降至145米，腾出防洪库容。每年6月至9月长江汛期，水库保持低水位运行，与天然无坝情况相同。一旦上游洪水来时，启动拦洪蓄水，抬高库水位，调蓄洪峰[134]。

1994年三峡工程开工建设，1997年完成大江截流。2003年首期蓄水。2008年三峡枢纽工程、移民工作基本完成。三峡枢纽总装机容量1820万千瓦。2009年8月29日三峡工程通过国务院验收，标志着三峡工程建设任务全部完成。三峡水库实现175米蓄水的最终目标条件，三峡工程开始全面发挥巨大的综合效益（图5.2）。

图5.2　三峡枢纽工程全景示意图

（来源：http://www.nipic.com）

（二）20世纪80～90年代保护思潮

1. 市场经济体制下的新探索——文物保护法和新的文物方针

1961年中央人民政府颁布《文物保护管理暂行条例》，是新中国第一部文物保护法规。条例首次将"恢复原状或者保存现状"确定为我国文物保护的原则。十年"文化大革命"期间，全国的文物古迹遭到巨大的破坏。经过及时地拨乱反正，总结历史经验，国家文物管理工作又重新启程。

1982年我国第一部《中华人民共和国文物保护法》颁布，同年公布第二批62处全国重点文物保护单位和首批历史文化名城。开启了我国新的历史阶段的文物保护工作。

改革开放极大地推进着我国城市化运动，随着市场经济逐步深化，一方面保护文物与城市建设急速发展的矛盾逐渐突出，文物古迹被拆毁、废弃、不当利用的情况普遍。另一方面文物市场化带来的盗掘、走私、破坏文物现象日渐严重。在摆脱计划体制的国家新形势下，文物工作应该采用怎样的新的工作方针，成为国家文物管理工作改革探索的重点。1987年国务院下发《关于进一步加强文物工作的通知》提出"加强保护，改善管理，……为社会主义服务，为人民服务"的文物工作方针。但这个表述没有明确文物工作的核心，也没有厘清与其他工作的关系，因此也引起不同意见和争论。对社会上大量保护与建设、保护与利用等突出矛盾没有形成统一认识，仍需要进一步实践摸索。

1992年国务院召开全国文物工作的西安会议，第一次提出了"保护为主、抢救第一"的工作方针，明确了文物工作的核心是保护，不能是追求经济效益，确定了文物工作在国民经济发展中应有的基本立场和态度。逐步统一了思想认识。1995年再次召开全国文物工作会议，又提出了"有效保护、合理利用、加强管理"的工作原则，"这就形成一个文物工作完整的方针原则"[135]。两次西安会议形成了我国社会主义市场经济体制下文物保护工作的新的十六字基本方针。1997年国务院下发《关于加强和改善文物工作的通知》，明确了新的文物工作方针①，提出要建立与社会主义市场经济体制相适应的文物保护体制[136]（图5.3）。

除了改革之外，我国的文物保护工作也开始对外开放与国际接轨。1985年我国正式签署加入国际《世界遗产公约（World heritage Convention）》。1987年我国长城等6项文化和自然遗产获得世界遗产委员会批准。国际文物古迹保护的先进思想和保护理念、管理方式给我国的文物管理工作带来新的改变。同时，我国文物保护工作开始与

---

① 这个方针最后被总结为"保护为主、抢救第一、合理利用、加强管理"的十六字方针。

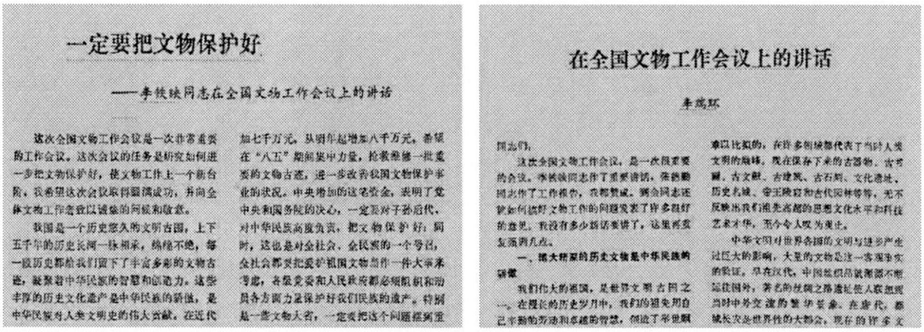

一定要把文物保护好

——李铁映同志在全国文物工作会议上的讲话

在全国文物工作会议上的讲话

李瑞环

图5.3　李铁映、李瑞环在1992年全国文物工作会议的讲话

（来源：http://www.cnki.net）

国际文物保护机构以及世界各国开展交流，逐渐与国际保护运动的发展接轨。

　　回顾20世纪80～90年代，在经历了"文革"十年动荡后，我国的文物保护事业重新启程。这一次在新的市场经济体制下逐步建立起来的文物保护事业带来巨大的成果，奠定了我国进入21世纪以来的文化遗产保护事业格局。一方面在文物法规方面不断完善深化，新的文物方针较好地解决了保护与各项发展建设的矛盾。1982年《中华人民共和国文物保护法》出台，1992年《中华人民共和国文物保护法实施细则》出台，这一时期国家先后公布了总共三批的全国重点文物保护单位，1982年公布第二批62处全国重点文物保护单位，1988年公布第三批258处全国文物保护单位，1996年公布第四批250处全国文物保护单位。

　　同时，我国也积极投身于国际保护事业。1985年加入《遗产公约（World heritage Convention）》，1999年批准《关于发生武装冲突时保护文化财产的公约》及其《议定书》，1987年我国第一批6处遗产地入

全国人民代表大会常务委员会关于批准《保护世界文化和自然遗产公约》的决定

一九八五年十一月二十二日通过

第六届全国人民代表大会常务委员会第十三次会议决定：批准联合国教育、科学及文化组织大会第十七届会议于一九七二年十一月十六日在巴黎通过的《保护世界文化和自然遗产公约》。

图5.4　关于批准《遗产公约（World heritage Convention）》的决定

（来源：http://www.cnki.net）

选《世界遗产名录》，1990年入选1处，1992年入选3处，1994年入选4处，其后我国几乎每年都有遗产地入选世界遗产名录，1996年入选2处；1997年入选3处；1998年入选2处，1999年入选2处。申报世界遗产极大促进了全社会对文物古迹保护的关注，同时也推动着我国文物保护工作的持续改进。

同时另一角度也可以看到，20世纪80～90年代也是我国文物保护充满巨变和冲突的20年。一方面文物保护脱离了原有计划体制下的管理模式，突然面临城乡建设市场经济的大发展，在以经济效益为中心的社会潮流中，如何确定新的文物工作的方针，整整经过15年的摸索实践，才明确文物工作的核心是"保护"，排除了"服从建设需要"和"经济效益优先"的干扰，确立了"保护为主、抢救第一（Rescue priority）、合理利用（rational use）、加强管理（tightening control）"的十六字方针，明确了文物工作的基本保护立场和公共责任。计划体制下"两重两利"的旧方针也逐渐退出历史舞台。另一方面，由于《威尼斯宪章》等国际保护理念的引入，对我国的保护思想和维修传统产生强烈碰撞，甚至引起保护观念和实践上的一些争议。促使我国在实践中开始尝试运用国际保护理念，并结合我国的维修传统开始摸索，思考关于"建立有东方特色的文物建筑保护理论与科学体系"的积极探索[137]。

2. 国际保护理念的引入和传播

自20世纪30年代开始，营造学社对中国古建筑的研究成果奠定了古建筑作为重要文物古迹类型的基础地位。同时以梁思成为代表的前辈对于如何保护古建筑的探索也初步形成了我国现代意义上的文物保护思想萌芽。比如"保存现状或恢复原状""整旧如旧""带病延年"等思想。1961年我国正式将"保存现状或恢复原状"作为保护原则写进《文物保护管理暂行条例》；1982年《中华人民共和国文物保护法》则进一步将其归纳为"不改变文物原状（Not Altering the Historic Condition）"。从此确立了"不改变文物原状"作为我国文物保护的基本原则。在50～70年代指导着我国大量文物建筑保护工程的实施，如正定隆兴寺转轮藏殿、永乐宫搬迁、太原晋祠维修等工程。

进入80年代改革开放后，我国文物保护思想领域上的一个重要变化，就是国际保护理念和保护思想的全面进入。

1986年《世界建筑》杂志出版了一期文物建筑保护专刊，全面介绍国际保护思想和最新动态，开启了我国引入国际保护思想之先声（图5.5）。清华大学陈志华先生首次全文翻译并发表了《保护文物建筑及历史地段的国际宪章》（即《威尼斯宪章（VENICE CHARTER）》）。在这篇文章中，陈志华用极富情感的语言翻译了《威尼斯宪章（VENICE CHARTER）》。开篇写道："世世代代人民保存至今的历史古迹（historic monuments），是人民千百年传统历程（age-old traditions）的活的见证（living witnesses）。人民越来越认识到人类价值（unity of human values）的统一性，从而把历史古迹（Monuments）看作共同的遗产（common heritage）。大家承认，为子孙后代而妥善地保护它们（safeguard them）是我们共同的责任（common responsibility）。我们必须一点不走样地（Authenticity）把它们的全部信息传下去。"

图5.5 《世界建筑》1986年3期遗产保护专刊

（来源：http://www.cnki.net）

这段话几乎涵盖了国际文物建筑保护的最根本思想，比如文物建筑的价值在于"饱含历史岁月的信息（Message from the past）"，是"活的见证（living witness）"，代表着"人类价值的统一性（the unity of human values）"，是"人类共同的遗产（Common heritage）"，保护的目的是"世代流传下去"，而保护流传下去的核心在于"一点不走样（Authenticity）"和"全部信息"。陈先生译文中的"一点不走样"在原文中即为"真实性"。而日后实践发展证明，"真实性（Authenticity）"成为了国际文物古迹保护运动得以不断发展，内涵不断充实的关键词。

陈志华先生同时也针对逐渐兴起的古建筑复原设计，从"保护"角度提出了不同于建筑师和考古家的新的认识①。任何建筑一旦作为文物古迹，其基本属性就是文物。"它首先是一个文物（历史见证物），其次才是建筑，涉及文物建筑的任何行为都应该是把它们作为文物的保护行为，而不能是其他"[138]。这段话如果再结合梁思成先生在30年代针对我国古代修庙传统的论述，就可以知道，现代意义上的"保护（Conservation）"理念，既要克服传统的"焕然一新"的工匠意识，也要克服当代"熟悉古代建筑史"的专业建筑师热衷"修复原状"的片面观念。

同期还发表了芬兰保护建筑师J.诸葛力多②的《关于国际文化遗产保护的一些见解》[139]和英国B.M.费尔顿爵士的《欧洲关于文物建筑保护的观念》[140]，两位作者都是国际文物古迹保护领域的著名专家。同在1986年，王世仁发表《保护文物建筑的可贵实践》[141]。文章结合《威尼斯宪章（VENICE CHARTER）》介绍了世界各国的文物保护实践，并进行阐释和探讨（图5.6）。

1987年，刘临安、侯卫东翻译介绍了《日本木结构古建筑的保护和复原》[142]一文；1989年王景慧发表《日本的古都保存法》[143]一文，同时介绍日本的保护维修经验。1987年陈志华翻译B.M.费尔顿爵士的《保护历史性城镇的国际宪章（草案）》（后来的《华盛顿宪

---

① 陈志华先生提出"文物建筑首先是文物，其次才是建筑。对文物建筑的鉴定、评价、保护、修缮和使用都要首先把它当作文物，……而不能只是从建筑学的角度着眼。"

② 当时ICCROM主任尤嘎·尤基莱托博士（Jukka Jukilehto），《建筑保护史》作者。

图5.6　罗马斗兽场：不追求原状"修复"，而重视全部历史信息的"保护"

（来源：http://www.zwbk.org）

章》）；1988年楼庆西发表《瑞士的古建筑保护》[144]对威尼斯宪章的相关原则进行探讨；1989年陈志华发表《介绍几份关于文物建筑和历史性城市保护的国际性文件》[145]首次介绍《内罗毕宣言》；1990年余鸣谦翻译《修复通则》[146]；1990年陈志华发表《关于文物建筑保护的两份国际文献》[147]介绍《佛罗伦萨宪章》；1990年陈薇发表《中西方文物建筑保护的比较与反思》[148]从"文化范式"角度开始对东西方保护思想进行思考比较；1993年吕舟发表《欧洲文物建筑保护的基本趋向》[149]文章，第一次从欧洲文物建筑保护历程的角度介绍《威尼斯宪章》形成的历史渊源，揭示《威尼斯宪章》出现的社会、历史、文化原因。1994年阮仪三发表《世界及中国历史文化遗产保护的历程》[150]归纳了国内和国际各类保护文献出台的历程。1995年吕舟翻译发表ICOMOS《木结构文物建筑的保护标准》[151]。1996年吕舟发表《北京明清故宫文物建筑保护与国际木结构文物建筑保护动向》[152]从国际保护认识上对中国传统维修方式进行思考和探讨。1997年刘临安发表《意大利建筑文化遗产保护概观》[153]，介绍意大利的遗产保护。

　　经过十多年的引进和吸收，以《威尼斯宪章（VENICE

第五章

131

20世纪90年代三峡工程水利建设：重庆云阳张桓侯庙建筑群搬迁

CHARTER）》为代表的国际文物保护思想在中国迅速得到广泛传播和介绍。并开始在蓟县独乐寺维修工程、小浪底文物保护、三峡文物保护等大型保护工程中进行尝试和运用。在这些国际保护理念的影响下，我国"不改变文物原状（Not Altering the Historic Condition）"保护原则的内涵也得到不断拓展。

（三）张桓侯庙历史与建筑概况

云阳张桓侯庙，也称云阳张飞庙、张王庙，位于重庆万州市云阳县长江南岸，紧临长江水道，与云阳县隔江相望，是长江三峡风光中著名的一处胜景，也是三峡旅游的重要景点之一。整座庙宇矗立于高大陡峭的岩壁之上，掩映于古蔓藤萝之中，自古有"巴蜀一胜景"的赞誉。此外，张桓侯庙还有"文藻胜地"之称，庙内还藏有木刻书画281幅，其中，王羲之《兰亭序》与颜真卿《争座位帖》的书法木刻并称"双璧"，还有岳飞手书的《出师表》、黄庭坚《幽兰赋》、苏轼《赤壁赋》等都是珍贵的文物收藏[154]265-268（图5.7）。

图5.7　云阳张桓侯庙全景

（来源：http://www.jssx.net/）

1. 历史考证

张桓侯庙属于云阳当地的民间祠庙，见诸于典籍的历史记载较少。对于庙宇创始年代一直都是个未解之谜。其实，民间祠庙的起源本来就带有很大的随意性和自发性，一碑一石便可开始祭祀。考证其肇始之时实属困难。

当地民间传说张飞部将范疆、张达在阆中谋杀张飞后，投奔东吴途中听闻吴蜀交好，慌乱间弃张飞头颅于江中，为当地渔民捕捞上来，立庙供奉于此。云阳历史上有张王爷"头在云阳、身在阆中"的传说。由是，张桓侯庙应始建于东汉末年。明嘉靖云阳县志清楚记载"张桓侯庙，在治江南，飞凤山隅，汉末建……"。按此说，至今已历 1700 余年。但是，结合历史文献予以考证，作为民间祀祠的张桓侯庙始于汉末之说恐不成立。

《三国志·蜀书》载："先主伐吴，飞率兵万人，自阆中会江州。临发，其帐下张达、范疆杀飞，持其首，顺流而奔孙权……"。此事实之确凿还可从刘备平日告诫张飞的话语中可以推测之，《三国志》蜀书卷六载："先主常戒之（张飞）曰：'卿刑杀既过差，又日鞭笞健儿，而令在左右，此取祸之道也'飞尤不悛。"[155] 以此看来，刘备早就预料张飞将军平常不恤亲兵，又留侍身边的恶果。

同样的记载可见于晋人常璩《华阳国志》卷六[156]和宋人郭允蹈《蜀鉴》卷二二一[157]。晋人陈寿评曰："关羽张飞皆万人敌，为世虎臣，羽报效曹公，飞义释严颜，并有国士之风。然羽刚而自矜，飞暴而无恩，以短取败，理数之常也。"[155]（图5.8）

图5.8　云阳张飞坐像

（来源：自摄）

从《三国志》记载的时间上看，章武元年（221年）四月，刘备在成都称帝，六月张飞在阆中被部将杀害，七月孙权即遣使入川求和，因此在时间上，张范二人带着张飞头颅在顺长江而下的途中，闻听东吴使者入川求和，慌乱间弃其头颅于江水之中是完全有可能的。因此张飞"身在阆中、头在云阳"的云阳当地民间传说具有一定可信度（图5.9）。

图5.9　阆中张桓侯庙、河北涿州张桓侯庙
（来源：http://image.baidu.com）

但是，通过历史考证和考古资料发现，现存规模宏大的祀奉张飞的祠庙最早应当是在北宋时期创立，不可能是蜀汉末年。2004年清华大学朱宇华在其研究论文中，通过对云阳县城建置历史的研究发现。云阳县治最早因北周武帝率军队入峡江平叛而始建，天和三年（568年）平定叛乱后由上游三十里处万户驿（今双江镇旧县坪）改置云安。宋元时期云安仍以军置治，曰"云安军"[158]226。可见云阳县的最早建置始于北周，因此，县治对岸的张桓侯庙不可能早于云阳县的创置时间，故建于汉末之说实属讹传。同时，朱宇华通过对收集四川地区的张飞民间信仰的史料以及唐时杜甫在三峡各地留下的诗词研究，认为至少一直到唐末，云阳县甚至三峡地区都尚未形成明显的张飞崇拜。而至北宋时期，随着三国故事的广泛流传，以及宋代皇帝对关羽、张飞的不断加封。巴蜀地区的民间张飞信仰得到蓬勃发展，祭祀张飞的祠庙兴旺起来。云阳张桓侯庙最有可能肇始于北宋[159]10-18。2003年陕西考古研究所范培松发表《张桓侯庙遗址发掘简报》，从发掘报告上看，张桓侯庙的建筑基址遗存最早为宋元时期，其下再无更

早的建筑痕迹[160]。从考古资料上证实张桓侯庙最早创建于北宋。

目前云阳张桓侯庙内保存一通北宋末期的石碑，为宋宣和四年的陈似《云安桓候祠碑记》，是张桓侯庙目前所知的最早史料，碑载"宣和四年二月朔，似司刑云安，初武烈□祠下，道峡□峻，遥望叵望，例拜于江北……[161]311"。武烈祠即巴蜀地区奉祀张飞的祠庙通称之一。从该题记可知，北宋宣和四年（1122年）在云阳县长江对岸的飞凤山下已经有张桓侯庙了。在碑刻中，陈似还记载其本人在峡江任职期间，只要有船只到达的各地，奉祀张飞的武烈祠比比皆是①。可见到了北宋时期，三峡地区的沿岸张飞祠庙已是数量众多，远不仅仅只有云阳县的这一处。

元代末期张桓侯庙得到一次大的扩建维修，按明嘉靖《云阳县志》[162]载："张桓侯庙，……，元顺帝救修"。元朝的末期社会动荡，皇帝也希望通过救修张飞庙来挽回民心，从考古发掘清理的一段完整墙址（F3下层）证实这一历史史实（图5.10）。报告写道："从F3北墙的砌筑情况看，其中段与西段也有较大差异。中段凸出部分的石材巨大，砌造坚固，工艺讲究"[160]，保留完整的规格巨大，砌筑整齐的石墙，从考古上认定为是元代遗迹。从石墙的用料之大，砌筑平整的遗存看可知那次元代重修张桓侯庙的规模较大。

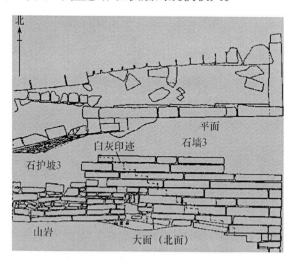

图5.10　考古发现的元代石墙

［来源：《张飞庙遗址发掘简报》.《文博》2003（5）］

---

① 碑刻另载"似讼岷荆，舟辑所叙，多□武烈祠"。

至明代，张桓侯庙也经历了多次维修。明嘉靖《云阳县志》记载有明嘉靖18年（1593年）的大修。经考古证实，这次大修主要是下层向外大规模扩建，建筑用料虽然不如元代那么大，但是加工更细致，特别是大量使用白灰，用砖量大增。另外考古上还提到了砖体上普遍施彩，这次维修后庙宇应该是完全"焕然一新"。按照明代县志中的艺文记载"（张王庙）固于乐温之山，下瞰大江，……舟行上下与兹，士民奔走奉祀，敢不虔至，……舸棹往返，安流无恙，荫相之功，在国在民……。"可见，明代云阳张桓侯庙已经在三峡地区广为人知，十分灵应，凡是过往船只无不登临拜谒，以助顺利平安（图5.11）。

图5.11　庙会表演活动

（来源：http://www.photosanxia.com）

清代时期张桓侯庙应该在明代面貌上继续发展，当地县志记载嘉庆年间曾有过一次重要修缮。现存嘉庆碑记之《重修张桓侯庙》见于庙内。北京大学孙华教授认为这次重修张桓侯庙，是"嫌之前的庙宇卑小简陋，这次重修实际上是一次扩建"，正殿被扩大，庙的右侧也就是后部增修了厅堂。认为"这次重修工程规模较大，张桓侯庙经过这次扩建后比较以前更加壮观了"，这次"嘉庆末年至道光元年，（张桓侯庙）主要工程是扩建大殿"[163]，现存正殿的脊檩下仍留有"大清道光元年岁在辛巳孟夏月下□重建"的字样。

清末同治九年（1870年）长江大水冲毁庙宇下层全部主体建筑。

这次灾害见诸于长江史料，庙内崖壁上仍留有"大清同治庚午，洪水至此"的摩崖题记（图5.12），可推知当时建筑受损范围。同治大水后重建的张桓侯庙又迎来了一个新的发展高峰。清华大学吕舟教授认为现存的张桓侯庙（搬迁前）建筑主体应该是"在清同治到光绪期间陆续添建而成的"[164]。其中，结义楼和杜鹃亭大梁下有题记分别为"大清同治十二年"及"大清光绪元年"。

图5.12　清同治水文题记

（来源：自摄）

清末同治重建后的张桓侯庙达到了历史的最大规模，也基本形成了现在作为全国重点文物保护单位的张桓侯庙搬迁之前的总体格局（图5.13）。

2. 建筑概况

张桓侯庙建造在陡峭的山体上，建筑组群依山取势，顺应陡峭曲折的地形周围林木葱郁，环境幽静，各建筑彼此相连形成一个整体。整个组群完全，不追求轴线，建筑之间参差错落，沿江面飞阁崇楼，雄踞江岸，气势巍峨。如果非要区分出每个建筑，可以从张桓侯庙建在上下两层台地上而区分，上层台的主要建筑有（自西而东）：正殿、偏殿、助风阁、侧廊、陈列室；下层台的主要建筑有（自西而东）：入口庙门、结义楼、望云轩、邵杜祠、杜鹃亭。

建筑概况可以从建筑布局、庙宇环境以及营造技术三个方面分别论述。

图5.13　19世纪末张桓侯庙下的"灵钟千古"

（来源：http://big5.xinhuanet.com）

（1）建筑布局

张桓侯庙不同于北方祠庙和官式建筑，没有规整的院落布局和建筑轴线，而是随山就势、因地制宜，在视觉上通过与环境地势的自然融合，以及建筑体量的大小变化来实现建筑与环境，主体与次体的协调统一。庙门位于建筑西墙，庙门下是曲折陡峭的石阶，蜿蜒而至江边。从侧面西向的小小入口进入，即为结义楼和戏台形成的院落，依次往里为望云轩、碑刻室、杜鹃亭。上层一列建筑包括助风阁、侧廊、偏殿及大殿。大殿内石台上供奉张飞座像，怒目环睛，威严勇武，座前有供人祭拜的香炉，大殿两侧有室内石阶辗转而下，穿过戏台背墙后又回到下层的结义楼内院，西转，出庙门而回。

张桓侯庙的主入口位于西墙下，入口不大唯独扭转一个角度，不和墙体平行，造型不拘一格十分独特。从考古发掘报告可知，明代张桓侯庙的庙门朝正南，在"江上风清"所在崖壁的位置，清代将庙门改在西侧，但并无歪斜[160]。由是可知，现在所见歪斜庙门就是同治十一年（1872年）重修时形成的。罗哲文调查张桓侯庙曾专门题词称赞此门构思奇巧，意境独到[165]。当地民间解释张飞死后不忘先主和蜀都，故将大门扭转，朝向西北的成都方向，平添几分文化意象（图5.14）。

结义楼院落主体型制是一较典型戏台布局。南侧结义楼就是原有

图5.14 张桓侯庙外观和入口

（来源：http://www.people.com.cn）

戏台，三层檐花瓦盔顶屋面。北侧为民国时候修建的另外一座石砌戏台，结义楼因此反而成了观戏台。

上层台的建筑中，陈列室是80年代的仿古建筑。侧廊、助风阁和偏殿以助风阁为中心也形成一组上层院落。助风阁是一个二层高的六角小亭子，亭内原悬挂有一口大钟。张桓侯庙悠长的钟声也是云阳老一辈深处的记忆。

张桓侯庙外东西两侧均有不同景致的园林，西侧庙门下有一深涧，古桥跨石涧而过，对岸桥头立草亭一座，古朴自然。东侧杜鹃亭外尽是林木葱郁，林下曲折石径通往深处的听涛亭。行走林间，心旷神怡。

（2）庙宇环境

张桓侯庙从古建筑价值来说，历史并不悠久，建筑等级也不高，列为全国重点文物保护单位，最主要就是因为它代表了长江三峡地区一种独特的历史景观。飞凤山山形陡峭，呈金字塔状，庙宇紧贴山梁而建，庙下巨石砌成数十米的绝壁，建筑耸立其上，花瓦飞翼，古蔓垂荫，流瀑下注。从长江江面上往来的船只上观看张桓侯庙与后面陡峭山体的关系，如同仰望欣赏挂在山上的一幅巨画，非常漂亮。英国探险者阿奇拜德（Archibald. John, Little）在19世纪末游历峡江时赞叹张桓侯庙的景观效果，称作一幅东方美景[166]164。这种环境景观效果主要是由于张桓侯庙突出的建筑处理，结义楼作为庙宇体量最大的建筑，伫立于临江悬崖面上，和近30米高的垒石崖壁上下连成一起，形成巍峨高耸的大气象。在结义楼等大体量建筑后面布置较小体量的其他建筑，各个屋顶隐隐约约、层层叠叠地掩映在林木之中，增强了张桓侯庙群体的景深特征以及与环境的融合。这种结合地势环境，自由布局形成良好景观效果的建筑布局在三峡景点中独一无二[167]。

（3）营造技术

张桓侯庙从古建筑营造技术的角度说，完全不同于北方官式建筑，也与南方民间的华丽秀美的祠堂相异。它的木构架十分简洁，风格朴拙。大木构架均采用穿斗式结构，用材较粗糙，不做细加工。

屋面构造大部分都采用民居的冷摊瓦做法。只有结义楼、杜鹃亭、大殿主要建筑用一些规格不一的花色琉璃，在方椽子（桷子）上先铺上一层望瓦。望瓦之上再顺沟铺小青瓦做仰瓦。张桓侯庙的屋顶色彩杂乱，历史形成的花瓦屋面是张桓侯庙重要的特征之一。这种花瓦屋面在三峡地区普遍存在。据朱宇华调查发现，云阳当地百姓的张飞信仰中有捐献屋瓦给张王庙的传统习俗，百姓将外出四处收集的各种琉璃瓦捐给庙宇翻修，形成了独特的花瓦屋面。三峡内不止张桓侯庙一处存在此现象，应该视作地方传统的见证。

屋顶灰塑也是张桓侯庙建筑的特色之一。用手工塑成各种人物、鸟兽、虫鱼、花草等造型装饰屋顶，细致生动。

另外，大量采用镶嵌瓷片的工艺来装饰屋脊和灰塑，这种工艺做法在广东潮汕、福建闽南一带也多盛行，称为"嵌瓷"工艺[168]或"剪粘"工艺[169]，各地题材和色彩有差异，但工艺做法基本相同（图5.15）。

二、项目提出与方案论证

（一）项目提出与立项

1. 新的移民政策和法规

任何水利工程都需要一定的库容，因此必然存在一定的淹没区。对于淹没区内农田、山林、居民、村庄、城镇、工厂、文物古迹的搬迁和安置都属于水库移民工作的范畴。

建国之初的水利工程建设，主要考虑的是枢纽工程的建设，没有把水库移民作为水利工程的重要组成。更谈不上把保护文物古迹作为

图5.15 张桓侯庙屋顶灰塑

（来源：自摄）

工程建设任务的一部分。三门峡水利工程建设造成陕西28万农民离开故土，远徙甘宁地区，由于补偿过低，且没有考虑后期扶持，造成大批移民无法安居，又千里迁徙返回故土，引起社会动荡，而回到故乡后又已经失去了原有的房屋和土地，造成巨大的社会贫困和灾害[169]。这种因水利建设造成的移民遗留问题曾一度在我国广泛存在，如丹江口、刘家峡、新安江、富春江碧口等水利工程建设，都遗留大量移民问题，前后迁延达三十年之久，给国家和社会带来巨大的损失。

移民问题很早就引起了中央注意，在1954年《中央水利部四年水利工作总结与今后方针》提到水利建设的移民问题。文件提出"不能要求群众放弃自身利益，造成农民对党和政府对立情绪，导致政治上失去群众拥护，损失会很严重"[170]。但是由于当时国家经济条件落后，急于开展各项建设，对移民工作往往仍是采取依靠政治动员为主，少量经济补偿来解决。

到了80年代，水利部门和专家普遍意识到过去30年我国水利建设中最大的遗留问题就是只重视枢纽建设，忽视移民工作；对移民仅给予少量经济补偿，完全忽视后期的安置和生产扶持，造成巨大的社会问题。

70年代三峡葛洲坝工程成功建设，水库移民问题开始引起专家学者的认真思考和总结。有学者提出"我们认为，修水库不仅应充分发挥水库在防洪、灌溉、发电、航运等综合效益，而且应结合移民，……移民安置工程应是整个枢纽建设中的一个重要组成部分。不仅应使库区淹没损失得到补偿，而且要使库区山河面貌得到改变，使之走在全国现代化的前列"。并根据水利工程建成后巨大的经济收益指出，"移民安置的原则应该是：不论是农田基本建设、还是生活条件、社会福利等等，在搬迁后都要比搬迁好，要做到这一点，也是有条件的……"

对于移民问题的认识从"单纯经济赔偿"提高到"一种库区新社会的建设"的高度。把淹没补偿和安置移民同地区经济发展，提高库区生活水平结合起来，逐渐成为中央政府和专家们的共识："……要把移民安置区的建设纳入地区和整个国民经济的发展计划，使移民的生产条件和生活水平高于搬迁以前"[170]。

1984年水电部在山东烟台召开移民安置座谈会，会上提出了《水库建设移民安置条例》（征求意见稿）。参与会议的专家学者和工程师普遍认识到，新中国成立以来水利工程中对移民工作的认识存在严重不足。水利建设的巨大收益没有促进库区社会的经济发展和人民生活水平的提高。没有体现国家经济发展回馈社会的要求。会议要求转变以往的仅仅重视少量经济补偿的错误思路，第一次提出了"开发性移民"的理念。这是我国水利移民政策的重大转变（图5.16）。

1985年，钱正英针对三峡移民工程提出三条建议，明确表示"三峡工程成败的关键首先在于移民"；"移民工作解决一定要有这两条：国家可以负担，人民有前途。"；"只有现行方针（开发性移民）政策才能解决三峡移民问题"[171]。

1991年国务院第一次制定并公布《大中型水利工程建设征地补偿和移民安置条例》，以法令形式规定"开发性移民"的方针[172]。开发性移民的方针政策成为我国40多年水库移民工作经验教训的成果总

图5.16 云阳县移民人物肖像

（来源：http://news.sina.com.cn）

结，也是世界范围内解决水库移民问题的首创。

1992年长江三峡工程上马，随后1993年国家颁布《长江三峡工程建设移民条例》，其中规定"在三峡工程建设中国家实行开发性移民方针，……，使移民的生活水平达到或超过原来水平"[173]（图5.17）。

1999年国务院办公厅根据三峡移民工作开展情况，下发《关于三峡工程库区移民工作若干问题的通知》文件，提出移民工作要重视保护生态环境和文物古迹。要求按照《文物保护法》，抓紧制定三峡工程淹没区的文物古迹保护总体规划。

2001年3月，国务院朱镕基总理签署新修订的《长江三峡工程建设移民条例》，专门列出文物保护第28条，要求三峡工程移民工作应当按照文物保护法的要求，做好抢救保护文物的工作。

对于需要搬迁复建的文物古迹也纳入该移民条例，条例第22条规定"因三峡工程库区而淹没的公路、桥梁、……电力线路等基础设施和文物古迹，需要复建的，应依据复建规划，……，预先安排在淹没线以上复建。"

2. 确立规划先行、论证立项的科学管理机制

确立了开发性移民的方针，水库移民工作从此成为水利工程建设

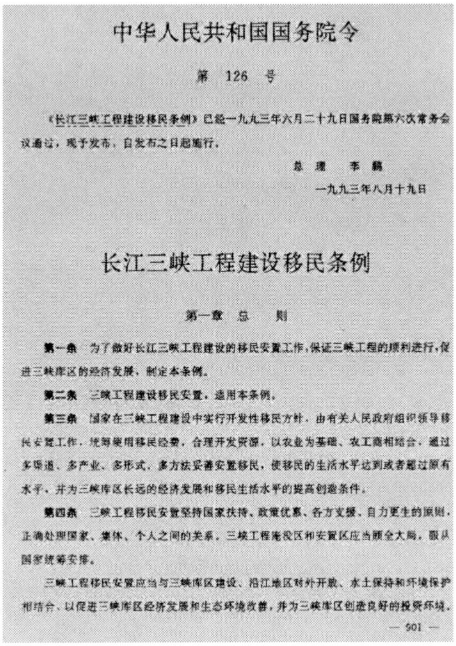
中华人民共和国国务院令

第 126 号

《长江三峡工程建设移民条例》已经一九九三年六月二十九日国务院第六次常务会议通过，现予发布，自发布之日起施行。

总理 李鹏

一九九三年八月十九日

长江三峡工程建设移民条例

第一章 总 则

第一条 为了做好长江三峡工程建设的移民安置工作，保证三峡工程的顺利进行，促进三峡库区的经济发展，制定本条例。

第二条 三峡工程建设移民安置，适用本条例。

第三条 国家在三峡工程建设中实行开发性移民方针，由有关人民政府组织领导移民安置工作，统筹使用移民经费，合理开发资源，以农业为基础、农工商相结合，通过多渠道、多产业、多形式、多方法妥善安置移民，使移民的生活水平达到或者超过原有水平，并为三峡库区长远的经济发展和移民生活水平的提高创造条件。

第四条 三峡工程移民安置坚持国家扶持、政策优惠、各方支援、自力更生的原则，正确处理国家、集体、个人之间的关系。三峡工程淹没区和安置区应当顾全大局，服从国家统筹安排。

三峡工程移民安置应当与三峡库区建设、沿江地区对外开放、水土保持和环境保护相结合，以促进三峡库区经济发展和生态环境改善，并为三峡库区创造良好的投资环境。

— 901 —

图5.17 长江三峡工程建设移民条例

（来源：http://www.cnki.net）

责任的一部分。受淹没和迁移影响的居民住宅、农村、城镇、工矿企业、文物古迹和各类设施都纳入移民安置范畴，移民安置规划成为了任何水利工程必须完成的基础性工作。1991年《移民安置条例》对必须通过制定规划来实施移民工作的要求进行规定[①]。

1993年三峡工程开工，国务院《长江三峡工程建设移民条例》第7条规定："三峡工程建设，必须编制移民安置规划。水利部长江水利委员会应当会同湖北省、四川省……协调三峡库区所在的市、县……，……制定移民安置规划大纲，并按照规划大纲……编制县（市）移民安置规划。"

同时规定，移民工程需要的经费，全部纳入三峡工程建设计划。第21条规定："三峡工程移民经费直接纳入国家计划，从三峡工程总概算中划出，专款专用，不得挪作他用。"

---

① 第十条"水利水电建设工程单位，应当在……前期工作阶段，……，按照经济合理的原则编制移民安置规划。……没有移民安置规划，不得审批工程设计……、（不得）办理征地手续，不得施工。"

1988年长江长江三峡工程论证移民专家组完成《长江三峡工程移民专题论证报告》，对农村、城镇、工业以及专项设施分别提出了搬迁选址和安置的原则要求，在专项设施中又分为电力工程、文物古迹、交通道路、通讯广播等子项，其中文物古迹一项，报告调查了三峡工程处于淹没区的44处古迹进行了登记，并对白鹤梁、张桓侯庙、石宝寨、屈原庙四个大的古迹保护提出了具体的措施。其中云阳张桓侯庙采取随县搬迁的移民方案[174]。

1992年至1994年长江委编制完成《长江三峡工程水库淹没处理及移民安置规划大纲》，获得国务院审核通过。1992年至1998年，陆续完成了库区的分省（市）移民安置规划报告、分县移民安置规划报告等。其中在"专业项目淹没处理规划"成果中，编制有文物古迹保护规划专篇，经规划确定的文物保护项目全部纳入三峡工程移民投资总概算[175]。

可以看出，将移民工程纳入水利建设的基本任务中，保护文物古迹就成为了工程建设单位的主要责任之一。依据国家公布的《长江三峡工程建设移民条例》，通过制定移民安置规划，文物保护的立项和经费得以落实，纳入整个移民工程中，从而建立起水库移民工作中全面保护文物古迹的科学机制。

从此，在我国水利建设工程中，受淹没影响的文物古迹通过《移民条例》获得了国家法规和管理机制上的根本保障。

（二）搬迁方案的研究与论证

1. 总体规划和前期调查研究

1992年全国人大通过兴建三峡工程的决议后，国家文物局作为主管全国文物工作的最高行政机构也立刻投身其中。在1993年组织全国26家文博单位和高等院校的专业人员前往三峡库区开展大规模的文物勘探和普查工作。同时积极与业主单位国务院三峡工程建设委员会（简称国务院三建委）沟通，探讨移民工作中如何保护三峡文物。1994年11月，国务院三建委与国家文物局共同决定由中国文物研究所、中国历史博物馆组建"三峡工程库区文物保护规划组"（简称规划组），负责三峡淹没区和迁移区文物保护总体规划的编制工作。

1996年《长江三峡工程淹没及迁移区文物古迹保护规划报告》

（简称《三峡文物保护规划》）编制完成，经过全国30个文博机构、科研院所和高等院校共300多文物工作人员长达2年多的库区实地勘察，大致摸清三峡地区的文物家底，共确定1282处文物点为保护对象。其中，地下文物829处，地面文物453处。1998年规划报告通过国务院三建委的专家论证。同年，规划报告进行了修订和补充，经过调整最终确定的三峡库区淹没和迁移区的文物保护总量为1087处，其中地下文物723处，地面文物364处。白鹤梁水下水文题刻、忠县石宝寨、云阳张桓侯庙三处重点文物保护单位作为专项工程单独编制规划纳入报告。其中，张桓侯庙确定采用异地搬迁保护措施，另外两处采用原址保留。2000年国务院三建委正式批准《长江三峡工程淹没及迁移区文物古迹保护规划报告》予以实施[176]（图5.18）。

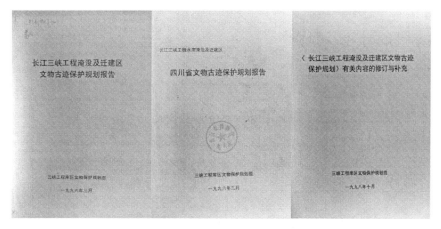

图5.18 长江三峡工程淹没及迁移区文物古迹保护规划报告

（来源：重庆三峡博物馆）

《三峡文物保护规划》是我国第一次在水利工程建设中编制文物保护的总体规划，规划成果包括总报告6册、分省报告2册、分县报告22册、其他说明和图录等24册，总计54册，200余万字。这是新中国成立以来编制规模最大、涉及范围最广、参与人数最多的文物保护规划，"是一项史无前例的文物保护的系统工程"，"在全国文物保护工作中开创了'先规划，后实施'的文物保护新路子。"[177]"先规划、后实施"逐渐成为全国重点文物保护单位及大型文物保护工程项目的基本操作程序。三峡文物保护总体规划的经验为后来的大运河保护、南水北调等国家大型工程中的文物保护提供了良好的工作范例。

1996年完成的规划成果总报告6册中，由清华大学张桓侯庙保护规划组负责完成《四川省云阳县张桓侯庙保护规划报告》，张桓侯庙搬迁作为专项工程单独编制了规划，作为总报告的附录。2000年获得了国务院三建委批准实施。

早在1985年清华大学建筑学院就对云阳张桓侯庙进行全面测绘，保存有最早的建筑测绘图档，1993年三峡工程开始后不久，清华大学建筑学院吕舟先生开始对云阳张桓侯的保护问题进行思考。在《长江三峡淹没区文物保护论证——云阳张桓侯庙的保护论证》中，除了对建筑历史沿革和建筑形制进行研究外，还专门用了大量篇幅对张桓侯庙的文物价值进行研究阐述。

其中历史价值方面，吕舟先生提到"（张桓侯庙）虽然现存建筑的年代并不悠久，如果考虑到它清晰的历史发展脉络，在整个三峡淹没区范围内，已是十分难得的古建筑了"[178]。这里，对古建筑价值的认识从"年代久远"的标准调整为"完整的历史演变脉络"，如果结合《威尼斯宪章（VENICE CHARTER）》定义中"文物古迹的要领，……不仅是指那些过去伟大的艺术作品，而且也适用于随时光流逝而获得文化意义的过去一些较为朴实的艺术品"。这种关注各个时代历史信息、重视历史价值保护的认识，恰好反映出我国20世纪80～90年代全面吸收国际保护理念后出现的新的趋势。

除了对历史、艺术和科学价值外，吕舟先生对于张桓侯庙的文化价值也格外关注，提炼出三个方面的认识。包括在三峡人文景观线当中的价值存在、在长江三国史迹文化链中的地位以及在云阳当地传统民俗的张飞信仰的价值①。而在保护层面上，这三种重要的文化价值成为张桓侯庙最突出的价值，成为影响搬迁方式选择的最重要的因素。

从这种价值认知可以看出，张桓侯庙的意义与长江水道，与云

---

① 吕舟先生分别谈到"张桓侯庙是长江风景线上最重要的人文景点之一。如果说长江三峡是自然风光的精华，那么奉节白帝城、忠州石宝寨和云阳张桓侯庙就是长江三峡中人文景观的瑰宝"。"张桓侯庙与奉节白帝城、水旱八卦阵、孔明碑、兵书宝剑等构成了长江三峡的一条三国史迹的文化链，张桓侯庙是这条文化链上不可缺少的一环"。"张桓侯庙已成为云阳当地历史文化的重要组成部分。当地民众千百年来形成的过江祭拜张王爷、进香祈愿、举办庙会的传统。过往的游客、旅人也常常要在这里停留登揽，是人们了解中国历史、体会民间文化、感受传统建筑艺术的场所。"

阳县城二者紧密相连。在面临淹没的情况下选择何种方式保护张桓侯庙，所有的论证就必须依托张桓侯庙的价值认识展开（图5.19）。

图5.19　张桓侯庙紧临长江、与云阳县城隔江相望

（来源：自摄）

2. 三种搬迁选址方案的论证

　　由于张桓侯庙处于淹没范围，无法在原址进行保护，易地成为了唯一的保护方式。对岸的云阳县城大部分也将被水库淹没，按照《长江三峡库区云阳县淹没处理及移民安置规划》，云阳县城将整体迁移到上游32公里处的双江镇，仍位于长江北岸，按照规划，重新建设成一座云阳新城。

　　对于张桓侯庙的异地搬迁方案，却从1993年起就存在不同的选址意见，先后有随城搬迁、原址靠后的方案。其中随城搬迁方案中又有迁入新县城、随城迁移至对岸等方案，归纳起来可以分为原址靠后、迁入新城、随城平行迁建于南岸三种方案（图5.20）。

　　（1）原址靠后的选址方案

　　1993年吕舟先生在《长江三峡淹没区文物保护论证——云阳张桓侯庙的保护论证》中，提出张桓侯庙异地搬迁的保护方案可以有两种。一种是就地靠后，在原址淹没线的上部选址进行复建，另一种是随县城搬迁。并对两种方案在保护方面进行了评估，权衡优劣。

　　对于就地靠后的搬迁方案，其优点在于搬迁距离较短，可节省部分运输费用；另外新址与原址距离较近，容易于建立起一种历史的延

图5.20　张桓侯庙三种搬迁方案示意图

（来源：自绘）

续感。缺点是由于对岸的云阳县城整个向上游搬迁，原地靠后的张桓侯庙被割断了与云阳县城之间的固有的联系，丧失了部分民俗文化价值，而且由于远离县城，将给张桓侯庙的管理工作带来极大的困难，不利于进一步开发使用文物建筑、也不利于充分发挥文物建筑在精神文明建设中所具有的作用，更不利于文物建筑的保护。

　　纯粹从文物保护的观点来看，采用原址靠后的方式，在地点的真实性方面给予了最大程度的保留，至少原址所在的地点位置和自然环境没有改变。但是从文化价值方面看，则完全割断了与云阳县城和当地百姓生活的传统联系，随着云阳县城的迁离意味着张桓侯庙人文环境彻底丧失。按照吕舟先生对张桓侯庙的价值研究认为，作为古建筑，张桓侯庙的现存年代只是清末重建的，不过100多年，它突出的价值体现在张桓侯庙的社会价值和人文价值，包括在长江三国文化链上的价值、在长江三峡人文景观上的价值以及云阳县传统文化和当地百姓精神情感方面的三方面的价值。而这些价值的保护，如果远离了云阳县城可能难以延续。

　　从云阳政府和当地群众的立场看，普遍反对采取原地靠后的保护方式。三峡百万大移民牵动的不仅仅是对故土的眷恋，还有熟悉的生活环境，熟悉的传统风俗和记忆。张桓侯庙在当地被称为张王庙，耸立在长江对岸巍峨的庙宇一直和当地百姓生活和心理息息相关。如果张桓侯庙不能和当地百姓一起移民新城，必然引起当地群众的普遍不满。另外，从政府发展经济的角度看，张桓侯庙是当地重要的旅游资源，按当时云阳县文物管理所提供的材料，"从八十年代中期三峡旅游热的兴起至今，特别是九三年张飞庙辟为夜游景点以来，每年通过乘船游三峡而过路游张飞庙的人次，都在三峡游总人次的百分之八十左右，其中外宾人次几乎百分之百来，其门票收入均占张飞庙总收入的百分之八十以上"[179]。因此，对于国家级贫困县云阳县来说，张桓侯庙旅游是地方重要的财政来源，如果不能随县城一起搬迁，对县里经济发展也是损失巨大。

但是，从三峡工程的业主单位国务院三建委的角度来说，原地靠后的方案从工程投资方面来说比较节约，是理想的方式之一。由于三峡工程是国家首次采用市场化的法人投资经营和管理模式，在国务院《长江三峡工程建设移民条例》明确规定："三峡建设移民工程，实行移民任务和资金双包干的原则"。对于三峡工程建设方来说，搬迁张桓侯庙只是一项重要的移民任务，在符合国家文物保护的要求下，能以最小的投资完成搬迁任务当然是最理想的。1998年由重庆市移民局委托水利部长江勘查规划设计研究院编制了《张桓侯庙迁移保护规划设计报告》。报告中对原地靠后和随城搬迁方案进行了比较评估，并在工程技术和投资进行了设计和分析（图5.21）。

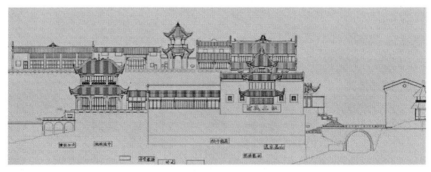

图5.21　张桓侯庙沿江立面

（来源：自绘）

在原地靠后的设计方案中，张桓侯庙的主体建筑群将从原址处向后上升50米，重新复建于180～210米的高程处，高出三峡库区175

米的最高淹没线。设计单位经过勘察，完成的设计方案中反映两个问题，一个问题是在地址上，张桓侯庙原址两侧山坡地形较陡，山体坡度达35°。且"为黏土岩和长石砂岩不等厚互层，风化强烈，……建筑物要依山布置，可能出现高边坡和库岸再造问题，场平工程量较大。"[180]7-8另一问题是张桓侯庙前古桥，跨涧而建。原址靠后抬升后，两山之间的间距拉开，张桓侯庙前无法复建古桥飞涧的景观，无法实现张桓侯庙原有的建筑景观环境（图5.22）。

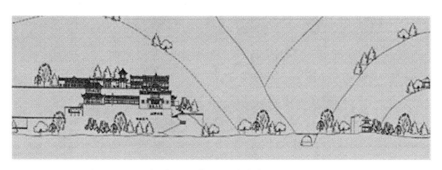

图5.22　张桓侯庙原址靠后设计方案——古桥石涧分开

（来源：水利部长江水利委员会）

在重庆移民局组织编制的《张桓侯庙迁移保护规划设计报告》中，水利部门（长江水利委员会）推荐采用就地靠后方案，推荐理由如下：

"1. 原址就地靠后，尊重历史，尊重全国人民对张桓侯庙（不光是云阳人民）的历史地域环境的认同——'此物在此地'。也是尊重文物原设计的真实性。才可以使这部分历史不被割裂，以致源远流长。

2. 原址靠后是可行的，没有大的地质缺陷，没有不可解决的技术问题。

3. 结合开发旅游问题。现在来张桓侯庙参观、游览的多是外地旅游客，并经旅游船停靠上岸观光，游完即走。云阳县城的人民大多在特殊日子，如张飞生日来祭祀……经常观光的并不多。"

这些理由除了第一条当中"尊重历史、尊重文物真实性"外，其他理由均颇为牵强，以至于长江水利委员会在最终推荐结论中也写道："我们推荐原址就地后靠方案，但若各方面同意采用其他（双井寨）方案，我们不提异议"。

（2）迁入新城的选址方案

张桓侯庙作为云阳县城的一部分，早在1993年就纳入了云阳县移民安置规划。在国家审定的《三峡移民安置规划》的分县规划中，云阳老城由于处于淹没范围内，且整个县城都位于三峡地区的古滑坡体上。国家将云阳县列为首批移民迁移的重点城镇，云阳县将整体搬迁至上游32公里处的长江北岸的双江镇，在新城规划中，考虑将张桓侯庙搬迁到新县城内的双井寨附近，规划了相应的风景旅游区，为新云阳县城打造一个文化旅游景区。

经过国务院审批的移民安置规划具有一定的强制性，《长江三峡工程建设移民条例》规定"经过批准的移民安置规划必须严格执行，不得随意修改或者调整；确需……，应按照原程序报批"。所以，重庆市移民局和云阳县当地政府最初都比较支持迁入新城的搬迁方案。

吕舟先生1993年在《云阳张桓侯庙的保护论证》中，提出从"保护张桓侯庙在长江风景线，特别是三国文化链当中的重要地位"的文化价值角度，随城搬迁要优于原址靠后方案。但如何随城搬迁方案又提出了二种可能，一种是按照县移民安置规划将张桓侯庙迁入长江北岸的新县城里，另外一种是保持张桓侯庙与县城隔江相望的历史关系，在新县城对岸（南岸）选址复建。

在论证中，吕舟先生建议"考虑张桓侯庙在朝向方面的特殊性，故还是应考虑在南岸选点"，强调建筑朝向的重要性，推荐在南岸选址为最佳。同时也认为移民安置规划中将张桓侯庙迁入北岸的新城也具有一定合理性，可以与双江镇的磐石城、双井寨等原有古迹规划在一起，打造一个文化文物游览景区，带动地方经济的发展。

1996年清华大学设计单位完成《四川省云阳张桓侯庙保护规划报告》，对迁入新城方案的几个选址进行了实地调查后，认为在长江北岸的新县城内复建张桓侯庙，在目前的几处选址方案上基本不可行。

"从我们对云阳新县城周围环境的实地考察来看，北岸现有的两处可能作为张桓侯庙搬迁新址的地点，其环境都不够理想。双井寨区域狭窄，且没有高耸山峰作为衬托；小寨子梁距离长江水面太远，且与长江之间有一天规划城市干道，将来这一区域的环境难以控制。"[181]11-12

1998年重庆移民局委托长江勘察规划设计研究院完成了张桓侯庙迁入新县城双井寨的搬迁方案。水利部门的设计单位经过现场勘察后制定的设计方案中，由于需要把原来长江南岸的张桓侯庙重新布置在长江北岸的临江面上，保持大门方位不变，结果形成的建筑复建效果是一个"镜像"的沿江立面。实际上，了解古建筑结构的人，都知道古建筑解体后是无法复原出一个"镜像"的建筑群体。另外在新址的环境方面，也存在无山可依的情况，设计方案中提到："因庙建在山脊上，突出了主体建筑，所以不存在背山的条件，也形成不了原庙的气势，因此规划考虑种植一些树木，景致优美，形成一个观赏性园林。"（图5.23）

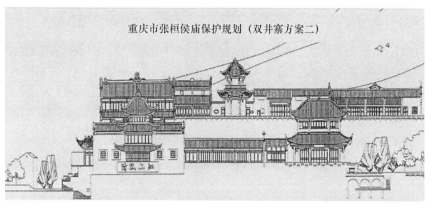

图5.23　张桓侯庙迁入新城方案——"镜像"立面

（来源：水利部长江水利委员会）

由是可知，迁入新城的方案无法满足张桓侯庙"背山面水，再现张桓侯庙原址的环境特征"的选址原则，也无法保障张桓侯庙各个建筑之间的原有朝向关系。因此，设计单位长江勘察规划设计研究院在经过设计上的推敲后，在方案最后也提出长江北岸复建方案不可取，推荐原地靠后方案。因此，迁入新城的选址方案最终被重庆移民局和云阳当地政府否决。

（3）随城迁移于长江南岸的选址方案

虽屡经兴废，张桓侯庙所在位置自宋代以来就耸立于长江南岸，与北岸的云阳老城隔江相望，当地的许多传统习俗和人文传说都与"张王爷隔江守望""百姓隔江祭拜"的习俗相关。正因为如此，吕舟先生一开始就通过对张桓侯庙的价值研究认定，如果能采用与对岸县城平行搬迁至上游新址的方式，能最大程度的保留这种突出的文化价值。云阳老城、长江水道，张桓侯庙三者构建在长江三峡上的空间关系已经形成一千多年，这种"与长江相临、与老城相望"的空间关系成为了张桓侯庙独特文化价值的物理空间载体，成为了保护的重要内容之一（图5.24）。

图5.24　与长江相临、与老城相望的历史空间关系
（来源：www.google.com）

1996年清华大学建筑学院完成《四川省云阳县张桓侯庙保护规划报告》，报告由吕舟和楼庆西二位先生共同执笔，对三种选址方案进行了比较研究，从价值保护角度推荐了长江南岸的随迁方案，报告中说道"这一方案基本出发点就是保持张桓侯庙和云阳县城之间的原有历史关系，这种关系自宋代以来就被确定下来。这种环境特征已成为张桓侯庙的基本特征之一。搬迁保护尽管失去了文物建筑在地点和位置上的真实性。但仍然应当尽可能再现文物建筑原有的环境关系和基址特质。"　可以看出，在张桓侯庙的保护过程中，价值保护开始成为了选址考虑的核心。而张桓侯庙突出的社会价值和文化价值成为此次保护的重要影响因素，其他如打造旅游景区、征用土地问题、基础设施问题等现实因素退至其后。

陕西古建设计研究所侯卫东也认为从古建筑本身来说张桓侯庙历史不悠久，它的价值主要体现在"蜀汉历史和人物的见证；长江历史的重要见证；建筑与环境高度结合的'巴蜀胜景'；地方民俗文化的重要场所"几个方面，基本上都是人文历史环境和自然环境方面的价值体现。因此，保持在长江南岸的迁移方案更能体现张桓侯庙的独特价值（图5.25）。

张桓侯庙新址搬迁方案透视
陕西省古建设计研究所

图5.25　南岸选址方案之一

（来源：陕西古建设计研究所）

　　1996年三峡工程文物保护规划组通过评审，认为清华大学建筑学院提出的长江南岸迁移规划方案是可行的，"将有可能最大限度地再现张桓侯庙的原有环境特征。有利于为张桓侯庙划定必要的保护范围，有利于张桓侯庙周围的环境控制，由于距离新县城较近，也有利于张桓侯庙的日常管理和保护，同时有利于新的长江风景线上人文景观的重新布局"。新址选择上，规划组同意清华大学提出的"背山面水，尽可能再现张桓侯庙原址的环境面貌"的原则。根据这一原则，规划组认为新址应当选择在长江南岸，同意清华大学建筑学院提出的江南选址的搬迁方案。

　　1997年12月，清华大学张桓侯庙规划组根据现场勘察情况，在长江南岸盘石镇附近确定新址，重新修订了《重庆市云阳县张桓侯庙保护规划》①。1999年编制完成《张飞庙搬迁保护规划方案设计》[182]。方案设计明确两点原则，一是古建筑本体采用"原拆原建"的原则；二是环境工程采用"再现历史环境"的原则。确定这两个设计原则的依据正是基于张桓侯庙的价值研究。

　　1999年国家文物局以《关于对白鹤梁题刻、石宝寨及张桓侯庙保护规划方案的意见函》（文物保函【1999】160号）答复国务院三建委，批准同意张桓侯庙搬迁保护规划，同意张桓侯庙搬迁采用云阳新县城对岸的选址方案（图5.26）。

————————————

　　①　1997年重庆市划为直辖市

张桓侯庙新址搬迁方案　　　　　　　　　　　　　　清华大学建筑设计研究院

图5.26　南岸选址方案之二
（来源：清华大学建筑设计研究院）

三、工程实施

　　张桓侯庙的搬迁工程从1993年开始论证，至2003年全部竣工完成，前后历时10年。但实际施工周期非常短，拆除开始时间是2002年10月，至2003年7月工程竣工，在新址处对外开馆。张桓侯庙施工周期之短在我国大型文物保护工程中是少见的。三峡大坝二期蓄水时间定在2003年6月，业主单位希望能在2003年竣工并且对外开馆。从保护工程的角度，只要在二期蓄水时间前将张桓侯庙拆解完并运输到新址，不被水库淹没即可。古建筑复原施工是一个细致的文物修复的过程，新址也不会有淹没危险，完全没有必要赶在2003年二期蓄水期同时完工。

（一）历史环境再造

　　张桓侯庙迁移工程的最大难点在于"再现历史环境"。在新址处再造一个与原址一样的历史环境，施工难度是相当大的。原址为上下高差10米巨大的两层台地，主体建筑之下又是高达数十米左右的石砌陡壁，紧临江面，张桓侯庙完全是在一个非常陡峭的山根下建造而成，背后的飞凤山坡度超过35°，整个张桓侯庙从江上远观，就如同壁挂悬画一样耸立在长江南岸。而新址盘石镇的山势较缓，需要人工深挖出陡峭的落差台地才能复建张桓侯庙。

清华设计单位1999年编制的《张飞庙搬迁保护规划及方案设计》中提出了可以采用三个叠落的钢筋混凝土地下室的方法来再造新址的地形高差，同时兼顾将来博物馆的展览陈列需要[1]（图5.27）。

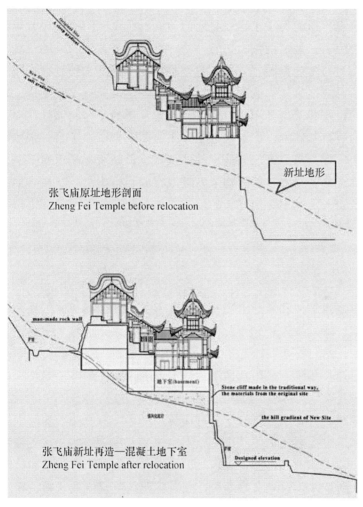

图5.27　缓坡地势的新址环境再造

（来源：自绘）

---

①　设计说明中写道："原有地形的再造指张飞庙内各重要建筑之间的高差变化，根据地质勘测报告提供的资料，新址地点的岩层较浅，分布均匀。基于这种情况我们考虑采用建造一些钢筋混凝土地下室来形成需要的地形高差变化。同时也为张王庙提供了必要的展览、储藏文物的空间。"

采用钢筋混凝土地下室的现代技术方式能比较迅速的构筑张桓侯庙建筑群所需要的地形环境。同时也给上部古建筑的复建提供稳定的基础平台。张桓侯庙下方高达数十米的石壁断坎再依靠人工挖方来实现，这种将平缓的山势改造成陡峭地形所需要的土方工程十分巨大。

环境再造的另一工程就是庙门前的石桥飞涧，按照1997年规划选址榜上院子，地形西侧有自然冲沟，可仿造复建庙门外的石桥。但是1999年11月地质勘测报告却不允许临近此天然冲沟处复建。原因是选址处于滑坡地带，因此建议往西50米左右定位新址比较安全，地下有完整的稳定的基岩分布，以使"张飞庙复建的主体能够处在一处较为均匀的岩石基础上，保证搬迁后张飞庙的安全"。于是，张桓侯庙移动后的位置，与原来规划选定的地址相比，地貌特征更加平缓，庙门外也没有可利用的自然冲沟来恢复原有的石桥山涧了。在后来的施工中，需要人工挖出一个巨大的山涧，地貌改造的工程量也将是十分巨大的。

（二）古建筑的整体迁移

古建筑解体和复建工程技术难度不大。新中国成立以来多次迁移古建筑，特别是经过50年代迁移永乐宫后，总结形成了文物建筑搬迁保护的技术路线和维修工艺，广泛应用在大量古建筑维修工程中。张桓侯庙迁移延续了永乐宫搬迁工程形成的"文物解体—包装—运输—修复—复建"文物建筑迁移技术路线和维修方法（图5.28）。

按照设计要求，张桓侯庙古建筑按照"原拆原建"的原则进行搬迁。施工过程总体仍按照这个原则实施了古建筑复建。首先按照设计图纸，施工单位对每栋建筑进行编号拆除，做好解体记录，包装完好运输到新址处，设立文物库房，按各栋建筑分别堆放材料，在工棚内开展构件清理和修复工作，等到场地再造工程基本完毕，进场实施复建工程。整个迁移流程按照清华大学建筑设计研究院提出的迁移技术路线和设计图纸要求执行。

从古建筑角度来说张桓侯庙属于地方民间祠庙，结构体系比较简单，木结构普遍采用穿斗式构造，用材不经过细加工，有些梁柱依然保持自然材形状。复建的技术难度并不大，相对于环境再造来说，木结构主体的复原施工在较短的时间内完成了。

图5.28 结义楼建筑解体

（来源：云阳县文管所）

（三）保护理念冲突下的选择

20世纪80～90年代是我国文物保护思想发生深刻变化的年代。最主要的标志之一就是我国加入了《世界遗产公约（World heritage Convention）》，国际先进的文物保护思潮开始涌入。同时，我国的古建筑维修传统依然具有强大的生命力，新的保护思潮推动着我国文物保护理念的反思与更新。在张桓侯庙的文物迁移工程施工过程中，这种保护理念冲突表现得十分突出。

按照价值保护的认识，张桓侯庙最终确定迁移到新云阳县城对岸的盘石镇，工程设计提出了两点原则，一是环境再造原则："再现张桓侯庙原址的历史环境"。即在工程设计上，对于张桓侯庙的建筑方位，周围的地形环境都要求与原址一致，实施历史环境再造工程。二是本体不变原则："不改变文物原状"的"原拆原建"原则要求。严格按照原址处的测绘图进行工程设计，不允许改变拆迁前张桓侯庙的原状。按照这两条原则完成了搬迁工程设计。

然而施工当中，作为业主单位的重庆峡江文物工程公司却没有完全按照工程设计图施工。在古建筑本体工程方面追求"焕然一新"的思想仍普遍存在，在历史环境再造工程方面又因为时间工期和资金紧张希望能"适当压缩"。

1. 关于张桓侯庙屋顶瓦面的争论

搬迁之前，张桓侯庙屋顶为杂色花琉璃的筒瓦，底瓦仍是小青瓦作。张桓侯庙经过历史的演变，逐渐形成了斑斓五彩的屋顶瓦面，当地百姓不断捐赠，日积月累形成了花色屋顶已经成张桓侯庙重要的历史特征，也反映出峡江地区民间祠庙自由建造，不按官式则例的重要特点之一。

2000年由国家文物局审定、国务院三建委批准的《云阳县张桓侯庙保护规划》中，在搬迁保护原则中明确"张桓侯庙的保护工程中，首先要遵守的原则是不改变建筑的原状"，这里所说的"原状"应理解为文物建筑的"现状"。2001年完成的设计方案中也提出张桓侯庙古建筑应遵循"原拆原建"的原则。这些都要求，在新址复原张桓侯庙时，应该按原状恢复张桓侯庙独特的花瓦屋面。

实际施工时，从老庙拆下来的瓦当、滴水总数达 50 余种，业主单位的施工顾问龚廷万研究员经过收集整理后发现，这些不同的瓦件花色纹样各具特色，跨越不同的年代，完全可以整理收集，出版一套专门的图集，然而在复建张桓侯庙时，他表示这些瓦件虽然丰富，但是大部分破旧不堪，这一次是国家搬迁张桓侯庙，如果仍保留这些破瓦进行修葺并不好看，建议此次维修恢复统一的屋顶颜色，建议结义楼统一成黄色琉璃，杜鹃亭统一成绿色琉璃，尺寸就选择清官式六号大小的瓦件，连筒瓦、板瓦和钉帽整个配套的统一采购过来，复建时统一施工换上即可（图5.29）。

设计单位代表朱宇华则坚持按照设计施工，强调："按照工程设计要求，应该坚持原拆原建，张桓侯庙是地方祠庙，自清末重建以来，老百姓不断四处搜集捐赠琉璃瓦的传统，恰好反映了张飞庙一段珍贵的历史，代表着百姓的心灵寄托，形成的花瓦屋顶正是这段历史变迁的见证，迁移工程应该予以原状保留。"

施工现场的争论持续僵持月余，龚廷万坚持认为张桓侯庙是清代的庙宇，按清代工程做法可以使用琉璃瓦。设计单位提醒张桓侯庙属于民间祠庙，屋顶也是拱形的盝顶，不属于清官式建筑的范畴，即使

图5.29 老庙屋顶的丰富的特色花瓦

（来源：自摄）

采购了全套琉璃瓦件也可能无法安装上去。坚持原拆原建恢复花色琉璃的原屋顶式样是最好的保护方式。重庆市峡江文物工程公司2002年12月23日为此在重庆召开关于张飞庙屋面问题的论证会。会议听取了设计单位和业主项目部的介绍，主管领导认为："张飞庙原来的杂色屋顶，看着还是有些破破烂烂，以前经济条件不足，现在国家花大力气搬迁，如果搬完还是破破烂烂，对不起云阳百姓。"因此，形成最后的决议是，取消小青瓦和杂色琉璃瓦的原做法，结义楼统一用黄色琉璃，大殿和杜鹃亭统一采用绿色琉璃。这样一来，基本上是完全重做一个"焕然一新"的屋面。

眼看着拆解下来的瓦件就要废弃不用，设计单位仍然坚持了自己的意见。认为"1.张飞庙是清代民间建筑，不是清官式建筑，套用官式琉璃瓦屋面并不可取；2.屋顶复建仍应坚持原来的小青瓦做底瓦的工艺做法，不能用官式六号琉璃板瓦；3.张飞庙的杂色屋面是一种历史形成的痕迹，拆庙时曾发现许多'琉璃瓦'是用灰筒瓦人为刷上彩色油漆而成，反映了当地百姓的审美情趣。……花色屋顶应该看做一种具有云阳历史记忆的重要见证，应该予以保留"。

然而这些意见没有被采纳，复建工作迅速展开，拆解下来的瓦件多有损毁。2003年4月清华大学设计单位向工程项目部和施工单位发出专门书面意见，再次提出了一种"三面新瓦、一面保留"的折中意见要求①。即要求在已经损坏旧瓦的情况下，尽量保留一部分历史记忆，可以在临江的三面"焕然一新"地采用官式黄琉璃复建新屋顶，但是在靠山的背面屋顶上务必仍然保留一面老的花色琉璃屋面。为此，设计单位代表朱宇华携带《威尼斯宪章》及相关案例多次前往工地，宣传介绍保护文物真实的记忆和历史见证的重要性。

意见发出后，峡江文物工程公司最终接纳了"三面新瓦、一面保留"的建议。原因一方面是，业主在施工中发现作为地方祠庙，张桓侯庙屋面完全没有望板和苫背，在方形椽子上直接铺设小青瓦比较方便，改铺琉璃板瓦非常困难。另外一个原因是，大量拆卸下来的丰富多样的原有瓦件全部丢弃实在不妥。因此，"三面新瓦、一面保留"的建议逐渐成为共识。张桓侯庙屋顶工程最后实施的情况是，所有临江三面的屋顶铺新购的琉璃瓦。背面用拆卸下来的旧瓦恢复了一片老屋面。令人遗憾的是，原有小青瓦的传统底瓦做法被取消。生硬地铺上官式琉璃板瓦，在拱形的盔式屋面上由于无法良好搭接，一些琉璃瓦不得不人工打磨变薄后再铺上（图5.30）。

2. 对历史环境再造的不理解

张桓侯庙前期的选址论证过程较长，最终取得了普遍一致的认

---

① 据朱宇华硕士论文《张飞庙搬迁工程保护问题研究》记录当时书面意见："所有清理过仍可用的原有琉璃瓦件必须全部用上。新旧瓦面应严格区分，不可混用。建议按如下实施：所有屋顶临江三面铺设新购琉璃瓦，而仅在南向屋面（背山面）集中使用旧瓦，旧瓦使用应尽量按老庙原样恢复。所有瓦面做法应坚持按老庙做法，底瓦仍应采用小青瓦。"

瓦顶保护

New tiles 沿江面新瓦　Old tiles & old style 背面旧瓦　Old tiles & old style 背面旧瓦　New tiles 沿江面新瓦

图5.30　"三面新瓦、一面保留旧瓦"的实施方案

（来源：自摄）

同。它与云阳县城一起向上游平行迁移32公里，仍位于云阳县对岸，紧临长江。这个选址方案最大程度保留了张桓侯庙与长江、云阳县城三者的历史空间关系，最大程度延续了张桓侯庙所承载的文化价值。当然，这种异地迁移方案在价值上最大的损失就是历史环境丧失。

　　因此，迁移设计要求，在新址处尽可能地模仿原址环境进行局部复建。张桓侯庙迁移工程的难点不在古建筑复建，而在于环境再造工程。吕舟先生认为在新址论证并选址确定后，怎样在一个比较平缓的新址环境中再现崖壁高悬，古阁飞临的原址环境特色是张桓侯庙另外一个富有挑战的工程。张桓侯庙历史环境再造工程的意义不亚于古建筑本身的复原。采用钢筋混凝土结构的叠合的地下室形成原址建筑高差是一个创新。同时在盘石镇选址时考虑利用西侧冲沟复建古桥石涧，后来由于地质原因，选址向西移动50米，移动后的地址没有冲沟可以利用，庙门西侧的古桥飞涧景观只能在通过大规模的开挖施工来实现。

　　但是工程开始后，业主单位和施工单位并没有完全理解此次迁移工程的重点和难点是环境再造工程。主要精力都在讨论老庙的"原状"复建还是"现状"复建。对建造一个埋在地下的博物馆一度表示很不理解，设计单位反复介绍，采用现代钢筋混凝土地下建筑作为张桓侯庙的基础，主要目的为了实现老庙原址处陡峭山体环境的再造问题，其次才是兼顾作为库房和博物馆利用考虑。在2003年3月开始，由于工期日紧，业主单位曾征询设计单位是否还需要恢复庙门下的石桥和山涧，可否适当压缩环境再造工程的任务。在设计单位坚持要求下，尽管环境再造工程的任务十分艰巨，但经过施工单位的日夜奋战，终于予以恢复，再现了庙门前古桥石涧的历史环境特征（图5.31）。

图5.31 庙下崖壁再造施工–混凝土地下建筑

（来源：自摄）

另外，工程要求将张桓侯庙前的古树植被尽量移植到新址，但是由于工期紧张，现场狭小的施工场地内，参与施工的十几家施工单位人员众多，管理混杂。许多移植的树木未能成活。原来张桓侯庙古蔓垂荫、林木幽僻的历史环境氛围没有能实现，比较遗憾。

四、工 程 总 结

（一）国际保护理念的影响和实践

张桓侯庙迁移过程从1993年开始，至2003年结束历时近10年。这段时期也是我国文物保护思想和保护方式开始发生深刻变革的历史时期。最主要特点就是80年代中期国际保护思潮的涌入和传播，进入90年代我国开始在实际保护工程中运用和实践。张桓侯庙迁移保护工程就是这一历史时期在文物迁移工程实践中结合国际保护理念实际运用的典型代表之一。

1. 价值认识体系的科学建立

文物保护的核心是"价值（Value）"保护。我国确立"不改变文物原状"的保护原则，其内在基础就在于认为"原状"具有重要的价值。永乐宫的发现过程，精美宏大的壁画和完整的元代建筑向人们展现出一个巨大的艺术宝库，在社会上迅速产生巨大影响，正是这种突出的古代艺术品价值的体现。1982年公布的《中华人民共和国文物保护法》中明确"具有历史、科学、艺术价值（Value）的文物，受国家保护"。

但是，也正如前文所述，永乐宫迁移工程中，由于没有对永乐宫遗存进行全面的价值研究，只对价值突出的"元代壁画"和"元代建筑"实施搬迁，而原址遗存中的元代墓葬和其他建筑遗址没有一起搬迁，这种遗漏正是由于没有建立科学完整的价值评估体系造成的。

在三峡库区文物保护的行动中，我国开始全面采用价值评估的认识方式，通过建立完整的价值认识体系，来确定规划策略和保护方式。在最终完成的《长江三峡工程淹没及迁移区文物古迹保护规划报告》中专门把价值评估和研究作为制定规划措施的前提，参加规划编制的中国文物研究所的李宏松总结认为：

"文物的价值是客观的，是文物本身所固有的，对三峡淹没区文物古迹而言，其文物价值不能够仅依据现有的保护级别，更应基于长江三峡本身特殊的历史文化及地理背景……去研究和识别。"[183]

规划组通过价值评估，建立了三峡库区建筑类、石刻类、古遗址（Sites）类以及古墓葬类等文物价值的科学认识体系，提供了完整的价值认识成果，识别出文物重要性和保护等级。比如对于三峡库区建筑类古迹的价值，报告认为建筑年代不是主要特点，它们的价值主要在于"体现地域文化、宗教的发展，包涵着丰富的历史信息和人文信息"。这里可以看出，我国对文物古迹的价值认识开始采取"历史信息保护"的态度，反映出《威尼斯宪章（VENICE CHARTER）》国际保护理念的时代影响。

依据这些价值认识，规划报告针对多达1087处需要保护的三峡文物，提出了科学的保护措施。比如针对364处地面文物，依据价值研究和现状调查结论，提出了采取"收取资料；原地保护；易地搬迁及复制；环境整治及展示"四种对应的保护方式，建立了科学保护序列[184]（图5.32）。

图5.32　三峡库区文物保护四大工程—白鹤梁、石宝寨、张飞庙、屈原祠

（来源：http://image.baidu.com）

张桓侯庙作为其中重要的一处文物古迹，它的保护方式也正是通过详细的价值研究和评估来确定的。吕舟先生论述张桓侯庙的价值提到了几个层面，其中比较重要的一个就是张桓侯庙在长江沿线众多的

三国史迹文化链条上的重要价值①。

1996年完成的《四川省云阳县张桓侯庙保护规划报告》分析张桓侯庙的价值中也提到，"由于张桓侯庙是长江风景线上重要的人文景观，是长江三国文化链上的重要一环，对它的保护也是为当地旅游业提供重要的物质基础，促进旅游发展，带动经济发展。这一点在云阳县移民搬迁规划中有所反映。"

"由于张桓侯庙所具有的独特的文化价值，使它成为地方文化（云阳县）的一个重要组成部分，甚至是一个不可分割的组成部分，对它的保护有助于保持当地良好的传统文化结构和价值观念。"

可以看出，正是基于这种价值评估研究，才使我们认识到张桓侯庙的保护意义与云阳县城、长江水道二者紧密相连。正是依据张桓侯庙这种独特的社会价值、人文价值的认识，我们在讨论张桓侯庙选址方案中能够清楚地认识到，只有采取随城搬迁，并保持与县城隔江相望的盘石镇选址方案才是最理想的。

论证张桓侯庙的建筑本体价值时，吕舟先生提出了不同于以往过于欣赏唐宋早期建筑的中国古建学者的一种保护观念，他认为张桓侯庙虽然只有100多年的历史，许多建筑还是民国甚至建国后添建的，但是此次搬迁保护行动中，应该把直至搬迁之前的张桓侯庙现存所有的建筑遗存作为一个整体全部加以保护②。这里看出，吕舟先生把从张桓侯庙自清末重建开始，到民国时期加建改建甚至是建国以后添建的砖房从文物价值上给予整体认定，即要求保护张桓侯庙从清末同治重建

① 吕舟先生对张桓侯庙在长江三峡中的价值认识中写道："张桓侯庙是为纪念蜀国大将张飞而建。它与保存在长江沿岸众多的三国遗迹一起构成了一个完整的三国文化带。它从长江下游的南京直到四川的首府成都。在这条文化带上到处都有三国时代的动人故事。张桓侯庙…位于三国遗迹最密集的区域，…与周围的三国遗迹特有的有机的联系更提高了它的文化价值。庙中的一块石碑上留有这样的诗句'岂甘遗土三分鼎，犹送溯江卅里风。试向沧浪亭上望，夔门峡口永安宫'。从张桓侯庙凭栏东望，与刘备托孤的白帝城永安宫隔江相对。在这种不言即明的关系中寄托了多少中国百姓自古即有的美好情感。张桓侯庙与白帝城、水旱八卦阵、孔明碑、兵书宝剑等在长江三峡上构成了一条三国传说、史迹的文化链。张桓侯庙是这条文化链上不可缺少的一环。"

② 吕舟先生对于张飞庙古建筑的认识谈到，"张桓侯庙自清末同治年间重建之后的一百多年间，作为建筑群的组成部分，先后添建了'望云楼、白玉池、听涛亭'和新建展览室等建筑。……这些建筑同样是张桓侯庙不可分割的组成部分，应当根据它们的现存情况，给予它们与初建部分同等的重视，加以保护和修复。"

开始，一直到实施搬迁之前形成的全部的实物状态。体现出国际保护理念中保护"全部历史信息"的要求。正是基于这样的价值认识，在国家审核批准的设计方案中，明确张桓侯庙搬迁工程应采取"原拆原建"的保护原则（图5.33）。

图5.33　张桓侯庙"原拆原建"

（来源：http://image.baidu.com）

由此，在三峡工程文物保护行动中，价值认识是分析决策每一处文物古迹采取何种保护行为的前提。建立科学完整的价值评估体系对于保护多达1087处的三峡文物古迹具有重要的指导意义。

同样，建立科学的价值认识体系也是确定张桓侯庙迁移方式最重要的保护前提。张桓侯庙的保护意义也正是通过一系列的价值评估和论证才取得比较清晰的认识，这些清晰的价值认识进一步指导着我们对不同选址方案的探讨，明确搬迁目标、确定实施原则、制定设计方案、实施工程等具体保护行动。

2. 历史环境真实性的探讨与突破

正如祁英涛在总结永乐宫搬迁工程时，意识到文物迁移工程最核心的问题就是原址环境丧失。并由此得出结论：任何情况下，能原址保护是上策，不得已必须异地搬迁只是中策，完全弃之不顾则是下策。按照前文所述，迁移文物的前提条件之一就是文物环境完全丧失，水利工程建设中文物原址被水库淹没就属于这种情况。理论上讲，不考虑文物解体复建过程的影响，易地迁移文物古迹的价值损失就是一个历史环境。

历史环境是文物古迹完整性和真实性的一部分。祁英涛总结永乐宫迁移工程后说道："从原有位置的史证价值来看，我们也不否认，确实是不存在了。因为搬迁后的地址，也确实不能代替原来的地理位置。"阐明了"地点和位置"对于真实性的重要性。在《遗产公约操作指南》中关于"真实性"标准中提出，"……，如果遗产文化价值之下列特征是真实可信的，则被认为具有真实性：外形和设计；材料和实体；位置和背景环境；……"[185]，在1999年澳大利亚《巴拉宪章（Burra Charter）》中明确"地点位置是（古迹）文化意义的一部分"。

然而，历史环境除了地点位置之外是否还包括其他内涵？长达10年的张桓侯庙搬迁工程贯穿着对历史环境内涵的进一步探索和思考。从古建筑角度来看，张桓侯庙只是清末重建的一座地方祠庙，穿斗式梁架，选材和结构非常简单。它最大的特点在于整个庙宇背靠险山、面临长江的环境特色。整个建筑与山体融合一体，罗哲文先生称赞张桓侯庙的环境是"天造地设"。

这样突出的历史环境不是文物古迹"地点位置"的概念能全部涵盖的。搬迁张桓侯庙意味着将彻底割断了张桓侯庙与它的历史环境之间的天然联系。这种联系自宋代以来就一直存在并始终延续着，无论庙宇几经兴废，张桓侯庙这种背山面水的环境特色正是它的重要价值所在。因此，三峡工程库区文物保护规划组确定张桓侯庙迁移保护（Relocation conservation）的选址原则就是"背山面水、尽可能再现张桓侯庙原址的环境特色"，要求新址和原址尽可能相似。

如果按照这个历史环境的认识，原地靠后的选址方案无疑是最佳的选择，能够最大限度地保留原址的背山面水的历史环境。事实上从物理环境的保护来说，原址靠后的方案要优于任何其他外迁方案。在国际保护理念上，对于文物建筑迁移保护（Relocation conservation）也要求"一般来说，迁移新址要求与原址越近越好，环境景观与原址越相似越好"[186]。可以试想，如果国家不要求云阳县城整体外迁，而是就地靠后安置移民，那么，张桓侯庙的搬迁无疑应该采用原址靠后的方案。

但是，正是由于国家决定将云阳县城整体外迁，张桓侯庙的历史环境就需要从更多的人文环境的意义上去思考。这种意义的历史环境既包括张桓侯庙与当地云阳县城的社会传统关系，也包括张桓侯庙与整个长江三峡人文环境的关系。1996年张桓侯庙保护规划论证中除了历史、艺术和科学价值外，还专门提出了它特殊的社会价值和文化价值认识①。它包括张桓侯庙在长江风景线上的人文价值、在云阳当地传统民俗活动和精神信仰上的特殊意义（图5.34）。

对张桓侯庙的历史调查发现，云阳百姓早已把县城对岸的"张王庙"视作故土记忆的重要部分，亲切地称为"张王爷"。把张飞看作云阳人共同的祖先和亲人，能够保佑一方平安，百姓过江去祭拜祈愿早成为一种传统方式。庙内雅致的环境也成为乡绅文人游览休憩的场所。张桓侯庙千百年来已和当地百姓的生活融为一体，成为地方传统文化的重要内容。无论是在张飞生日的庙会活动还是江上跑船打鱼每次出行，都祈求张王爷助佑平安。这些极富有传统精神和情感的人文背景也成为张桓侯庙历史环境的重要考虑内容。因此，保护张桓侯庙就必须把这种突出的社会人文价值所关联的背景环境一并考虑进去。

对于历史环境保护，吕舟先生曾谈到"在三峡工程文物保护中，文物建筑的文化价值和它们与当地人民生活之间的关系在搬迁保护中开始被作为一个重要的考虑因素，希望经过搬迁保护战后的文物建筑仍能成为当地人民生活中的一个重要组成部分"[187]。

---

① 规划在价值评估部分提到"张桓侯庙是长江风景线上最重要的人文景点之一。如果说长江三峡是自然风光的精华，那么忠州石宝寨、云阳张桓侯庙和奉节白帝城则是长江人文景观的瑰宝"；"张桓侯庙已成为云阳民俗和传统文化的一个重要组成。平时这里是人们来此休息、游览的场所，每逢农历八月传说张飞生日的时候，当地民众都要自发地来这里进香、祭祀"。

图5.34 张桓侯庙传统庙会祭祀活动

（来源：云阳文管所）

这种在东亚地区普遍存在的，与物质遗存紧密联系的传统精神和文化情感的保护现象在20世纪90年代国际保护运动中引发了广泛的"真实性"的探讨，1994年ICOMOS在日本奈良的会议首次对文物古迹"真实性"提出了新的思考和拓展。2005年ICOMOS在西安召开会议通过了关于保护古建筑、古遗址（Sites）和历史区域周边环境的《西安宣言》，提出了"周边环境（setting）包括与自然环境的关系；……所有过去与现在人类社会的精神实践、传统习俗、传统认知或活动"。

从这个历史发展上看，1993年开始的张桓侯庙迁移工程中把地方传统精神和情感联系视作张桓侯庙历史环境"真实性"的重要部分，是我国较早在背景环境保护理念和实践当中的一次重要突破（图5.35）。

（二）保护技术体制的科学建立

1. 规划论证手段的成熟运用

三峡工程建设，对于城市规划与建筑学科来说，是整个大三峡地

图5.35　百姓迎接张飞铜像入驻云阳新城的庆典

（来源：自摄）

区50000多平方公里的水陆区域的土地上，近1400万人的生产和生活和城镇布局环境的一次大调整[188]。

三峡文物保护工程，包括张桓侯庙迁移工程在内，都是在一系列完整的规划论证的机制下，采用总体规划、专项规划的方式，分步实施的。三峡文物保护工程是一次成熟运用规划手段来确定保护对象、研究保护序列、分析文物价值、评估淹没危害、制定保护对策的全过程。

1991年国务院李鹏总理签署第74号国务院法令实施《大中型水利水电工程建设征地补偿和移民安置条例》，规定"在（大中型水利）工程建设的前期工作阶段，会同当地人民政府……，按照经济合理原则，制定移民安置规划"，这是我国第一次明确将水库移民工作纳入前期规划管理。

1993年《长江三峡工程建设移民条例》规定必须编制移民安置规划，用规划来落实水库移民的人口迁移、城镇迁移、文物古迹保护等具体内容。1993年《四川省云阳县分县移民安置规划》编制完成，规定云阳县城整体搬迁至上游32公里处的双江镇，张桓侯庙作为县城重要文物古迹随城搬迁，随新城建设一起纳入云阳新城总体规划。

由于文物保护工作的特殊性，水利部门编制的移民安置规划无法完全了解淹没区内哪些文物古迹需要保护，特别是地下遗址的情况不明，以及应该采取怎样的保护措施等问题。1994年国务院三建委联合国家文物局共同组织成立"三峡工程库区文物保护规划组"，由中国历史博物馆和中国文物研究所联合组织全国文博、考古、院校等30家机构共同编制《长江三峡工程淹没及迁移区文物古迹保护规划报告》，规划报告成果由国务院三建委负责组织审核和批准。这种由水利建设部门和文物主管部门共同联合，组织编制文物保护总体规划的合作模式，成为后来所有大中型水利工程建设中文物保护工作的范例，运用在后来的国家各项水利工程建设中。

1996年《三峡文物保护规划》编制完成，规划包括总报告、分省规划、分县规划及相关说明、规划图纸等共54册，200多万字。《四川省云阳县张桓侯庙保护规划报告》作为其中专项工程列入附录。2000年国务院三建委正式批准此规划，予以实施。

1996年完成的《四川省云阳县张桓侯庙保护规划报告》阐述了张桓侯庙的价值体系，分析了不同保护方案的优劣，明确推荐张桓侯庙应该采用随城搬迁，并保持与县城隔江相望的选址方案。规划中同时还提出了"原拆原建"的复建工程原则以及"再现历史环境"的环境再造工程原则（图5.36）。

1997完成《重庆市云阳县张桓侯庙保护规划》的修订。对选定新址的张桓侯庙总体布局、道路系统、工程结构、环境绿化和使用功能进行详细规划。1999年完成《张飞庙搬迁保护规划方案设计》，设计方案经过重庆移民局审核后批准实施。

综上可知，三峡移民工程成熟运用一系列前期规划论证手段，开创了我国在水利工程建设中文物保护工作的科学机制。国家通过制定移民法规，编制移民安置规划，将文物古迹保护工作纳入移民工作要求中。同时，文物部门与工程建设业主单位通过联合协商，共同组织编制文物保护总体规划，全面认定水库淹没区和迁移区内受影响的文物古迹的数量、种类等，进一步制定分项规划和保护方案，纳入移民工程的总投资中。这样，通过一系列规划手段，层层研究和评估论证，能够一步步确定保护对象的数量、保护方式、保护原则和目标等，保证了水利工程中文物保护决策体系的科学性。

图5.36　自1993年以来张桓侯庙规划设计文件

（来源：清华大学建筑学院）

2. 维修技术传统的延续

　　张桓侯庙迁移工程的难点在于新址处的环境再造工程，古建筑本身的维修技术难度不大。在笔者曾经编制的张桓侯庙维修工程施工图设计中，许多木结构维修措施基本参照1984年《中国古建筑修缮技术》和1986年《中国古代建筑的保护与维修》的技术要求编制的。《中国古建筑修缮技术》由杜仙洲先生主编，《中国古代建筑的保护和维修》是祁英涛1978年的内部培训讲稿，1986年经过文物出版社编撰出版。二位都是中国文物研究所的工程师，也是我国著名的古建筑专家。共同参与过新中国成立以来重要的古建筑维修工程，比如都参加过永乐宫迁移工程。进入20世纪80年代，中国文物研究所的一批专家开始对新中国成立以来古建筑保护维修技术进行总结，形成了我国在古建筑维修技术方面的新的传统（图5.37）。

　　这个新的维修传统主要有以下几个特征。第一个特征是开始明确技术性指标。对古建筑木构件的残损明确量化情况，定出对应的技术要求。比如柱子开裂，技术要求"小于0.5厘米的裂缝，留待油饰或断白时腻子勾抿严实；超过0.5厘米的缝宽用旧木条嵌补；缝宽大于3～5

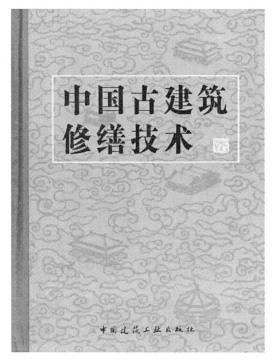

图5.37　《中国古建筑修缮技术》1984年

（来源：杜仙洲 丹青图书有限公司1984）

厘米，且深达木心的粘补后还需加铁箍1～2道"等。第二个特征是延续古代传统工艺，又提出新的改良措施。比如屋顶苫背做法，修缮中首先介绍古建筑传统苫背的工艺做法，"白灰和黄土的体积比为1∶3或1∶4，泥内另掺麦草或麦壳，每100公斤白灰掺草5～10公斤。宫廷建筑多用麻刀，白灰麻刀按100∶5重量比"。同时也提出用新改良的"焦渣背"工艺替代传统苫背，减轻屋顶重量，防止草木生长。第三个特征是普遍采用现代技术来加固维修木结构。加固方面最主要的就是确定了各种"铁活"工艺措施，常见的如柱子梁枋劈裂的铁箍加固，柱头檩头联接的铁扒锔或铁板条加固等，另外，在黏接和浇筑方面，采用环氧树脂①或不饱和聚酯树脂等现代材料等。

可以看出，这些技术标准和维修措施是建国以后我国开展文物建筑修缮工程的保护实践总结。它的基本理念包含"尽可能少更换原有

----

①　环氧树脂最早应用与南禅寺大殿的维修工程中，南禅寺维修工程也是我国建国后具有重大意义的一次文物保护维修工程。

构件"和"采用现代技术修复加固"等要求，体现出我国古代修缮工艺与建国初期文物保护意识的结合。在"文革"后，这些技术标准的总结逐渐成为我国文物保护维修工程的一个新的传统，极其广泛地应用在改革开放后大量的文物建筑维修设计和工程实践中。

张桓侯庙的古建筑维修就是延续了新中国成立以来形成的保护维修传统。某种意义上也可以说是永乐宫迁移工程维修技术的传承。

3. 多种现代技术的尝试

正如前文所述，张桓侯庙迁移工程的难点在于新址环境再造。在环境再造中大胆采用现代建筑技术运用是此次文物迁移工程的重要尝试。

首先是张桓侯庙建筑所在的地形再造，如何建造高差10米的二层台地。陕西省古建设计研究所提出了钢筋混凝土挡墙加上扶壁锚杆的方式，首先大规模往下开挖，形成上下高差共30米分为三级叠落的台地，采用浇筑钢筋混凝土挡墙和扶壁锚杆的技术加固。清华大学建筑设计研究院则提出了采用在古建筑下方建造两层叠落的钢筋混凝土地下室来形成原址的二层台地基础，整个地下室建筑固定在地下30米左右的整体基岩上。而在建筑外墙往下挖20米垒砌条石，模仿原址处高大的石砌崖壁。这个环境再造工程的难度巨大，因为无论怎样选址，盘石镇所在山体基本都是平缓的山势，遍植桔子林，与原址处的类似金字塔一样陡险方削的飞凤山山体完全不同。因此，无论怎样再造环境，都不可能再现原址处的山高林密，古庙巍峨的景象。所以，环境再造工程只能是局部的。具体说就只是，张桓侯庙建筑所在的地形和庙前环境的一点再造。

其次，是对张桓侯庙前的古桥石涧的景观再造。原来规划选址的地点西侧有一条冲沟可以利用改造。后来经过地质勘测，不适合建设。新址最终确定在往西50米处，没有冲沟可以利用。庙前只能通过机械开挖出一条巨大的冲沟，模仿原址的山涧景观，工程量巨大。开挖出大致的冲沟形状后，所有崖壁立刻采用锚杆护壁的现代喷锚技术进行加固，这是广泛应用于道路护坡施工的一种现代工程技术，在石涧景观复原中，不追求崖壁表面的平整，保持自然起伏的原始状态。崖壁喷锚时适当放入天然岩石若干，造成天然石涧的人工景观。这个环境再造在工期十分紧张的情况下完成实属不易。朱宇华对工程记录到①，当时正值雨季，阴雨连绵道路泥泞，在新址周围土石不断滑塌的条件下开挖出一个人工大型冲沟，在上面复制大石桥的原址景观（图5.38）。

施工中　　　　　　　　　　　　　　完工后

图5.38　庙前"古桥石涧"历史环境再造工程

（来源：自摄）

通过建造钢筋混凝土的地下室来形成张桓侯庙建筑的上下两层台地的地貌，通过采用锚杆护壁的现代喷锚技术来形成张桓侯庙前古桥石涧的景观，这些现代技术在张桓侯庙的环境再造工程中得以大规模应用。

（三）市场经济下的保护工程

三峡工程建设的最大创新在于摸索了市场经济下工程管理的制度创新。三峡工程首次奉行与国际市场化企业体制接轨的现代工程管理体制，采用以业主负责制为核心的市场导向型建设管理体制，以资本金制度为基础的市场化项目融资体制，以及动态分层分段分项目的

_____

① 工程在2003年3～4月开始，克服恶劣雨水天气以及土石滑坡等地质灾害，开挖土石数千立方，开挖出一条与老张飞庙地貌相似的人工山洞，使大石桥的景观复建成为可能。

项目管理机制，取得了巨大的建设成绩和经济效益[189]。工程建设的实际情况也说明了采用市场经济的现代工程管理的创新体制，能够有效管理和控制投资与收益的关系。能够按照市场化的要求明确各方责任、保证工程计划的实施。能够发挥质量监督，保障生产安全和工程最终效益。

2001年重新修订的《长江三峡工程建设移民条例》第6条规定"三峡建设移民工程，实行移民任务和资金双包干的原则"[190]。按照条例，文物保护属于移民工程中的一项，也普遍采用这种"移民经费随任务切块包干使用，总体投资静态限制，动态控制，实行移民任务与投资'双包干'原则"。

1996年三峡工程文物保护规划组完成《三峡文物保护规划》，最初列入规划需要保护的数量为1282处文物点，数量远超过1995年水利部门从湖北、四川两省了解到的数量，意味着三峡移民投资中文物保护的项目资金需要大量增加。水利工程部门坚持认为，应该把三峡库区内已有的各级"文物保护单位"作为总数量依据，不承认文物部门自己调查认定的1282处，认为从国家文物保护法的角度，对于尚没有公布成文物保护单位的所谓"文物"，工程业主单位没有法律上的保护义务，不能一到开工建设，文物部门就自己不断增加所谓的文物点[191]。而文物部门则坚定认为，虽然有的文物古迹尚未公布为保护单位，但是经过调查仍具有较高的文物价值，在面临水库淹没的情况下必须予以保护。

双方认识不一致，导致三峡文物保护规划的审批迟迟未能通过。三峡库区内破坏古迹、盗掘遗址的现象不断发生，经过规划组重新调查修订，2000年国务院三建委最终批准规划，认定三峡库区内总共1087处文物点实施保护。

工程建设单位批评文物部门思维僵化，还停留在计划经济的思维方式，不理解三峡工程所奉行的社会主义市场经济的现代工程管理制度。而许多文物专家则坚定主张，文物工作不能完全走市场化的道路，市场经济利益模式进入文物保护领域是一场"文物大国的危机"[192]。1998年国务院三峡工程建设委员会组织水利和文物专家共同审核《长江三峡工程淹没及迁移区文物古迹保护规划报告（修订稿）》，在最终汇总的专家论证意见中，第七条明确写下"（与会）文物专家认为，三峡库区的文物保护工作与移民工作是属于两个不同性质的范畴，把文物工作完全纳入水库移民工作是不适当的"。

张桓侯庙搬迁保护工程同样也存在同样的影响，一方面在规划论证中，水利建设部门主张采用比较节约投资的原地靠后方案，而文物部门则坚持随城异地搬迁最好，而且应该在新县城对岸的盘石镇重新选址，这意味着水利工程部门需要额外增加新的土地征用，道路修建、基础设施等投资，不符合三峡工程市场经济目标下投资收益的管理要求（图5.39）。

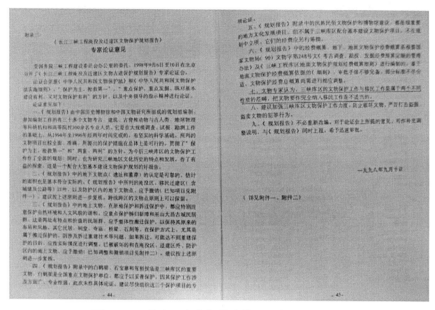

图5.39　三峡库区文物保护总体规划专家论证意见
（来源：长江三峡工程淹没及迁移区文物古迹保护规划报告）

另一方面在工程实施中，由于移民工程采用"任务包干"和"计划资金包干"的制度，张桓侯庙原先七千多万的投资，实际最后确认拨付四千多万，要求在一年内完成全部搬迁任务。张桓侯庙2012年10月动工解体，2013年7月在新址处全部竣工，前后施工周期短短9个月。从文物保护工程的性质来说，许多修复措施只有解体后才能确定，必须十分细致和慎重，甚至要经过必要的研究和试验才能实施。文物修复工作不能当做一般建设工程去对待。1997年安徽休宁的一座徽派民居"荫余堂"作为文化交流项目迁移到美国碧波地博物馆（Peabody Essex Museum）。博物馆方面经过长达5年的整理、研究和修复，聘请中国安徽工匠一批批前往参与复原工作，同时保护和展示的还有原有房屋内的家具陈设，甚至宗族家谱等都得到保护。搬迁过程伴随着完整的记录和研究成果，直到2003年才正式开放，复原后的"荫余堂"获得广泛的好评[193]。另外，张桓侯庙工程的难点在环境再造工程，由于后期工期时间太紧，业主单位为了追赶工期，将复建工程分成若干子项转包给多家施工单位，导致在有限狭窄的场地上出现施工人员混杂、管理混乱的情况。许多要求"再现历史环境"的工程最终没有实现。

五、张桓侯庙迁移工程的影响和评价

（一）保护方面的影响

一项实际保护工程从规划研究、方案制定到具体施工，往往受许多因素的影响。但是从文物工程本身来说，保护才是核心。20世纪80～90年代正是我国文物保护领域全面学习、吸收和借鉴国际保护理念的历史时期。张桓侯庙搬迁工程是我国这一时期实施的一项重要的文物保护工程，搬迁工程前后持续10年。张桓侯庙价值认识、选址辩论，方案制定以及到工程实施中，都具有较大的时代影响和研究意义。

1. 推动历史价值保护的搬迁实践

正如前文所述，建国之初我国继承了民国时期古建筑研究的一系列开创性成果，赋予了古建筑作为艺术品一类的美学认证。正如永乐宫的发现过程，精美宏大的元代壁画呈现出来的巨大的艺术魅力和社会影响，加上保存完好的元代建筑，促成了国家在没有水库移民和文物保护相关法规的情况下，拨出专款并动员国家最优秀的美术院校和保护机构实施了永乐宫迁移保护工程。对于古建筑的价值认识，"原状"的价值得到普遍接受，并写进了文物保护法律。可以看出，古建筑的艺术风貌特征成为了文物古迹最重要的价值之一。时至今日，我国仍有大量维修工程仍是以探究古建筑何种"历史原状"为主要内容。

进入80年代后，随着实践的发展，对"文物原状"的内涵认识也不断深化。1981年祁英涛进行重新思考后认为文物原状的意义固然重要，但是不好确定[194]。原状也不一定就是初建的样子，从保护角度出发，保存古建筑的目的主要在于作为一个历史的实物例证^①。的确，实际留存下来的大量古建筑，大部分是经过历史发展和岁月遗留下来的一种历史面貌，往往不一定是某个历史年代的式样。追求"原状"的理想反而会给实际保护工作带来更大的困惑和遗憾。古建筑理想的"原状"在现实中是不存在的，它只存在于那些熟悉《法式》和《工程做法》的专业建筑师的头脑里。现实中的文物古迹，它经历岁月沧桑留传至今，不管现在成了何种形状，它最重要的意义是"作为历史的实物例证"。历史价值才是保护的真正意义所在。

1986年陈志华先生首次介绍《威尼斯宪章（VENICE CHARTER）》时，其中第11条论述到："作为古迹之建筑物中各个时代为之所做的正当贡献必须都应予以尊重，因为修复（Restoration）的目的不是追求风格的统一。"反映出现代保护理念中保护文物古迹的历史信息是第一位的，历史信息正是文物历史价值的所在。历史信息具有不可再现性，一旦破坏就无法找回，文物价值也就没有了。因此，历史价值才是文物古迹具有保护意义的真正所在。它是"历史的见证"。如果刻意追求古建筑"原状"某种统一的艺术风格，而损害其他有益的历史信息反而是不可取的。

重视文物建筑的历史价值，在保护工程中强调"历史信息的保护"，开始在我国的文物建筑修缮工程中实际运用。1987～1991年朔州崇福寺弥陀殿修缮工程中，虽然整个维修工程仍然"保持现状"为主，局部仍大量恢复金代"原状"风貌，但却单独保留了清康熙年间补配的未镂空的东次间东隔扇棂花，在后来出版的工程报告中写道："设计时意欲复原，但考虑到此扇棂花虽经清人修配，但技巧尚佳，可作为后世研究的证据，故现状保留"^[195]，体现了对不同时代的历史信息的同等尊重（图5.40）。

1990～1998年进行的蓟县独乐寺观音阁修缮工程是这个时期重视历史价值保护的典型维修工程。此次维修不仅对独乐寺观音阁建筑中各个历史时期有价值的历史信息进行了辨别，而且在维修当中予以最大程度的保留，对于新增加的或新更换的构件，没有整旧如旧，甚至清楚注明了更换时间，做到信息的"可识别"。

---

① 祁英涛谈到文物原状说"所谓原状，……，不一定就是最早历史年代的式样。我们保存古代建筑的目的，其中之一，就是它可以作为历史上的实物例证。"

图5.40　崇福寺弥陀殿维修工程保留清代改建的门扇

（来源：朔州崇福寺弥陀殿修缮工程报告）

中国文化遗产研究院杨新总结到："观音阁的建筑特点在于它承载了上千年丰富的历史信息。这些历史信息……均有重要的直接与间接的认证价值。我们认为对观音阁的维修，重要的是要让这些有价值的历史信息能够较完整而真实的保存和传递下去，使古老的建筑具有历史的可读性。"[192]（图5.41）

吕舟先生也认为，现代保护认识更侧重于历史价值的保护①。文物

---

① 吕舟先生认为，历史价值是文物建筑的核心或灵魂，也是其他（艺术、科学、社会）价值的基础。文物建筑的历史价值则体现在文物建筑所携带的历史信息上。历史信息包含了极其丰富的内容，可以涉及人类历史上社会生活的各个方面。现代文物建筑保护运动的核心思想之一，就是保护文物建筑的历史价值。

图5.41　蓟县独乐寺维修工程对历史信息保护的有益尝试

（来源：杨新.蓟县独乐寺）

建筑的灵魂就是它们所包含的丰富的历史信息。原状可以研究出来，也可以不断复制。但是原物不同，真正不可复制也研究不尽的正是原物中包含的历史信息。历史信息才是具有不可再生性，历史价值才是一个文物建筑的核心[196]。

张桓侯庙迁移工程充分体现了对历史价值的重视。吕舟先生在保护张桓侯庙的基本原则中写道："作为文物建筑，在它保护工程中，首先要遵守的原则是'不改变文物原状（Not Altering the Historic Condition）'。这里所说的'原状'应理解为文物建筑的'现状'。"因此，此次搬迁不仅仅是要保护清代的结义楼、杜鹃亭和大殿，而且对民国时期的侧廊和邵杜祠，以及建国以后盖的新建陈列室同样进行保护。保护对象是从清末同治重建开始一直到实施搬迁之前张桓侯庙形成的全部历史现状，是对100多年来张桓侯庙的全部历史信息予以同样的尊重，保护它全部的历史价值。同时提到，"为了保护文物建筑的历史价值，在迁移重建工程中必须尽可能地使用原有构件，对已损坏或糟朽构件要尽量修补、加固再使用。减少构件更换数量。对不得已而更换的构件，在保持整体风貌的基础上，应在不引人注意处标注工程时间，以便辨认，并加以详细记录存入档案，保护历史的真实性。"

在实际工程实施时，由于业主单位对保护张桓侯庙全部历史信息的认识不同，也导致了施工过程中的一些争议。比如张桓侯庙花瓦屋面问题，设计单位要求坚持按照"原拆原建"的设计原则，原状保留具有重要历史价值的花色瓦顶，而业主单位希望重做一个全新的"清代官式"的琉璃瓦屋顶。而最后实现的"三面新瓦、一面旧瓦"也正反映出当时我国 "焕然一新"的传统修庙意识和重视历史信息国际保护理念的时代冲突和争论。

2. 推动历史环境的保护认识——突出的社会价值和人文价值影响

三峡工程彻底了改变三峡地区的环境面貌，长达600多公里的三峡库区水面平静，最宽处达2000米。按照《长江三峡工程淹没及迁移区文物古迹保护规划报告》，地面文物中大量的是采取"搬迁保护"的方式，其中重庆有167处、湖北有84处。面对原有历史环境的消失，三峡地区的各县城普遍采取了"集中异地搬迁"的方式。"集中搬迁"文物古迹一方面可以方便集中征地、集中建设和将来的集中管理。另一方面也容易形成一片文化旅游景区，为地方带来旅游经济效益。这种方式在我国20世纪80～90年代的文物工作中十分普遍。比如1988年列入全国重点文物保护单位的安徽潜口民宅博物馆。

这种"集中搬迁"的露天博物馆保护方式实际上忽视了历史环境的保护。在三峡文物保护工程中，湖北秭归县屈原祠是湖北省三峡文物搬迁保护的重点工程，按照移民安置规划将随城迁至新城内集中安置。清华大学徐伯安教授对此提出了自己的不同认识[195]。他提出屈原祠虽然是葛洲坝水利建设中原址复建的仿古建筑，但是在地点位置上仍具有重要的价值，特别是与不远处的昭君庙在地理位置上的历史空间联系应该在此次三峡文物搬迁中得到延续和保护，而不能直接搬到新县城去①。

虽然屈原祠最终仍然按照移民安置规划的要求，搬迁到新县城

---

① 徐伯安谈到屈原祠的搬迁选址说道："特别屈原祠，其历史文化意义远胜过其建筑的文物价值。尽管屈原祠中都是新建的仿古建筑，但仍有搬迁的意义。不过，考虑到屈原祠和昭君庙在地理格局上紧密连在一起这一地缘因素，不宜迁离太远。昭君庙位于兴山县境内淹没线以上，没有搬迁问题，因此，屈原祠只宜就地升高，保持原有地理格局，最好不要随县城迁至茅坪"。

内的凤凰山风景区，并扩大规模重建成一个新的屈原故里，作为"廉政教育基地"。随之搬迁的还有秭归县境内其他24处文物古迹，它们共同规划成一个凤凰山风景观光区和屈原的纪念地。可以说，这种集中搬迁用于满足旅游开发等当代需要的保护方式在我国仍然十分普遍（图5.42）。

图5.42　搬迁后扩大规模重建的屈原祠
（来源：http://www.zigui.gov.cn）

　　如果按照云阳县的移民安置规划，张桓侯庙最早也是确定随城迁移于新城内的双井寨，同时将云阳附近的其他古迹一并迁移过来，打造一个新云阳县城的文化旅游景区。但是经过对张桓侯庙文物价值的全面研究和评估，特别是突出的社会价值和人文价值的影响，张桓侯庙新址最终选择在新城对岸的盘石镇。工程设计要求上花大力气实施"历史环境再现"工程。突出体现了对文物古迹历史环境的保护意识。

　　吕舟先生对此谈到，张桓侯庙搬迁涉及的历史环境完全不同于一般意义上的古迹原址周边环境，而是涉及历史人文环境的范畴。这一点正是基于张桓侯庙突出的社会、人文价值的重要性。它的历史环境范畴极大扩展，从微观环境上可以是周边山涧溪水，中观环境则是与云阳的历史空间关系，更宏观一些则是与长江三峡人文景观线的历史关系。

同样，汤羽扬教授在三峡地区忠县和石柱县传统民居建筑的保护实践中，也提出对古迹原有背景环境的认识和思考[197]。并意识到建筑易搬，但是无法搬迁的正是三峡民居的场镇原址复杂的地理特征。而选择新址的难点就是再也难以找到类似的地形地貌。由此提出三峡文物搬迁，特别是古镇搬迁，对新址进行地形地貌环境进行改造显得十分必要了①。

历史环境是和文物古迹紧密联系的一种地理空间上、物质形态上、甚至是精神感觉上的一种范畴和区域。它和文物古迹一样具有重要的价值。这种价值首先可以是一种联系的价值（背景环境），也可以表现出独立的历史、文化、艺术、科学等价值（历史城镇、历史地段）。

陈志华先生谈到环境对于古迹的意义时曾把文物建筑比喻成是存在于环境中的一部大型史书②，环境的意义在于能完整地衬托出文物建筑的价值。

张桓侯庙迁移工程把对历史环境的关注和思考提升到更高的一个层面。不仅关注张桓侯庙与原有山水环境构成的自然风景，同时也关注它与长江三峡文化链上的整体环境，与对岸云阳县文化传统的背景环境的关系。从关注环境"地点位置"的特征到重视环境中的传统情感和人文精神的历史氛围，这是保护实践中对历史环境真实性认识的一次重要突破。

吕舟先生回顾张桓侯庙迁移工程中特别关注历史人文环境，认为这种关注主要是源自与张桓侯庙自身的特殊的价值特点，通过价值分析可以使我们清楚认识到独特的社会、人文价值构成了张桓侯庙的价值关键所在。"历史环境不同于文物建筑（的价值），它甚至可能是

---

① 汤羽扬谈到三峡地区大量文物迁建遇到的难点时谈到了对环境的认识，"（现有）保护概念还应扩大到文化环境和自然环境的保护，即保护的对象不应仅限于一座建筑本身，还应包括其生存的环境甚至一些街区，以至自然背景环境"；"……即便给保护工作带来困难，尽管如此，保护工作还是应当尽可能选择恰当的地点及环境背景，或者对所选择的环境进行适当的改造。"

② 陈志华谈到文物古迹和环境的意义，曾写道："文物建筑是一部存在于环境之中的大型的、全面的、直观生动的史书。对它的认识价值决不是任何文献资料和用文字写成的历史书所能替代的。站在故宫太和门，北望太和殿，南望午门，这时候你对封建皇权的理解，岂是在哪一本书里能读到。"

一种氛围，是一种具有生命的要素"。说明了对历史环境认识上的突破正来源于对张桓侯庙特殊价值特点的研究分析。

2005年ICOMOS在西安召开第15届大会，通过了由中国文物保护专家起草的《西安宣言——关于古建筑、古遗址（Sites）和历史区域周边环境的保护》，宣言承认周边环境对于文物古迹的重要性和独特性所具有的贡献。提出"不同规模的古遗址（Sites）、古建筑和历史区域……，其重要性独特性在于它们在社会、自然、历史、艺术、科学、精神、审美等层面或其他层面的价值，也在于它们与物质的、精神的、视觉的及其他层面的背景环境之间的重要联系。这种联系可以是一种有意识或有计划的创造性结果、利用的结果、历史事件、精神信念或者是随时间和传统的影响，形成的日积月累的有机变化"（图5.43）。

图5.43　重建后的张桓侯庙依然"与长江紧临、与老城相望"

（来源：自摄）

（二）制度方面的影响

张桓侯庙迁移工程是三峡库区文物保护中的一项重点工程。在国家高度重视水利工程移民问题的新时代，保护受淹没影响的文物古迹开始有了国家制度上的保障。同时，市场经济下的文物保护工程也需要符合现代水利工程管理的要求。这些全新的制度在50年代永乐宫搬迁时是没有的，张桓侯庙迁移工程也正是在这些全新的制度背景下得以实施。

1. 移民条例——水利建设和文物保护之间的制度联系与保障

三峡工程是世界上规模最大的水利工程建设，三峡文物保护工程同样也是举世罕见的文物保护救援行动。无论是保护数量和力量投入都不亚于20世纪60年代埃及阿斯旺水利建设中保护努比亚地区文物古迹的国际保护救援运动。至2004年开展近十年的三峡工程考古工作的阶段成果已经揭示出长江中上游地区的灿烂的古代文明，许多发现直接填补了文明空白，特别是对巴文化的重新发现[198]。

三峡文物保护工作能够大规模的投入和开展，在于首次建立了国家水利工程中保护文物的创新性制度——《长江三峡工程建设移民条例》（简称《移民条例》），使得受水库淹没影响的文物古迹有了国家制度上保障。

建国之初的三门峡水利工程建设中没有移民工程的计划。移民工作主要是通过各级政府通过政治动员，服从大局，配合水利建设的需要，造成水利建设的巨大效益与库区社会贫困、人民生活水平倒退的不协调状况。三峡工程中将移民工作纳入水利工程建设的一部分，确立开发性移民的方针，文物古迹也作为库区移民工作的内容之一，编入《长江三峡工程建设移民条例》要求，从而为库区的文物古迹保护工作提供了制度上保障。

《长江三峡工程建设移民条例》第28条规定"三峡工程建设应当按照'保护为主、抢救第一'及'重点保护、重点发掘'的要求，做好文物保护工作"。第34条规定"移民投资实行静态控制，动态管理。除发生不可抗力外，不再增加移民资金"。这些条款保障了三峡文物保护考古发掘、勘察测绘、规划设计和保护工程需要的资金和管理机制。

按照当时《中华人民共和国文物保护法（1982）》第十三条规定，因为建设工程导致需要对文物建筑进行拆除或迁移的，所需费用应该由建设单位负责，文物主管部门负责协调和审批。可以看出，《移民条例》将文物保护纳入工程建设也是依据了《文物保护法》的规定。这样，文物保护与移民工程在制度上联系起来，建立了完整的制度保障，从根本上保障了三峡文物保护工作的顺利开展。

然而，文物保护毕竟不同于移民工作，《移民条例》规定要按照市场化机制，对移民任务实行"资金包干，任务包干"制度要求，而文物保护往往是一个发现和认识研究的过程，但是在"双包干"的任务压力下，三峡库区沿线大量的考古遗址（Sites）只能是迅速发掘后再转战下一处，地面文物也是集中时间实施搬迁。张桓侯庙真正的施工周期仅仅9个月。如此复杂的新址环境再造工程更是在人为确定一个竣工开馆日期的前提下突击施工情况完成的。

此外，《移民条例》规定"实施'开发性移民'的方针，使移民生产和生活达到或超过原来水平"。于是，三峡沿线各地政府普遍在新城（址）规划中都打造一片文物古迹集中的旅游景区，为地方带来经济效益。云阳县文物管理官员曾与笔者闲聊，"既然是开发性移民，张桓侯庙复建后一定要达到并超过原来的旅游收益，规模要再扩大些，环境要漂亮些。"应该说，这种把文物古迹搬迁过来搞开发的思路在三峡沿线各县是普遍存在的，也是我国20世纪90年代以经济效益为中心的时代缩影。确立开发性移民的方针用于居民生活改善和新城镇建设是国家对移民工作的一次创新和担当，但对于库区文物保护工作却并不合适。

因此，《长江三峡工程建设移民条例》一方面建立了水利工程中开展文物保护的制度保障。在总体指导原则和政策方向上，创新了移民工作的思路。另一方面这些移民的方针原则和政策方向，却不一定适用于文物古迹的"移民"，甚至与文物保护的性质是矛盾的，不符合文物保护工作的实际需要。1998年国务院三建委在组织专家讨论时，在最终形成的书面意见中明确记录："文物专家认为，三峡库区的文物保护工作与移民工作是属于两个不同性质的范畴，把文物工作完全纳入水库移民工作是不适当的。"

2. 市场经济下现代工程管理制度的影响

改革开放以来，我国确立了市场经济发展的方向，大大提高了国家的经济实力和人民生活水平。然而，市场经济的利益最大化要求也同样给我国文物工作带来很大的干扰和冲击。从国家文物管理层面，开始也有不同的意见和声音，由于保护经费的不足，大规模的城市开发建设浪潮对文物古迹保护造成巨大的冲击。杜仙洲先生曾谈到"在城市改造开发，经济腾飞的形势下，土建繁兴，高楼迭起，在这种大潮冲击下，文物建筑的保护使人感到忧虑。有些文物保护单位的保护范围不受社会重视，不断被人侵占，有些文物建筑被高楼大厦所包围，而法制保障却显得软弱无力"[199]。在文物系统内部，要求开展文物买卖，开发利用文物的声音也不断出现。直至1992年在西安召开全国文物工作会议，文物工作的重心才重新回到"保护"上来。真正确立新的"保护为主、抢救第一（Rescue priority）、合理利用（rational use）、加强管理（tightening control）"的文物工作十六字方针，已经是1997年了。文物专家谢辰生对此十分痛心，"改革开放20年，破坏文物、盗掘走私文物，情况之严重，远远超过了过去30年"。

张桓侯庙的搬迁保护就是在这种市场经济浪潮的时代背景下的一次保护工程。云阳县政府希望能在搬迁之后在对岸形成以张桓侯庙为中心一个文化旅游景区，要求清华大学建筑设计研究院在规划设计时一并考虑。此外，仍要求在江北新县城内继续保留移民安置规划中的一个文化景区建设。在1996年的《云阳县张桓侯庙保护规划论证》中看到，设计单位推荐采用在长江南岸重新选址复建张桓侯庙的同时，也提出了保留"云阳县江北文化保护区方案"的规划设想，把云阳境内其他一些需要搬迁的地面文物集中搬迁到新县城的文化景区内，形成一个东起磨盘寨、西至双江镇的文化游览区，实现一个新城多个文化旅游景区的打造。

此外，由于三峡移民工程采用的是市场经济下的现代企业管理制度，张桓侯庙搬迁保护工程的设计和施工都严格市场招投标来实施。由于张桓侯庙是全国重点文物保护单位，业主单位决定采用全国招标，中标单位为湖北大冶殷祖园林古建公司，随后北京大龙文物古建公司也承担一部分。工程开始后，设计单位发现张桓侯庙其实只是一处峡江地域的民间祠庙。许多峡江地区的传统建造工艺，两家从全国招标出来的施工单位都不会做。最典型的就是张桓侯庙屋顶活泼的鱼龙翼角，在拆解过程中，部分灰塑极易损坏，当地传统工艺是用竹篾编织成骨，外面用石灰砂浆混合，人工捏出鱼龙飞翼的灰塑造型。湖北大冶殷祖园林公司和北京大龙古建公司的技术工匠里没有人会做（图5.44）。

为了说服业主和设计单位改变做法，湖北大冶的工匠专门采用水泥仿制了一个灰塑翼角，毫无活泼生动之感。最后还是由业主单位出面，由施工单位聘用云阳当地工匠加入施工队伍。才完成了张桓侯庙屋顶灰塑造型的复原工作。由此，对于一些具有浓郁地方工艺特色的文物保护单位，它的保护工程是否能照搬现代建筑工程的全国性的招

图5.44 张桓侯庙屋顶的灰塑

（来源：自摄）

投标制度？市场经济下现代工程管理制度在文物保护工程中多大程度上值得借鉴等等都是需要再思考的问题。

　　在市场经济蓬勃发展的时代背景下，文物工作更应该明确"保护为主、抢救第一"的方针。否则，在保护条件尚不具备的前提下，因为盲目地开发旅游和商业经营，只能是对文物造成不可挽回的损害。

时任国家文物局文保处处长的郭旃先生谈到保护与利用的关系，认为对待遗产的任何意图，都不能脱离保护这个前提。"遗产首先是保护，而不是商业经营"，在市场条件下，更不应该把追求经济效益的目标加诸于遗产本身。这从根本上违背了遗产事业作为人类大环境保护和人类社会可持续发展的根本目标[200]。

第六章

21世纪初南水北调工程水利建设：
武当山遇真宫古建筑群搬迁

一、时代背景

（一）南水北调工程

2002年12月27日，时任国务院总理朱镕基宣布南水北调工程开工，标志着从最初构想到最终落实，经过反复论证和深化，长达50年的中国南水北调工程正式进入实施阶段。按照总体规划构想，南水北调工程将按照东线、中线和西线工程统筹规划，分期实施的要求，逐步开工建设，总体建设工期估计为40年到50年，工程建成后，将从整体上改变我国水资源分布的不均衡态势，成为人类有史以来规模最宏大的水利工程。

1. 南水北调工程历史沿革

南水北调的构想最早是在20世纪50年代由毛泽东提出。1952年10月毛主席视察黄河，在听取关于"引江济黄"①设想的汇报后，说："南方多水，北方水少，若有可能，借一点水来也是可以的。" 首次提出了南水北调伟大构想。

1953年2月，毛泽东乘船沿长江从武汉至南京，向当时长江水利委员会的主任林一山咨询"能不能从南方借一点水来给北方"，并在地图上从江河上游逐一询问引水地点的可能性。并指示"南水北调工作

---

① 这年8月12日，为解决黄河流域水资源不足的问题，黄河水利委员会进行黄河源查勘，研究长江上游通天河色吾曲一带到黄河多曲一带的引水线路，这是研究从长江上游引水济黄的开始。

（调查研究）要抓紧。"

1958年中央政治局北戴河的一次会议上，通过下发《关于水利工作的指示》提出"全国范围内的较长期水利规划，首先以南水北调为主要的目标，将江（长江）、河（黄河）、淮（淮河）、汉（汉水）、海（海河）等联系成统一的水利体系规划。"这是"南水北调"的提法首次体现在正式的中央文件中[201]。

其后3年（1958～1960年）中，国家四次召开南水北调研究会议。中国科学院、水电部、黄河及长江水利委员会等部门开展了大规模的野外考察工作，制订南水北调相关的规划计划。于1958开工建设湖北丹江口水利枢纽工程，调蓄汉江水位达到157米，高出汉淮148米分水岭的标高，为将来往北调水做好准备。

"文革"结束后，1976年3月，水电部重新提出南水北调近期工程规划报告（初稿），交通部也提出发展京杭运河的规划报告，1978年全国人大正式提出"兴建南水北调工程"的国家建设要求，工程正式立项。

20世纪80年代，南水北调工程总体处于稳步推进状态，具体工作主要集中在各段线路的研究、勘察和规划上。1980年7月邓小平视察丹江口水利枢纽工程。80年代全国各个部门先后依据各地水利工程项目，有计划地组织实施各线路段考察、勘察和编制报告。1987年至1988年长江水利委员会先后完成了《南水北调中线工程规划报告》、《中线规划补充报告》、《中线规划简要报告》等（图6.1）。

进入20世纪90年代后南水北调工程再次加快，1991年全国人大提出南水北调工程要争取在"八五"期间建设开工。1992年江泽民作的中央报告中说："集中必要的力量……，抓紧兴建三峡工程、南水北调、西煤东运铁路等跨世纪的特大工程。"1995年6月国务院召开专门研究南水北调的办公会议提出："（南水北调）是一项重大的跨世纪工程，关系后代子孙的利益，一定要慎重研究"。水利部随后成立专门的南水北调工程论证委员会。1996年3月委员会完成《南水北调工程论证报告》，建议"实施南水北调工程的顺序考虑为：中线、东线、西线三项工程"。

1998年长江发生特大洪水，1999年到2001年北方又发生连续干旱，京津冀地区严重缺水，北方地区被迫实施第6次引黄应急。尽快考虑实施南水北调逐步成为社会共识。

1999年江泽民总书记发表重要讲话："为了从根本上缓解北方区

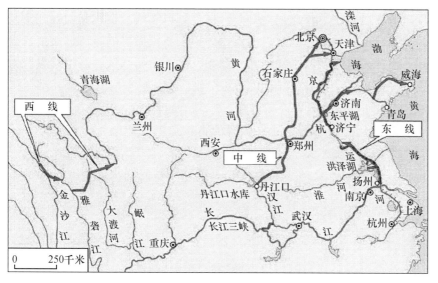

图6.1　南水北调总体格局示意图

（来源：http://www.shiyan.gov.cn）

域严重缺水的局面，兴建南水北调工程是必要的，……抓紧制定切实可行的合理的方案。"

　　2000年南水北调工程总体格局确定为总共东线、中线、西线三条线路，分别从长江上游、中游、下游选择合适地点实施南北方向的调水。2002年8月国务院办公会议审议通过了《南水北调工程总体规划》，批准成立南水北调工程领导小组。9月份批准实施丹江口水库二期大坝加高工程，要求尽快编制丹江口库区的移民安置规划。

　　2002年12月27日，南水北调工程在人民大会堂和山东、江苏两省三地同时举行开工典礼，国务院朱镕基总理在典礼主会场——人民大会堂向全国宣布南水北调正式开工建设。

2. 南水北调工程概况

　　2002年12月国务院正式批复的《南水北调总体规划》中指出，实施南水北调的基本背景是北方黄、淮、海河流域资源型缺水严重。南水北调工程实施的根本目标是为了改善和修复北方地区的生态环境。南水北调工程近期目标为：解决黄、淮、海河流域北方城市缺水问题，兼顾农业用水和生态用水。

　　《南水北调工程总体规划》是在建国50年来大量调查和论证成

果基础上进行的总体布局规划。总体规划以东线、中线和西线三条调水线路。通过这三条南北向的调水线路与我国原有的黄河、长江、淮河、海河四大东西向的江河相互联系，构成全国水系"四横三纵"为主的总体布局，形成我国巨大的水网。可以基本覆盖我国大部分区域，有利于实现我国水资源的合理配置，具有重大的战略意义。

东线工程：利用江苏省已有的古代运河调水体系。调整原有规模，延长疏通输水路线。东线工程从扬州等地开始引流长江水，利用古代京杭大运河及与其周围其他河道分级往北送水，中间连接洪泽湖、东平湖等调蓄湖水。一路向北穿过黄河；一路往东经过胶东地区原漕运河道输水到济南、烟台和威海。规划分三期实施。

中线工程：将湖北十堰地区的丹江口大坝加高扩容后形成的丹江口水库内向北开始引水，沿中线规划设计开挖渠道向北输水，在郑州附近下穿过黄河，沿京广线路的西侧一路北上，可以基本依靠落差自流到京津。分两期规划实施（图6.2）。

图6.2　丹江口水利枢纽工程

（来源：http:// www.shiyan.gov.cn）

西线工程：从长江上游的通天河、大渡河等地筑坝建库，开凿隧道穿过巴颜喀拉山，通过输水隧道将长江水调入黄河的上游地区。主要解决江河上游的青海、甘肃、宁夏、内蒙古等地区的缺水问题。规划分三期实施。

规划的三条南北调水线路计划到2050年实现调水448亿立方米。南水北调各条线路基本实施后，能有效缓解我国北方地区自西向东的缺水居民，并遏制北方地区面临的日益恶化的生态环境问题。

（二）进入21世纪初的我国保护思潮

21世纪的第一个10年，是我国文物保护事业步入大发展的一个黄金时期。国家法规不断完善，遗产保护事业得到全社会普遍关注，保护实践和保护理论方面进入了一个大发展的时期。

1.《中国文物古迹保护准则》出台及其意义

前文所述，20世纪80年代国际保护思潮进入我国并开始传播。我国通过加入《遗产公约》，开始积极申报世界遗产项目，文物保护事业也逐渐走上了与国际保护运动接轨的征程。在这个接轨过程中，我国文物工作最大的变化就是从单纯的一项国家行政管理工作逐渐改革文物管理体制，吸收国外先进思想，发展为探索本国保护理念，推动全社会关注的一项文化遗产保护事业。尤其是进入21新世纪后，我国文物工作的面貌已经发生改变，从一个相对封闭的国家"文博系统"走向多学科支撑、专业咨询和设计机构迅速扩张，广大公众和媒体普遍关心的全社会参与的文化遗产保护事业。

在建立本国保护理念方面，2000年经国家文物局批准公布的《中国文物古迹保护准则（China Principles）》（简称《准则（China Principles）》）无疑是最具有开创性的（图6.3）。

《中国文物古迹保护准则（China Principles）》由中国古迹遗址保护协会组织编制。自1993年中我国加入国际古迹遗址保护协会（ICOMOS），中国古迹遗址保护协会就成为我国积极参与国际保护运动，扩大中国遗产保护影响的重要机构之一。1997年中国ICOMOS协会联合澳大利亚国家文化遗产委员会和美国盖蒂保护研究所（The Getty Conservation Institute），开始制定《中国文物保护纲要》，国家文物局最初希望是能结合中国的法规和维修传统，出版一套修缮原则和管理程序的书籍[202]35。从1998年和2000年先后修订调整十稿，广泛征询了国内保护专家和国际保护组织的意见，最终成果以《中国文物古迹保护准则（China Principles）》名称正式公布。

图6.3　中国文物古迹保护准则

（来源：http://www./ baike.baidu.com）

　　《中国文物古迹保护准则》是在中国的文物法规体系下，对不可移动文物进行保护和管理工作的行业规范。它确定保护工作的基本标准，从专业角度阐释我国的保护法规，作为开展中国古迹保护工作的专业性依据。

　　《中国文物古迹保护准则》也是我国保护传统与国际保护思想相结合的成果。同其他国家颁行的保护文件一样，它也参照了《威尼斯宪章（VENICE CHARTER）》为代表的保护原则和精神，制定了适合中国的具体可行的保护原则和规范。它得到了国际同行的一致认同，成为了目前世界上国际保护同行理解中国文物保护传统和保护原则的重要文献。

　　其中，《准则（China Principles）》确定，保护的目的是"真实

（the authenticity）、全面的（entire heritage）保存并延续其历史信息（historic information）及全部价值（all values）。……，所有保护措施（conservation measures）必须遵守不改变文物原状（Not Altering the Historic Condition）的原则"。这里把我国"不改变文物原状（Not Altering the Historic Condition）"原则的内涵第一次明确为"历史信息（historic information）和全部价值（all values）"。历史信息及价值成为了"文物原状"新的注脚，真实性保护成为了阐释"不改变"思想的核心。

《准则（China Principles）》的第二个创新就是明确了保护工作的基本程序，规定文物保护管理的六步基本程序[①]。可以看出，把调查评估、保护规划和监测检查作为文物工作的基本内容。这个规定促进了我国文物工作从"抢救文物"的观念转变为通过规划手段、监测手段来管理文物、预防破坏发生。预示着我国文物工作进入新的历史阶段。工作重点也从20世纪忙于开展"抢险维修工程"逐渐发展为通过"保护规划"进行管理控制。

涉及文物迁移保护（Relocation conservation）理念方面，《准则（China Principles）》第18条规定："必须原址保护（Conservation must be undertaken in situ），只有在发生不可抗的自然灾害（Uncontrollable natural threats）或因国家的重大建设工程（project of national importance）需要，使迁移保护（Relocation conservation）成为唯一手段（the sole means）时，才可以原状迁移（moved in their historic condition），易地保护"。这里最大的突破是首次明确把"必须原址保护"作为了保护原则之一，同时规定了易地保护的基本前提和条件。另外相对于以往常用的"异地搬迁"，本准则调整为"易地"二字，一字之变反映出对文物"原址"和"地点位置"的环境价值认识上的巨大突破。

《准则》第24条关于文物环境的保护原则，提出"必须保护文物环境（Setting），与文物古迹价值相关的（contribute to its significance）自然与人文景观（Natural and cultural landscapes）构成的文物环境，应当与古迹统一（integrated with its conservation）保

---

① 准则规定保护工作按照"文物调查—研究评估—确定保护单位—制定规划—实施规划—定期检查"的基本保护程序实施。

护"。反映出我国对文物环境具有同样保护价值的新的认识。也与《威尼斯宪章（VENICE CHARTER）》中 "保护古迹（Monument）意味着（implies）对一定规模（not out of scale）环境（Setting）的保护。凡存在传统环境（traditional setting）的地方必须（must be kept）予以保护"； "古迹（monuments）不能与其见证（witness）的历史（history）及产生的环境（setting）相分离"的保护认识一致。

因此，在2000年这个新世纪的起点，《中国文物古迹保护准则（China Principles）》的公布推行标志着我国文物保护理念的初步成型。《准则》确定了一些新的原则和标准，既体现了我国特有的保护传统，也结合了国际保护领域的共识，使得我国保护事业获得了更大的发展空间。《准则》确定的一些原则在随后2002年《文物法》修订中得到法律上的进一步明确。《准则》规定的以保护规划为中心的工作程序在国家文物局2004年《全国重点文物保护单位保护规划编制办法》颁行后彻底扭转了我国长久以来文物工作"抢救第一"的被动局面。

2. 2002 年文物法规的全面修订

2002年我国对《中华人民共和国文物保护法》进行了修订，这是我国自1982年颁布《文物保护法》以来的首次全面修订①，也是我国改革开放20年文物工作经验和教训的最重要的一次总结和调整。修订工作 1996 年冬开始，经过六年时间修订完成的《文物保护法》，是对1982年原法的全面修改，条款大量增加，内容更加丰富，文物保护各项规定更加全面和系统，涉及保护和管理各个方面，对促进我国文物事业发展具有深远的影响[203]（图6.4）。

相对于1982年《文物保护法》，2002修订的《文物保护法》全文由33条款扩充至80条款，在文物古迹对象方面，把我国"不可移动文物"确定为文物保护单位、历史街区村镇、历史文化名城三个层面，形成了我国文物古迹法律保护上完整的保护体系，也呼应了国际文化遗产保护运动的类型范围不断扩大的发展趋势，同时也使得我国90年代以来社会呼吁强烈的历史文化街区、古村落和古镇保护开始纳入了

① 1991年国家对《文物保护法》第30条和第31条进行修改，主要是针对当时出现的大量文物走私盗掘现象，但没有全面修订《文物保护法》。

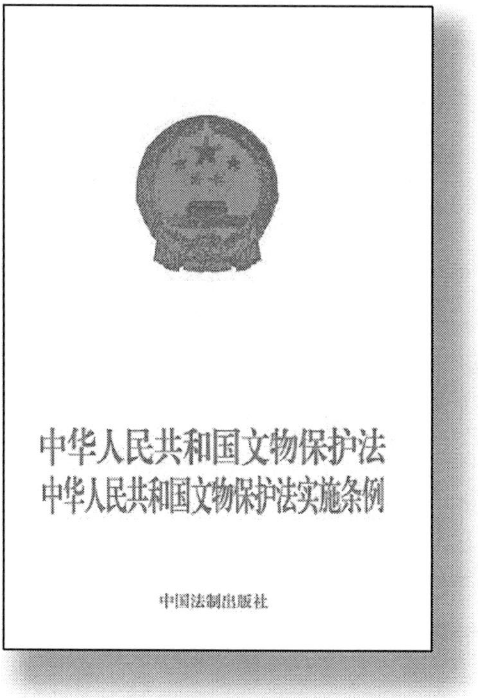

中华人民共和国文物保护法
中华人民共和国文物保护法实施条例

中国法制出版社

图6.4　2002中国文物保护法修订

（来源：http:/www./ baike.baidu.com ）

《文物保护法》的法制管理轨道。

新修订的《文物保护法》把我国20年摸索出的新的十六字文物方针上升为法律。经过20世纪90年代两次西安文物工作会议的总结，我国才逐步形成对市场经济下文物工作的正确认识。新《文物保护法》第四条规定"文物工作贯彻'保护为主、抢救第一（Rescue priority）、合理利用（rational use）、加强管理（tightening control）'的方针"。罗哲文先生认为，新法最突出的创举就是把文物工作的十六字总方针写进了大法，"是伟大的创举，为百年来世界各国文物保护法所罕有"[204]。的确，十六字方针是在我国在改革开放后80～90年代市场经济逐步开放的大背景，我国文物工作经历正反两方面的经验和教训的总结，文物工作的核心是保护，而不能是其他，这是经过实践检验正确的方针。

在文物性质上，全面修订的《文物保护法》第11条明确"文物是不可再生的文化资源"。这种认识直接与文物古迹历史价值保护相联系，因为，不可再生的只能是"历史信息"，艺术风貌是可以科学复制的。这种认识也与2000年《中国文物古迹保护准则（China Principles）》规定，保护的目的是"保护历史信息和全部价值"的要求紧密相关。反映出我国对文物最重要价值——"历史信息的真实载体"的认知。

在文物迁移方面，新修订《文物保护法》完全摆脱了建国初期1961年《文物保护管理条例》和1982年《文物保护法》中把迁移文物当做为基本建设让路而需要先行拆除的不当认识。而是首先明确了"保护优先、建设避让"和"原址保护"的基本立场。第20条规定"工程建设选址（a place for a construction project），应当尽可能避开（get around from）不可移动文物（immovable cultural relics）；因特殊情况（under special circumstances）不能避开的，……应当尽可能实行原址保护。"这与《中国文物古迹保护准则（China Principles）》的"必须原址（original site）保护"的保护原则高度一致。

从国家法律层面上明确了这种认识，规定要求大部分建设工程应该首先考虑避让文物古迹，而不是拆除文物或迁移文物。这对我国的大规模城市化历史进程中保护文物起到了关键性的指导作用，也彻底扭转了文物古迹不断因为工程建设需要而拆除、搬迁的被动局面。

第20条也规定："无法实施原址保护，必须异地迁移或者拆除的，应当报……人民政府批准；……"。将文物迁移作为需要严格审批的情况对待。另外明确规定"全国重点文物保护单位不得拆除"。

2003年依据新《文物保护法》，国家文物局编制出台《中华人民共和国文物保护法实施条例》，对承担文物修缮、迁移工程的单位，明确了相应的资质管理等级要求。

2003年国家文物局颁布《文物保护工程管理办法（2003）》，正式将"迁移工程"作为文物保护工程中的一种类型。办法第5条指出，迁移工程"系指因保护工作特别需要，并无其它……手段时所采取地将文物……搬迁、……保护的工程"。明确了文物迁移应是出于"保护"目的，而非其他。

2002年修订的《中华人民共和国文物保护法》和《中国文物古迹保护准则（China Principles）》一样，结合了我国的维修传统以及最新的国际保护理念和认识，对我国改革开放后20多年文物工作的经验进行了正反两方面的总结，同时对文物保护发展的方向给予了明确，比如文物保护单位的使用和展示，非国有文物的管理、文物出入境管理、民间收藏文物的市场流通等。

谢辰生先生认为"新法不是比以前放松了，而是更严格，更严密，更加有操作性，更符合实际"。这是我国文物工作发展史上的新的里程碑，是对我们文物工作50多年的总结，既有继承又有发展。

原国家文物局局长张德勤认为，我国迈入21世纪时全面修订的文物保护法的各项变化和内容，都反映了"文物保护事业，已不再是少数人的事业，也不再是一个部门、一个系统的事业，而是由全民全社会共同参与的大事业了。"

3. 21世纪最初十年——文物保护事业大发展的新时期

进入新世纪的中国文物保护事业，经过20多年的改革摸索后，迎来了一次高速发展的黄金时期。从2000年开始发展至今，我国文物工作从一个受众面较小的一项政府行政性职能工作发展成国家高度重视、社会普遍关注的遗产保护公众事业，逐渐成为一门社会显学，遗产保护成为社会发展中不可逆转的一个大趋势。

在全国重点文物保护单位的公布数量上，从2001年至今国务院公布了第5～7批国保单位名录，数量增长惊人。2001年公布第五批全国重点文物保护单位，达到了一次公布创纪录的518处。这个数值基本上超过了以往单次公布最高数量的2倍。第五批国保单位名录中，类似安徽西递村、呈坎、宏村、江西流坑等大量传统村落被列入保护。同时清华大学、北京大学等近代早期建筑也被列入保护名录。吕舟先生兴奋地说"这些新类型的列入对于中国文化遗产的保护而言，具有划时代的意义，是一座重要的里程碑。它的意义远非在数量上，更重要的是在文化遗产的涵盖面上达到了前所未有的广度。它所包容的建筑类型是历次全国重点文物保护单位名单中最丰富的。这一名单的公布标志着中国文化遗产保护的一个新的时代的来临"[205]。短短5年后，2006年国务院公布第六批全国重点文物保护单位，这一次公布数量达到史无前例的1081处，几乎接近建国50年以来公布的前五批数量的总和。对此，时任国家文物局局长单霁翔介绍说："从总量上看，我国现有的全国重点文物保护单位数量仍然是偏少的，与我们文明古国的历史地位及现存文物数量不相适应。"[206]这一次公布名录中包括了更多的村落以及大量的近现代史迹文物，时间跨度一下从古代中国推进到近代中国的历史遗存。同时，一批新的类型，如工业遗产、大运河遗产以及类似"贡枣园"的文化景观类型都列入国保单位。罗哲文和谢辰生等老一辈文物保护工作者用"史无前例"来表达喜悦之情，"这次1081处全国重点文物保护单位的公布，是文物保护、文化遗产保护史上的一件大事，一件盛事，不仅具有重要的现实意义，而且具有深远的历史意义"。罗哲文向国家文物局特别建议"要开始重视社会主义时期的文物，1949~2000年之间的，历史不能断代"[207]（图6.5）。

图6.5　第六批国保单位标识

（来源：http://lz.gdqy.gov.cn）

2007年4月国家发布《关于开展第三次全国文物普查的通知》，拉开了新中国成立以来全国范围内规模最大、历时最久的文物"三普"工作。2011年底统计全国三普成果共登记76万余处不可移动文物，刷新了历史纪录。2013年根据全国三普的工作成果，国务院公布了第七批共1943处全国重点文物保护单位。新的名录深刻反映出我国文化遗产保护领域近些年的变化，揭示出新的发展趋势。其中工业遗产、乡土建筑、文化景观等新类型文化遗产更广泛地列入了第七批国保单位，比如云南景迈古茶园、西藏芒康县盐井古盐田等，反映出我国文化遗产保护认识不断深化[208]（图6.6）。

图6.6　三普工作手册

（来源：http://www./ baike.baidu.com）

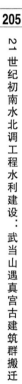

　　在文物管理体制上，进入新世纪后，我国开始大力推进运用规划手段开展文物的保护管理工作。2000年《中国文物古迹保护准则（China Principles）》中提出了保护工作的基本程序，要求任何保护工作都需要执行以保护规划为中心的六步工作程序；2003年5月文化部颁布新的《文物保护工程管理办法》第四条规定"保护单位应当制定专项保护规划，文物保护工程应当依据保护规划实施"。第一次在法规层次确定了运用规划手段开始实施管理的要求。2003年国家文物主管部门开始改革，实施文物保护工程的单位资质管理，制定了《文物保护工程的勘察设计资质管理办法》，2004年初我国公布了第一批文物保护工程的规划勘察设计和施工资质单位的名录，其中具有编制保护规划的甲级资质设计单位16家。

　　2004年下旬《全国重点文物保护单位保护规划编制审批管理办法》与《全国重点文物保护单位保护规划编制要求》由国家文物局制定出台。规定了公布为国保单位的文物古迹应全面编制保护规划，国家依据批准的规划实施文物管理。

中国建筑设计研究院历史研究所所长陈同滨总结我国文物工作引入规划管理的意义说道："我国文物保护规划从管理模式到设计理论和规范，经由《准则（China Principles）》明确国际理念与保护基本方法，结合全面修订的新的文物保护法及相关城市规划法律，经历了从无到有、从初级到深化的过程，初步构筑了既符合国际保护理念、又具有'中国特色'的保护规划管理体制。标志了我国文物保护科技能力出现了整体层面的大进步"[209]。

这时期国家先后开展了西藏三大保护工程、三坊七巷文物保护工程、山西南部早期建筑保护工程、四川灾后文物抢救工程等重大保护项目（图6.7）。

图6.7　四川灾后伏龙观抢救保护工程竣工

（来源：自摄）

在社会宣传方面，2005年《国务院关于加强文化遗产保护的通知》是我国文化遗产保护历程上最重要的文件之一。通知决定每年6月的第二个星期六为我国 "文化遗产日"。这是我国首次专门为保护文化遗产而设立纪念日，对全社会保护文化遗产的宣传起到了极大推动作用。《通知》强调"文化遗产是不可再生的珍贵资源，呼吁全社会重视文化遗产保护的重要性、紧迫性。并首次明确了非物质文化遗产的保护方针。确立我国文化遗产保护的总体目标，……，使得保护文化遗产深入人心，成为全社会的自觉行动"[210]。同年国务院公布了我国第一批非物质文化遗产保护名录。

在与国际遗产保护交流方面，2004年我国成功举办第28届联合国教科文组织（UNESCO）世界遗产大会（苏州大会），我国高句丽王陵遗址入选世界遗产。苏州大会对2000年的"凯恩斯决定"①进行了重新修订。规定自2006年起遗产公约的缔约国每个国家每年可以申报的遗产数量从1项改成2项。更好的促进了世界遗产名录的代表性、平衡性和可信性（图6.8）。

图6.8　苏州举行的第28届世界遗产大会

（来源：http://www.people.com.cn）

2005年我国举办国际古迹遗址理事会（ICOMOS）第15届全体大会，大会通过了关于文物古迹背景环境（setting）的保护文件——《西安宣言——保护历史建筑、古遗址（Sites）和历史地区的背景环境》，提出了背景环境不仅包括物质实体的、视觉的、也包括精神的、习俗、传统认知或活动、甚至文化、经济的氛围等。强调文物古迹的价值"也在于它们与物质的、精神的、视觉的以及其他层面的背景环境之间的重要联系。这种联系，可以是一种有意识和有计划的创造性结果、利用的结果、历史事件、精神信念或者是随时间和传统的

① "凯恩斯决定"是2000年在澳大利亚凯恩斯召开的第24届世界遗产委员会会议上作出的。根据这项决定，每个缔约国每年只能申报一项世界遗产，但尚未有遗产列入《世界遗产名录》的缔约国可以申报二至三项。

影响而形成的日积月累的有机变化"[211]。极大扩展了背景环境的内涵和保护意义。

2007年5月，由国家文物局牵头，邀请联合国教科文组织（UNESCO）、国际古迹遗址理事会（ICOMOS）、国际文物保存与修复研究中心（ICCROM）三大国际遗产保护组织共同举办的"东亚地区文物建筑保护与实践国际研讨会"在北京举行。这一国际研讨会起因是天坛、故宫、颐和园等3处世界遗产地大规模的维修活动受到国际质疑而召开，会议最终形成的《北京文件——关于东亚地区文物建筑保护与修复》是基于世界文化多样性保护的精神，以及关于真实性的文件的基础上对东亚地区文物建筑的修复传统进行阐释，郭旃先生认为，这是一份被国际同行称作"不仅对东亚地区有指导意义，而且在世界范围内有参考价值"的《北京文件》[212]。

可以看出，步入新世纪的这一时期，我国的文物保护事业已经与国际保护运动站在一条水平线上共同探讨世界遗产保护运动的发展方向。

（三）武当山遇真宫历史与建筑概况

1. 遇真宫历史研究

武当山，又称大岳、太和山、大岳太和山等，是我国著名的道教发祥地之一，自春秋以来就多有求仙学道的史料记载。道经载为真武大帝（玄武）的道场[213]，为历代所重视，唐太宗敕建五龙祠，宋代诸帝不断对真武加封赐号①，宣和年间创建紫霄宫。元代南北道派进一步融合，武当道教渐成一系，武当山道教九宫八观及众多庵庙建筑群格局基本形成。明代《道藏》中记载[214]，明洪武创立后，推崇真武，在南京修真武庙。永乐靖难后，更是通过推崇真武信仰来强化政权的合法性，大兴武当②，终明一代，武当山作为"皇家道场"得到了

---

① 宋真宗天禧二年加上"镇天真武灵应佑圣真君"；宋宁宗嘉泰二年封"北极佑圣助顺真武灵应福德真君"；宋理宗宝祐五年封"北极佑圣助顺真武福德衍庆仁济正烈真君"宋仁宗嘉祐四年"佑圣助顺灵应福德仁济正烈协运辅化真君"等

② 《大岳太和山志》载，永乐十年《敕右正一虚玄子孙碧云》言"重惟奉天靖难之初，北极真武玄帝显彰圣灵，始终佑助，感应之妙，难尽形容，怀抱之心，孜孜不已……"

明代诸帝的持续营建，征调军夫建造并委派官吏管理，武当山道教发展到巅峰，形成了数量众多、规模宏大的武当山宫观建筑群。清代以后武当山道教逐渐衰落，宫观建筑规模缩小，疏于管理，日渐衰败下来。

遇真宫为武当山等级较高的"道宫"建筑群之一，也是唯一一处以纪念张三丰为主的道教建筑群[①]。按史书记载，遇真宫之名始于元末明初道士张三丰在武当山下自结草庐，命名为"遇真宫"。明代任自垣修纂的《敕建大岳太和山志》卷66中记载了武当道人张全一的事迹，"（张全一）字玄玄，号三丰，……洪武初来武当，拜玄帝于天柱峰。搜奇揽胜，遍历诸山，……又寻至展旗峰北陲下卜地结草庐，奉高真香火，曰遇真宫。……又于黄土城外卜地结草庵，曰会仙馆"[215]。可见张三丰游历武当后，预言"此地必大兴"，除了让弟子修葺五龙、南岩和紫霄等宋元旧观外，还亲自在展旗峰下结草庐以奉高真，名曰"遇真宫"，同时在东侧八里外的黄土城建"会仙馆"。并"语及弟子周真德：尔等可善守香火，成立自有来时，非在子也。"反映出张三丰创立遇真宫最初在展旗峰北陲（今玉虚宫所在），同时又位于黄土城创建"会仙馆"（现遇真宫所在）的史实（图6.9）。

目前所见遇真宫为明成祖朱棣敕建，永乐十年（1412年），明成祖在展旗峰北陲兴建"玄天玉虚宫"，作为建设武当山道观的大本营，建设规模宏大，俗称"老营宫"，掀起大兴武当山皇家道观的建设高潮。

出于对张三丰真人仰慕思渴，明成祖特制"御制书"以表心迹，渴望能见上张三丰一面。书中称道"朕久仰真仙，渴思亲承仪范……遣使致香奉书，遍诣名山虔请……至诚愿见之心，夙夜不忘。"[②]

明成祖多次寻访张三丰无果，永乐十年（1412年）三月初六日"敕谕"为张三丰兴建专门道场，"朕闻武当遇真（张三丰），

---

① 武当山道教建筑群基本以奉祀真武大帝为基本内容，遇真宫内也有真武祀奉，但按《山志》记载其创建主要是明成祖寻访张三丰无果，为纪念张三丰敕建。

② 原文载"皇帝敬奉书，真仙张三丰先生足下:朕久仰真仙，渴思亲承仪范，尝遣使致香奉书，遍诣名山虔请。真仙道德崇高，超乎万有，体合自然，神妙莫测。朕才质疏庸，德行菲薄，而至诚愿见之心，夙夜不忘。敬再遣使，谨致香奉书虔请，拱俟云车凤驾惠然降临，以副朕拳拳仰慕之怀，敬奉书。"

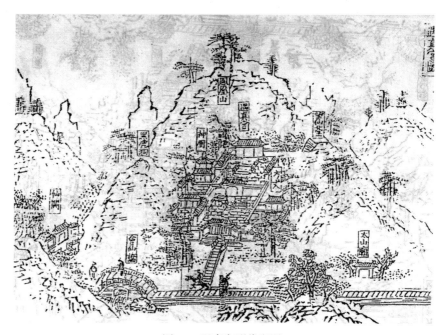

图6.9　遇真宫明代舆图

（来源：《大岳太和山志》）

实真仙老师。然而真仙老师鹤驭驾游之处，不可不加敬。今欲创设道场，……"命道长孙碧云："尔往审度其地，相其广狭，定其规制，……，朕将卜日营建。……尔宜深体朕怀，致宜尽力，以成相协之功"。①此当为今遇真宫营建之肇始。可以推断，孙碧云道长奉命前往寻访张三丰并勘察选址，原来遇真宫旧址处已经兴建"玄天玉虚宫"，而"会仙馆"正是传说张三丰云游鹤驭之所，故而在此兴建"敕谕遇真宫"最为合适。

永乐15年（1417年）遇真宫奉敕创建完毕，修建了真仙殿、山门、廊庑、东西方丈、斋堂等共97间。明成祖并且"钦选道士30名焚修香火。"委派提点专门前往负责日常管理，"阶正六品，统

① 原文载："敕右正一虚玄子孙碧云:朕敬慕真仙张三丰老师道德崇高，灵化玄妙，超越万有，冠绝占今，愿见之心，愈久愈切。遣使抵奉香书，求之四方，积有年岁，追今未至。朕闻武当真，实真仙老师。然于真仙老师鹤驭所游之处，不可以不加敬。今欲创建道场，以伸景仰钦慕之诚。尔往审度其地，相其广狭，定其规制，悉以来闻，朕将卜日营建。尔宜深体朕怀，致宜尽力，以成协相之功"。

领宫事"。①

由于永乐皇帝的大力推崇，武当山道教宫观俨然成为了皇家道观，其后历代明帝皆遵从祖制，笃信真武，不断加封，对于武当山宫观也视为家庙，不断修葺看护，委派提点管理。

按嘉靖《大岳志略》（1536年）载："（遇真）宫成于永乐十五年，为楹大小三百九十六，赐'遇真'为额……"。另嘉靖35年（1556年）《大岳太和山志》载："（遇真）宫在仙关外，……嘉靖三十一年，今上遣官修葺本山，乃于是宫东二里许，入山初道，鼎建石坊，赐额'治世玄岳'云。"可见，遇真宫自1417年创建以来，殿宇规模不断扩大，到1536年已达396间，嘉靖三十一年（1552年）明世宗敕谕重修了遇真宫，并在东边二里外修建了'治世玄岳'石坊，工程于1553年完工②。同样的记载见于后来隆庆六年（1572年）的《大岳太和山志》。

明末时期，李自成张献忠农民起义军与明军战于武当，太和宫焚于兵火。至清代，武当山作为皇家道场的地位迅速下降，但仍保留大量的道教绵延。宫观建筑屡受水灾、火灾等灾害破坏，多有冲毁焚废，重修武当宫观的活动多靠民间或道众自行募集，经年维修，规模已远不如前朝。2003年遇真宫大殿焚毁前，大梁下记载的重修时间是清乾隆43年（1778年）。西配殿梁下题记的一次维修为民国己未年（1919年）。

民国时期社会动荡，1938年秋，国民党"抗战青年干部训练团"学员三大队及辎重进驻遇真宫，将东西宫内部分古建筑拆毁。同年，中华儿童保育会曾借用遇真宫，设立"均县儿童保育院"。

新中国成立后，均县人民政府接管武当山，进行了大规模土地改革，收归各宫观房屋田产为公有，部分道士还俗，分给土地房屋。1956年，武当山太和宫金殿、紫霄宫、遇真宫等列为省级文物保护单位。1967年"文化大革命"初期，遇真宫被进一步拆毁，宫内泥塑雕像等均遭砸毁。

1994年12月，遇真宫作为武当山古建筑群的重要组成宫观，一并列入世界文化遗产名录。2002年，国家南水北调工程启动，中线工程

---

① 敕建大岳太和山志卷八，楼观部第七篇。

② 见嘉靖三十一年《大岳太和山志》卷三，列圣敕谕，"钦差提督工程工部右侍郎臣陆杰谨题，为恭报玄岳修理工完事"。

从丹江口大坝加高工程开始，遇真宫处于水库淹没区内。2003年，遇真宫因出租给当地武校用作宿舍，真仙殿（大殿）因电线失火导致全部被焚毁，造成巨大的社会影响。2006年，遇真宫古建筑群被公布为第六批全国重点文物保护单位。

2. 建筑概况

遇真宫位于丹江口市武当山特区遇真宫村，地面高程160～163米。现存完整的宫墙和中宫建筑物。遇真宫地处水磨河I级阶地及漫滩堆积层上，该区域东、西、北、三面环山，南面是水磨河蜿蜒而过，流入丹江口水库。遇真宫所在的山谷盆地是水磨河流域地势最平坦开阔，土地最为肥沃的区域。316国道（暨老白公路）自防护区东北侧通过。

明任自垣修编的《敕建大岳太和山志》卷八记载："（遇真宫）去玄天玉虚宫八里许。在仙关之外。……前有东流水，后有凤凰山，左有望仙台，右有黑虎洞，……山水环绕，宛若城焉。"明《大岳志略》卷三记载："（遇真）宫在仙关外，始入山，自草店行二三里，忽两山厄于涧口，不复可辨。循山趾下穷之，始得坎然，……且前数武，开朗旷夷，……，阡陌相通，殆不异于桃源。"明代王佐著《大岳太和山志》中卷一记载："（遇真）宫在仙关外，去玉虚宫八里许。……，山水环绕若城然，旧名曰黄土城。洪武年，张三丰结草庵于此，名曰会仙馆。……"

目前遇真宫仍然是背依凤凰山，面对九龙山，左为望仙台，右为黑虎洞，山门外的山谷盆地中，水磨河蜿蜒而过，仍然位于历史记载的进入武当山的古道上，山谷内地势平坦开阔，景色优美（图6.10）。

遇真宫的宫墙保留完整，现存建筑分为东宫、西宫、中宫三部分，各宫有宫墙彼此围隔。目前仅有中宫建筑群保存较完整，东宫和西宫目前仅剩遗址。

中宫建筑群现存建筑沿中轴线由南向北依次为：八字琉璃山门、东宫门、西宫门、龙虎殿、东西回廊、东西配殿、东西偏房、大殿（2003年焚毁）。建筑面积2795.60平方米（图6.11）。

八字山门：明代砖石遗构，位于遇真宫最南端的砖券建筑，坐北朝南，建筑坐落在宽大的台基上，山门面宽三间，每间起券门，为砖砌结构单檐歇山顶。两侧各伸出一堵八字山墙，墙面四角和中心饰琉

图6.10　遇真宫建筑群全景（搬迁前）

（来源：自摄）

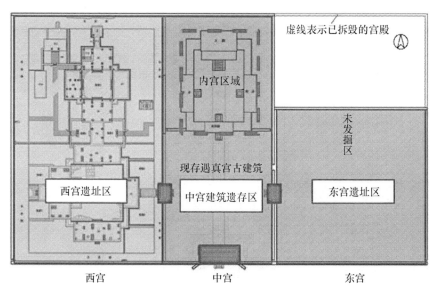

图6.11　遇真宫建筑群总平面图

（来源：自绘）

璃，雕饰精美。

东、西宫门：东西宫门为同一规格和形制，均为明代砖石遗构，位于进入山门后甬路的东西两侧，对称设置，为历史上进入东西宫的入口，两侧宫墙全部毁坏，仅剩孤立宫门。宫门面宽一间，当中起券门，砖砌结构单檐歇山顶。檐下由砖雕飞椽叠涩承托檐部，墙体下肩墙为须弥座样式。上身砖砌墙外侧表粉刷涂铁红。老角梁为整体石材雕砌。体量简洁大方，堪称明代早期建筑精品之一。

龙虎殿：位于八字山门北侧，单檐歇山顶木构建筑，面宽三间，进深两间，置于高大青石台基上。梁架形制为五檩双步梁。檐下斗栱为三踩单昂。梁架有部分为清代改动，总体保留明代特征。

东配殿：位于龙虎殿内院的东侧，单檐悬山顶木构建筑，面宽三间，进深两间，置于高大青石台基上。梁架形制为双四架梁后接单步梁，瓦顶和椽望皆为民间不当维修，改动较大。

西配殿：与东配殿相对，单檐悬山顶木构建筑，面宽三间，进深两间，置于高大青石台基上。为近人按东配殿形式仿制，室内梁架多为近代搭建，不合清制。

大殿（建筑2003已毁，余台基和半壁墙垣）：遇真宫主殿，又名真仙殿。位于遇真宫最北端。2003年1月大殿被大火焚毁，现只存残墙败柱。参考历史照片，大殿为单檐歇山顶式，整个建筑置于高大的青石台基上，建筑面宽三间，进深三间。殿前为宽大月台，青石地墁，周围用石雕栏板望柱环绕，建筑室内梁架、斗栱等许多构件，保留有元末明初的营造手法。具有重要价值。

宫墙：遇真宫整体外围保留完整的宫墙，西侧和北侧宫墙墙深埋于地下，仅在地表露出瓦顶和墙檐，东侧和南侧入口的宫墙仍屹立，唯残损严重。院内东、西宫门两侧的宫墙无存。

东、西宫遗址：本次工程之前，东西宫遗址一直被淹没在荒草之下。2006年至2009年湖北省考古所分两次对东、西两宫区域进行了发掘，揭露了东、西两宫建筑群的遗址规模，清理出完整的建筑基址遗存。遗址规模宏大，反映出遇真宫原有的建筑规模。东宫遗址面积为7293.786平方米。西宫遗址面积为11191.79平方米。

遗址大部分为砖石构筑的建筑基址。因年久风化，长期受植被根系和地下水的侵扰，大部分砖石风化严重，砖体破碎面积较大，亟待进行保护（图6.12）。

图6.12 遇真宫建筑和遗址

（来源：自摄）

二、项目提出与方案论证

（一）项目提出与立项

1. 大型水利移民政策的延续

在三峡工程顺利实施后，采用市场经济下的现代企业制度实施国家大型现代水利工程建设开发和管理的企业模式取得了良好的经济效益和社会效益。在移民安置工程方面，纳入工程建设业主责任的开发性移民要求也取得了伟大的成绩，成功破解了三峡工程百万大移民的难题。移民工作严格按照国家条例和安置规划实施，在实际工作中不断总结移民经验，保障实现移民生活水平达到或超过原有条件。

进入21世纪后，2001年国务院及时总结了三峡工程中的移民经验，重新修订《长江三峡工程建设移民条例》，将开发性移民方针的具体要求明确为"采取前期补偿、后期生产扶持与补助相结合的方针，兼顾个人、集体和国家利益"。为后三峡时期的工程效益社会共享，补助扶持移民致富提供法规依据。同时把三峡移民工作中的"移民任务和资金双包干"的成功经验写入条例。

2002年8月，我国全面新修订了《中华人民共和国水法》[216]，其中第29条将三峡水利建设的"开发性移民"的经验纳入修订法案，上升为国家法律①。同时法律明确"移民安置应当……同步进行。建设单位应编制移民安置规划……。移民经费列入工程建设的投资计划"等要求。

2002年底南水北调工程正式上马，依据新修订《中华人民共和国水法》规定的"开发性移民"的要求，继续三峡工程总结的移民政策，编制了南水北调的移民安置实施规划。

2005年南水北调工程的业主单位国务院南水北调工程建设委员会（简称国务院南建委）发布《南水北调工程建设征地补偿和移民安置暂行办法》（简称《暂行办法》）作为南水北调移民工程的总的指导法规[217]。其中第二条规定南水北调贯彻国家开发性移民方针，对安置移民采取前期补偿，然后在后期的生产生活中予以的扶持，并持续给予移民补助等要求。

对于移民工作中的文物保护，《暂行办法》第九条规定"对工程淹没区和占地区内的文物，要按照……的方针，制定保护方案，纳入移民……规划"。

2006年，国务院总结新中国成立以来水利工程建设，特别是三峡工程建设的移民经验，重新修订了《大中型水利水电工程建设征地补偿和移民安置条例》。对水利移民方针，文物保护等方面做出了总结性规定。

至此，我国形成了一整套比较完整的针对水利工程中的移民工作的法律法规系统。《土地管理法》和《水法》是水利移民相关法规的根本依据，国务院修订后的《移民安置条例》是移民工程的具体法规，而水利工程业主单位也可依据上述法律法规和工程实际情况再公布具体的管理办法或条例，如国务院南建委制定的《南水北调工程建设征地补偿和移民安置暂行办法》等。

2. 规划与立项

2003 年 2 月，南水北调工程丹江口水库淹没区的移民安置规划正式展开，由长江勘测规划设计研究院负责编制，移民安置规划大致分

---

① 《中华人民共和国水法》第二十九条"国家对水工程建设移民实行开发性移民的方针，按照前期补偿、后期扶持与补助相结合的原则，妥善安排移民的生产生活，保护合法权益"。

为四个阶段。2002年至2007年主要开展了淹没范围内实物指标调查，包括文物古迹数量和类型。2007年6月完成初步规划报告。2007年到2008年完成了移民安置的先行试点规划，并开始局部实施。2008年到2010年对移民安置规划进行全面修订。2010年到2013年国务院南建委批复规划后，移民规划全面转入正式实施阶段[218]。

在文物保护规划方面，2003年湖北省文物局成立了"湖北省文物局南水北调中线工程文物保护工作领导小组"。2004年2月受长江水利委员会委托，湖北省文物局组织成立了"南水北调中线工程丹江口水库淹没区湖北省文物保护规划组"，负责编制文物保护规划工作。规划组由武汉大学、华中科技大学、省文物局、省考古研究所及湖北大学的有关专家学者组成。武汉大学历史学院杨宝成先生担任规划组组长。规划组下设地下、地面、课题和综合四个小组[219]。规划组深入库区对文物点进行调查和复核。重新编制了《丹江口水利枢纽大坝加高工程水库淹没区湖北省海拔157米以下文物保护基础报告》、《丹江口水利枢纽大坝加高工程水库淹没区湖北省海拔157~172米文物保护基础报告》、《丹江口水利枢纽大坝加高工程水库淹没区湖北省文物保护规划报告搬迁保护单价测算与分析报告》。最后由三个报告进行编制汇总，形成最终的规划报告（图6.13）。

2004年月11月中旬《丹江口水利工程水库淹没区——湖北省文物保护专题报告》编制圆满完成。

《报告》共列入丹江口二期水库淹没区湖北省内的文物241处，其中地面文物31处，地下文物210处。调查后新增加的文物点42处[220]。规划内容包括库区概况、文物对象（实物指标）、文物价值评估，保护分级、保护措施及拟定方案、投资概算等。规划周期从2005年到2009年分5年实施完成。该保护规划报告基本延续了三峡工程文物保护规划报告的体例，包括分级措施的标准也基本沿用三峡文物规划的分类体系。

但是，在规划措施方面，该报告提出了一些新的保护认识。比如报告提出"凡不影响水利工程建设的遗产地，一律原地保留，地下考古发掘除古遗址（Sites）按10%，古墓葬按30%的比例实施重点发掘外，一律不予额外发掘，即使对于列入规划的遗址发掘项目，考虑代际公平，也不能全部发掘，尽可能为后人多留下珍贵的文物资源"[221]。

图6.13　湖北省文物保护规划

（来源：http://www.booyee.com.cn）

体现出文化遗产不属于当代人，而是属于子孙后代的财富的国际保护共识。

对于地面文物，要求"凡能原地保留的决不搬迁保护"，比如作为世界遗产的遇真宫，专家一致建议尽量采取原址保留的方案。反映出坚持"原址保护"的文物环境保护意识，以及对2002年新修订《文物保护法》规定的服从。

另外规划报告还首次要求纳入了一批科研课题。针对丹江口区域是古代楚文化中心区域，从考古发掘方面要求重点关注这方面的成果，先后确立了20多个科研课题，通过课题公示，鼓励各个高校和研究机构积极参与，并正式签订合同后启动研究。

（二）搬迁方案的研究与论证

1. 前期调查及研究综述

1959年湖北省文物管理处丁安民在《文物》杂志发表《湖北均县

武当山古建筑调查》，对武当山主要明代皇家道教建筑进行了介绍。文中提到了自进入玄岳门后首先见到的第一个大型道教宫观就是遇真宫。

1993年至1994年为了配合申报世界遗产，武当山文物保管所组织力量，对武当山部分古建筑进行了一次较为全面的普查和测绘。设立保护标志、编写档案，划定了保护范围等。此次调查也对遇真宫进行了初步测绘，对遇真宫的历史和保存情况作了记录。1994年12月武当山古建筑列入《世界遗产名录》。遇真宫作为唯一一处纪念张三丰的道教宫观列入其中。

1994至1995年为配合国务院启动南水北调工程的前期论证工作，长江水利委员会会同中国社科院考古研究所古脊椎动物与古人类研究所及湖北、河南两省的文物考古研究所等单位组织技术力量对丹江口水库二期工程170米淹没区开展了全面的文物调查工作。调查共发现确定需要保护的文物点为290处。其中地上文物38处；地下文物192处。290处文物点中唯一一处在淹没区内的世界文化遗产就是武当山的遇真宫[222]。

2002年12月27日南水北调工程开工典礼在北京人民大会堂举行，朱镕基总理宣布工程正式开工。随后1个月不到，2003年1月19日遇真宫主大殿——真仙殿遭大火焚毁。自明永乐十五年（1417年）由朱棣皇帝敕建而成，距今近600年的古迹毁于一旦，举国震动。联合国教科文组织驻华专员为此建议中国加强遗产管理和监测、应考虑暂缓申报世界遗产[223]（图6.14）。

大火焚毁遇真宫大殿后，湖北省文物局及时对焚毁的遗存遗构进行清理，对大殿进行了必要的测绘并记录。随后在2005年编制了遇真宫大殿的修复方案上报国家文物局审批。考虑到南水北调工程即将淹没原址，遇真宫整体保护方案未定，国家文物局对大殿修复方案未予批复。

2003年长江水利委员会在对丹江口水库淹没实物指标的调查过程中，经实地查勘并充分考虑地方政府的意见，决定新增遇真宫、孙家湾2处防护区。2004年长江勘测规划设计研究院编制完成《丹江口水利枢纽遇真宫防护工程可行性研究报告》，决定对遇真宫区域采用工程防护的方式进行保护；同时期，湖北省文物局提出是否还可以考虑异地搬迁、原地抬高等其他保护方式，并委托陕西省古建设计研究所、

图6.14　遇真宫大殿焚毁前后

（来源：http://image.baidu.com）

清华大学建筑设计研究院等专业机构参与咨询论证。

2005年时任湖北省文化厅副厅长沈海宁代表省文物局提出应尽快开展遇真宫不同保护方案的比选和评审的建议。同时希望水利部门能考虑遇真宫作为世界遗产的重要性，在丹江口水库淹没区的文物保护项目中单列出来。并提请长江水利委员会尽快对围堰防护、原地顶升和异地搬迁的三种保护方案进行组织论证[224]。

2005 年12 月至2006 年3 月，湖北省文物考古研究所对遇真宫的西宫地下遗址进行考古发掘，揭露了完整的西宫建筑遗址群，清理遗址总面积约近万平方米，各类建筑基址和院落共35 处。包括建筑台基，院落铺装、独立影壁以及其他古井、甬路等，完整的展现了遇真宫西宫的宏大规模（图6.15）。

图6.15　遇真宫西宫遗址发掘

（来源：自摄）

2006年陕西古建设计研究所对遇真宫古建筑群进行了整体测绘，测绘成果对刚发掘揭露的西宫遗址也进行了完整的绘图和记录，并编制了保护维修方案。

从2004年开始，长江水利委员会长江勘测规划设计研究院对采用防护工程手段（围堰方案）实施遇真宫保护的方案不断研究，从可行性研究报告一直到具体防护工程方案设计。

从2005年开始，清华大学建筑设计研究院对采用原址抬高的方式保护遇真宫进行研究论证。期间也参与了湖北省文物局委托的对异地搬迁、围堰防护、原地抬高三种不同保护方式的比选论证工作。

2006年湖北省文物局委托陕西古建设计研究所编制一份采用异地搬迁方式的保护方案以供专家比选。

2. 三种搬迁选址方案的论证

（1）围堰保护方案

围堰保护方式，在水利工程建设中属于库区防护工程范畴。1992年的《丹江口水库后期续建工程库区淹没处理及移民安置规划》中，为了减少丹江口水利枢纽大坝加高工程对库区淹没的损失，初步确定了丹江口淹没库区13处具有防护条件及一定防护效益的淹没区实施防护工程。2003年初，长江水利委员会在补充水库淹没实物指标调查过程中，新增遇真宫、孙家湾2处防护区。

按照移民安置规划的要求，2004年由长江勘测规划设计研究院编制了《丹江口水利枢纽遇真宫防护工程可行性研究报告》，对遇真宫所在的水磨河漫滩山谷实施防护的可能性进行研究。

防护工程的目标是通过筑堤建坝，将遇真宫所在地域适当隔离开，保护世界文化遗产遇真宫及水磨河所在的良田谷地不被淹没。防护工程由防护堤、排水闸、泵站、截洪沟、排水沟等水工建筑设施组成。在这个目标下，《丹江口水利枢纽遇真宫防护工程可行性研究报告》中提出了大、中、小三种不同的筑堤围堰方案。大围堰全长1320米，所圈土地范围最大，基本上遇真宫所在的半个山谷都保留下来，但造价最高；小围堰全长816米，紧贴遇真宫外围区域，基本就只是保护了遇真宫，造价最小；中围堰全长844米，最大堤高11.4米，堤顶高程170.2米。中围堰方案适当保留了遇真宫外围一定范围的土地。报告从综合防护效果，工程技术难度和投资分析，把中围堰方案作为推荐方案，兼顾水利库容和保护世界遗产的要求，达到较大的社会效益（图6.16）。

从保护文物方面看，采用防护手段几乎不对遇真宫本体有任何直接干预，完全在外围建设一个堤防围堰就可以实现对遇真宫原址、原

图6.16　遇真宫防护工程（大围堰）方案

（来源：长江水利委员会）

状、原环境的保护。应该说，防护工程手段是最符合保护文物古迹历史信息真实性的要求。

但是，在《丹江口水利枢纽遇真宫防护工程可行性研究报告》中，对于筑堤围堰的工程设计上，采用的设计标准引起了文物专家的质疑。报告将遇真宫防护工程按照《防洪标准》确定为Ⅲ级；按照国家水利枢纽建设的相关规范，确定遇真宫防护工程为三等工程，防护堤、排水闸、泵站等主要建筑物均按三级建筑物设计。按照现行的国家水利工程相关规范，丹江口大坝按千年一遇的标准设计，库区防护工程标准一般不能高于大坝。设计考虑100年一遇的标准已经是库区防护工程国家标准的最高等级。

此外，工程可行性研究报告也提出防护工程建成后可能发生的主要地质问题。首先就是堤基渗漏与渗透变形。报告指出："遇真宫防护区位于水磨河左岸Ⅰ级阶地及高漫滩上，地面高程151～162m，Ⅰ级阶地及漫滩的砂砾石层为统一连续的潜水含水层，具中等～强透水性，大坝加高后，防护堤外的高水位将会以砂砾石层和透水率较大的片岩为渗漏通道，穿越大坝的坝基向外渗透，并可能发生渗透变形破坏"。报告通过渗透计算，预估遇真宫所在的Ⅰ级阶地及漫滩可能发生渗透破坏形式为"管涌"。另外壤土渗透破坏类型一般为"流土"。

防护工程建成后第二个可能的地质问题是浸没问题。

"遇真宫防护区地面高程为151～162m。防护工程围堰建成后，堤外库水位将长期高出堤内地表8～19m，库水将会向防护区内渗漏，致使防护区内地下水地下水壅高，防护区内土地可能存在浸没的问题"。

丹江口大坝加高至170m水位运行时，防护堤内的地下水将会壅高。遇真宫及其周围民房的地基将会长期处于饱和状态，使得地基土体强度降低。另外，地下水升高后，其周围的湿度将会增大，使遇真宫建筑物易发生霉变甚至腐烂，从而使文物遭受破坏。

针对这些可能的地质灾害，报告建议可以采用提高设计标准、修建排水沟、设置常年运行的泵站抽排水等措施，减轻地质问题的不利影响。

（2）原地顶升方案

2004年湖北省文物局委托清华大学建筑学院对围堰防护、原地升高、异地搬迁三种可能的遇真宫保护方式进行研究评估。2005年1月清华大学建筑学院完成《遇真宫保护方案可行性研究报告》[225]。

报告首先对遇真宫的遗产价值进行了分析评估。其中在历史价值方面着重阐释了遇真宫地点的意义，报告指出："500多年前修建的遇真宫作为武当山33处古建筑群之一，是世界文化遗产武当山古建筑群不可分割的一部分。其选址严格按照我国的传统风水理论，四面环山，居于山间平原之中。它背靠凤凰山，面朝九龙山，四周山环水绕，景色宜人。"指出遇真宫地点的在武当山道教建筑群整体布局和线路位置上的传统意义。

明洪武初年（1368~1398年），张三丰来到武当山，在此处结庵修炼。他创演的武当拳名震天下，被奉为武当武术的祖师。遇真宫就是张三丰修行的真实历史地点。该宫由明永乐帝朱棣为寻找纪念张三丰而敕建，明永乐十年（1412年）动土，永乐十五年（1417年）竣工，并亲赐名"遇真"。反映了此地点的重要性。

在艺术和科学价值方面，报告同样对遇真宫建筑群保持明代初建时的总体格局，以及琉璃山门、东西宫门保持完整的明代初制的艺术和科学价值进行论述。

围堰方案、原地顶升、异地搬迁三种保护方式的分析结论认为。围堰方案的优点是实现对文物进行原址、原物保护，适当保留原环境，使遇真宫现状得到最大限度的保存。缺点是在枯水期的堤坝视觉景观不理想；后期泵站和水闸的维护运营费较高。最重要的是堤坝本身存在堤基渗漏与渗透变形等潜在风险，防护区长期面临浸没威胁。围堰建成后的环境湿度将会增大，使遇真宫建筑物易发生霉变甚至腐烂。

顶升方案的优点就是比围堰方案要适当损失原址的价值，但大的原址地点环境和在武当山道教建筑群中的线路位置和分布格局仍得到保留。比起异地搬迁方式，对遇真宫的真实性、完整性保护要好。缺点是大面积顶升方案还有一些技术上的难题待研究，比如遇真宫建筑和遗址总面积2万多平方米，顶升高度达到10~17米。这种规模和高度的顶升工程是世界上没有先例的（图6.17）。

异地搬迁方案的优点在于我国积累了大量文物建筑搬迁的经验。技术上完全能够保证顺利实施。缺点是遇真宫的"遇真"地点环境丧失，遇真宫的文化意义失去重要地点的真实性的支撑。遇真宫的意义将大为损失。另外，目前的选址缺少充分调查比较，方位完全相反，

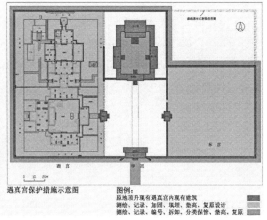

图6.17　遇真宫保护论证报告，推荐整体顶升方案

（来源：清华大学建筑设计研究院）

改变了原来遇真宫坐北朝南的整体格局，变成了坐南朝北，发生朝向的重大改变。

报告认为，从延续遇真宫原有的历史价值的保护角度看，围堰方案最为突出，顶升方案次之，异地搬迁方案最次。顶升方案在一定程度上缺失了原有的地理环境特征，对建筑本身也有一定的影响。异地搬迁方案则完全丧失了其所在的历史环境，对建筑本身价值的影响最大。

从投资和技术实施方面看，围堰方案投资最大，尤其是后期长期维护费用，最关键的问题是不能保证在将来的运行中万无一失。顶升方案目前看投资最小，但是技术上存在一定的挑战性，尤其是如此大规模的古代建筑群体的顶升。异地搬迁在技术上难度最小，投资额居中。

报告最后结论提出"首先，有条件地推荐顶升方案"。认为整体顶升最大的优势在于不干预文物建筑本体，而是通过现代工程技术垂直提升建筑基础。通过垂直方向上的位置改变，最大程度地保留在原有的地理环境，也保留了遇真宫在武当山道教建筑群的位置格局。同时实现文物安全保存。对于地点改变后形成的三面临水的新环境，报告认为可以带来新的交通便利和旅游亮点（图6.18）。

"其次，有条件地推荐搬迁方案"。报告认为，异地搬迁虽然从保护上会有不可避免的环境损失，但是仍不失为一种在紧急状态下成熟的迁移保护手段。同时指出，现有异地搬迁的选址有很大问题，缺

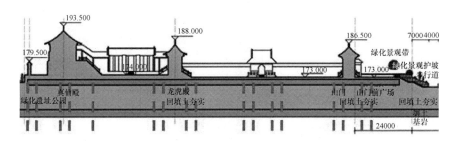

图6.18　遇真宫整体顶升示意图

（来源：清华大学建筑设计研究院）

乏细致的调查和论证，如果有合适的选址，异地搬迁也可以成为一种成熟的保护方案。

报告明确"排除围堰方案"。原因是围堰大坝本身存在堤基渗漏与渗透变形等潜在隐患，建成后防护区内地下水雍漫造成的浸没威胁，这些隐患威胁从工程技术上只有抽涝等减轻措施，而并没有一个彻底的解除方案。另外围堰工程一次性投资高达6678.40万元，位居三种方案之首，后期维护运营费用更是不可预估，实际可行性差。

依据该报告结论，2006年清华进一步完成了《武当山遇真宫原地顶升保护方案初步设计》。设计方案提出原地升高方式包括顶升方式和垫高方式二种情况。顶升方式是不拆除文物建筑和遗址的情况下，直接实施基础顶升，完成垂直位置上的移动。垫高方式就是传统的异地搬迁模式，将文物建筑解体后，用土石方将基础原地垫高，在新标高的位置上实施复建工作。

设计认为，原地顶升方式"其间不拆除、不切割，相比垫高方案能够最大限度地保护遇真宫建筑群的真实性、完整性"[226]。因此向湖北文物主管部门推荐采用原地顶升的保护方式，编制了初步设计方案。

2005年底至2006年初期间湖北省考古所清理出了西宫地下的遗址群。遗址规模达9600平方米。在2006年清华编制的顶升方案中，提出对大面积的建筑遗址采取构件清理后回填，在垂直提升后的新址处模拟复原。

（3）异地搬迁方案

在遇真宫面临被丹江口水库淹没危险的情况下，异地搬迁遇真宫一直就是文物部门认为在没有更好办法的情况下，可以采取的最可靠稳妥的成熟办法。但是由于水利部门首先提出了围堰防护工程方案，随后清华大学又提出了原地顶升的保护方案，使得异地搬迁方式一开始并没有专业保护机构进行仔细研究和选址方面的论证。

2006年4月，湖北省文物局委托陕西省古代建筑研究所测绘遇真宫的同时，希望能协助编制一份异地搬迁保护遇真宫的设计方案以供专家一起比选论证。

2006年5月下旬，陕西省古代建筑研究所及时编制了一份《湖北武当山遇真宫搬迁保护方案》[227]。由于时间仓促，在缺少更大范围和详尽的地形、地质、环境资料的情况下，仅仅依靠当地政府的一处选址意见编制一份参考方案。搬迁方案的深度受到较大的限制。设计单位在方案文件中提到："受湖北文物局的委托，制定本项搬迁方案，希望通过围堰、就地抬高、搬迁三项方案的相互对比、选用，达到对遇真宫古建筑群科学合理保护的目的。……如果三项方案论证后确定了古建筑搬迁保护，我所将对搬迁方案进一步予以深入完善"（图6.19）。

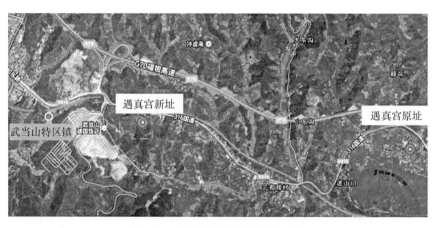

图6.19　遇真宫异地搬迁选址方案

（来源：陕西省古代建筑研究所）

在选址方面，由于并没有来得及仔细调研，设计单位仍选择了当地政府早先考虑的一处迁移位置。地点位于距离遇真宫原址西侧约3公里处一处山坳里，西侧靠近武当山山门约200米。该选址存在明显的不利方面，设计单位明确提出："搬迁后的遇真宫建筑群脱离了周边原有的依存环境，其文物古建筑的原真性在迁移后受到损害；新址地形需改造后方可使用；迁移后的遇真宫方位、朝向与原址呈相反方向。"

设计方案按照我国文物建筑传统迁移技术路线编制。首先从保护要求上，明确"本（搬迁）方案符合《中国文物古迹保护准则（China Principles）》中'国家重大（特别重要）建设工程'的要求，符合《文物保护工程管理办法》中'因保护工作特别需要，且无其他更有效手段时所采取的将文物整体或局部搬迁、异地保护的工程'的条款要求"。

在技术路线上，明确在文物建筑解体和原样复建的过程中，将对古建筑材料、建筑结构、工艺技术的整体信息进行全面系统的建档整理，构件加固、修复工作。迁移过程涵盖了文物解体、运输和修复、新址复建等子项工程。同时也要求，收集古建筑的信息，建立完整的文物工程维修档案等。

对于西宫遗址，异地搬迁方案中提出完成考古发掘后，做好测绘记录，对于发掘出来的建筑基址按照可以复建的要求做好新址的地基处理，可考虑搬迁后对部分遗址进行古建筑复原展示。

（4）国家文物局批准的保护方式——围堰保护方案

2006年5月27日至28日。围堰防护、原地顶升、异地搬迁三种保护方案的专家论证会在武汉举行。湖北省文物局把三家设计方案提交专家组审议。会议论证结果是一致推荐围堰防护为最优方案。同时认为三个保护方案都符合国家文物保护法的规定，同意三家设计机构对方案完善后一起报送国家文物局审批。

对于三个保护方案的优劣，与会专家发表了不同的意见。但是普遍都认为，原地顶升方案和异地搬迁方案对于遇真宫的原址和环境方面干预多，改变太大，而围堰方案基本上没有对遇真宫实施任何直接干预。尤其是采用远离遇真宫的大围堰方案，距离遇真宫远，可以将整个水磨口内的山谷所在区域基本都能保护下来。因此一致推荐一号围堰方案为实施方案。认为"一号方案在保护文物建筑与环境的真实性方面优点更为突出，符合保护世界文化遗产的高标准要求"。

对于围堰的大小，文物部门专家希望能采用大围堰方案，将堤坝建址远离遇真宫所在，尽可能保留更大范围的历史环境。而水利部门的专家希望能采用小一点的围堰方案，减少水库库容的损失。最后推荐以中围堰方案为基础深化设计验算。一方面要求采用较经济的围堰线型，另一方面尽可能扩大围堰保护区域的面积，要求做好围堰防护工程技术上的论证研究，提高设计标准，采取技术措施防止渗漏和浸没等地质灾害威胁。另外对于后期维护管理费用要有长期的来源，专家建议由水库移民后期扶持费用中提取。

2006年7月国家文物局以《关于武当山遇真宫保护方案的批复》文物保函［2006］789号文件对遇真宫保护方案明确批复（图6.20）。

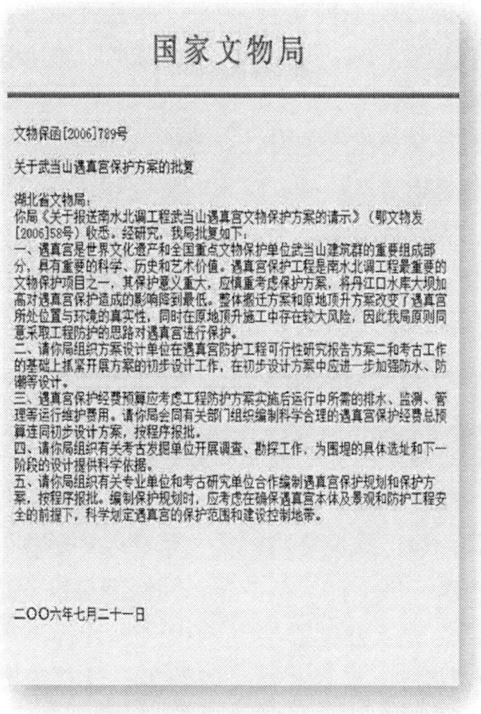

国家文物局

文物保函[2006]789号

关于武当山遇真宫保护方案的批复

湖北省文物局：

你局《关于报送南水北调工程武当山遇真宫文物保护方案的请示》（鄂文物发[2006]58号）收悉。经研究，我局批复如下：

一、遇真宫是世界文化遗产和全国重点文物保护单位武当山建筑群的重要组成部分，具有重要的科学、历史和艺术价值。遇真宫保护工程是南水北调工程最重要的文物保护项目之一，其保护意义重大，应慎重考虑保护方案，将丹江口水库大坝加高对遇真宫保护造成的影响降到最低。整体搬迁方案和原地顶升方案改变了遇真宫所处位置与环境的真实性，同时在原地顶升施工中存在较大风险，因此我局原则同意采取工程防护的思路对遇真宫进行保护。

二、请你局组织方案设计单位在遇真宫防护工程可行性研究报告方案二和考古工作的基础上抓紧开展方案的初步设计工作，在初步设计方案中应进一步加强防水、防潮等设计。

三、遇真宫保护经费预算应考虑工程防护方案实施后运行中所需的排水、监测、管理等运行维护费用。请你局会同有关部门组织编制科学合理的遇真宫保护经费总预算连同初步设计方案，按程序报批。

四、请你局组织有关考古发掘单位开展调查、勘探工作，为围堰的具体选址和下一阶段的设计提供科学依据。

五、请你局组织有关专业单位和考古研究单位合作编制遇真宫保护规划和保护方案，按程序报批。编制保护规划时，应考虑在确保遇真宫本体及景观和防护工程安全的前提下，科学划定遇真宫的保护范围和建设控制地带。

二〇〇六年七月二十一日

图6.20　围堰方案批复

（来源：http://www.sach.gov.cn/）

“……。异地搬迁方案和原地顶升方案改变了遇真宫所处位置与环境的真实性，同时在原地顶升施工中存在较大技术风险，因此我局原则同意采取工程防护的思路对遇真宫进行保护。”

可以看出，国家文物局认为工程防护的保护思路是最佳的。可以不对文物古迹实施任何干预。而原地顶升和异地搬迁最大的问题是改变了地点和环境的真实性。同时如此大规模和超高度的顶升工程存在较大技术风险。

3. 突生变故与实施方案的最终确定

（1）围堰方案的再探讨

2006年国家文物局正式批复后，湖北省长江勘测规划设计研究院立即深化设计，对遇真宫所在区域的地质、土石材料、堤防工艺选择以及配属的水工设施进行勘察，制定防护工程的具体设计，2007年编制完成深化的《丹江口库区遇真宫防护工程专题研究报告（2007）》。

该报告根据专家意见，把设计标准全部提高到国家标准的最高等级。经过长江勘测规划设计研究院水利工程技术人员的仔细验算，在调高设计标准，依据具体地质勘察数据的情况下深化设计验算。在报告的最终结论中写道："根据本专题研究，遇真宫防护工程设计方案在技术上基本可行；由于本次专题研究阶段地质条件较可研阶段有所变化，调整了设计标准，防渗墙、防渗帷幕、排水闸、泵站等规模加大，投资较可研阶段增加约2700万元。"

报告结论同时指出："工程实施后，遇真宫微观环境将会有轻微改变，如温度、湿度、地下水位等，可能对文物造一定影响"。另外"本方案实施后，运行维护费用较大，管理隐患较多；根据《防洪标准》，遇真宫防洪标准为100年一遇，如遇超标准设计洪水，可能会淹没文物甚至产生毁灭性的破坏，若提高设计标准需增加很大的投资；受外江水位限制，水闸运行时间较短，长期需要依靠泵站进行排涝，近期仅有一回路供电，远期需增加到双回路，保障电路不出故障。"[228]

2007年7月26日至27日，深化设计验算的《丹江口库区遇真宫防护工程专题研究报告》论证会议在北京召开。这是由国家水利部门组织相关领域专家，国家文物部门一并参加论证的会议，根据这次深化设计报告的工程验算结论，专家们一致彻底否定了防护工程保护方案。

文物专家指出，遇真宫从明初永乐10年（1412年）建造，至今已经存在600年，采用百年一遇的防洪标准不合适。对于世界文化遗产而言，目前的防护工程在技术和运行管理方面仍然存在较大风险。水利部门的专家也根据报告提供的工程指标和实际计算的结论，指出目前细化设计后的防护方案依然存在设计标准问题、汛期排涝问题、浸没侵蚀问题、运行管理问题等等，均在一定程度上威胁着遇真宫的安全。如果发生超标准洪水或运行管理环节出现问题，将给遇真宫带来毁灭性的破坏。本次防护工程深化设计方案的结论说明，这些威胁没有彻底的解决办法和绝对可靠的工程技术手段，防护工程的可行性仍无法确定。

考古专家张忠培代表文物专家表达了集体意见："如果防护工程不能做到万无一失，应立刻采取原地垫高的方式保护遇真宫"。

会议意见很快提交到国家文物局。文物局关强司长表示，希望水利部门尽快落实防护工程是否可行，能不能保证万无一失地保护好遇真宫。水利部门也要求尽快开展风险评估，用科学验算的结论予以准确答复。

2008年《南水北调中线工程丹江口库区遇真宫防护超标准洪水淹没及汛期排涝风险专题研究报告》完成（图6.21）。

图6.21　重新论证的风险评估报告

（来源：长江水利委员会）

2008年12月2日，国务院南水北调办公室在北京再次组织召开了"南水北调中线工程丹江口水库遇真宫防护工程技术及管理运行风险分析研究课题"审查会，会议结论确定："遇真宫防护工程在超设计防洪标准、超设计排涝标准，物理环境的变化对文物建筑木质材料、砖质材料及石质文物的寿命影响，运行管理过程等方面的风险问题进行了分析评估。评估结论认为，遇真宫防护工程为高风险、高投资项目，存在难以控制的风险，建议采取其他保护方案"。

至此，围堰防护方案经过再次论证后，被水利部门和文物部门一起否决。现有防护工程的全部现代技术手段无法保证遇真宫不遭遇毁灭灾害。长期使用泵站抽水排涝不可靠，后期维护管理费用永无休止。考虑丹江口水库蓄水日期日益临近，国家文物局要求采用原地垫高保护方式尽快实施。

（2）原地垫高方案——顶升与垫高方案的结合

2009年清华大学建筑设计研究院重新接到湖北省文物局和武当山文物宗教管理局的委托，继续研究并完成遇真宫的原地垫高保护方案。原地垫高的基本思路就是文物迁移的传统技术路线，只不过迁移是在垂直高度上垫高而成。具体技术路线就是将现有古建筑拆除落架后，将原址垫高至水位线以上，然后在新址重新复建。

同年湖北省文物考古研究所完成了遇真宫东、西两宫建筑遗址的全部揭露。遗址规模宏大，展现出明初敕建遇真宫的总体格局。2010年7~9月清华大学设计院全面测绘遇真宫，对遇真宫宫墙以内的建筑和遗址进行详细测绘记录，并对主要建筑和遗址的空间坐标精确定位，绘制完整的测绘资料。2010年12月，根据遇真宫完整的测绘勘察成果，清华大学建筑设计研究院对原址垫高保护思路下进一步深化，编制完成了《武当山遇真宫原地垫高工程初步设计》。

这份初步设计成果的亮点之一就是对遇真宫内不同类型的遗存分别制定了不同的保护措施。设计考虑到遇真宫现存完整的宫墙。宫墙内可以分为东宫、中宫和西宫三组建筑群，其中东宫、西宫保护对象是考古遗址（Sites），中宫是基本保存完整的古建筑群。中宫分为内外两个区域，内宫为龙虎殿至大殿区域，包括龙虎殿、东西配殿、大殿及连接廊庑等古建筑，全部为古代木构建筑，布置在一个完整封闭的青石高台基上。外宫区域仅仅保留有山门和东、西宫门三座孤立的砖石建筑。其中山门为八字琉璃山门，单檐歇山砖券砌体结构，为明初砖石遗构。东西两侧各存单檐歇山单券宫门一座，也是明代砖石遗构。历史上是分别通往东西两宫的入口。

在保护措施上，考虑内宫建筑群均为传统木构建筑，完全可以采取传统的解体重建方式，对木结构建筑先编号解体、落架包装，再待新址垫高后实施修复和原状复建。而对于山门和东、西宫门三座明代砖券建筑，设计决定仍然采用原地顶升技术，从原地顶升15米至新址标高予以保护。这主要考虑古代砖石建筑不像木结构建筑具有一定可拆卸性。砖石建筑一旦解体，它的复原无疑是一次彻底重建，而且也很难保证恢复明初遗构的原状。而采取顶升方式进行垂直迁移能够很好地保护文物古迹，不改变文物的原状。

按照遇真宫中宫现存建筑可以分为木结构和砖石结构，分别制定拆除复建和原址顶升两种不同的保护方式得到了专家们的一致认可。

2011年4月，国家文物局和国务院南建委对《原地垫高保护工程初步设计》组织了专家评审，认为"遇真宫建筑中的山门和东、西宫门是该建筑群中原汁原味的明代建筑，采用顶升方案（包括基础部分）是可行的，也是必要的"。同意了遇真宫山门、东宫门、西宫门三座明代砖砌遗构采用顶升工程保护（图6.22）。

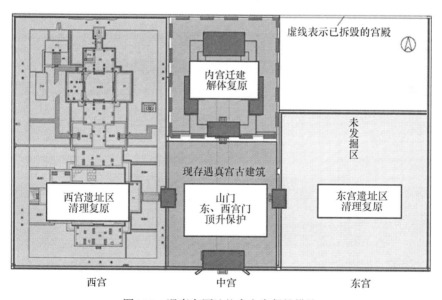

图6.22　遇真宫原地垫高方案保护措施
（来源：清华大学建筑设计研究院）

东西两宫大部分为建筑台基和院落的遗址。设计考虑对遗址进行分区编号，采取套箱方式封存，待新址垫高完成后按编号分箱复原成整体。对于散落松动的条石、柱础石等，分区记录位置，至新址处按原区原位恢复，保留遗址发掘时原貌，不进行建筑台基的复原。

（3）最终方案的亮点——新环境创造与展陈考虑

从文物环境保护的角度看，原地垫高保护方案能够最大程度的保留遇真宫背靠凤凰山，面朝九龙山的历史原址的大的地理环境不变，而且作为世界遗产的武当山古建筑群的"九宫九观"群体的分布格局也得到保留。但是小的周边环境则完全丧失。由于水磨河山谷被水库淹没，顶升后的遇真宫将成为一个三面临水的新环境。

对于这个新的临水环境如何利用，在2006年的设计方案中提出结合新环境的特点布置成游览景区。以遇真宫宫墙外5米范围为界把土地垫高，将来成为一个三面临水的岛屿，考虑从316国道进入遇真宫参观（图6.23）。

图6.23　2006年顶升方案环境效果（外围未发掘）

（来源：清华大学建筑设计研究院）

随着2006年发掘西宫遗址，2009年发掘东宫遗址完毕，湖北省文物考古研究所有又对遇真宫外围环境进行了发掘，清理出山门外的青石路，以及历史上从治世玄岳门进入的进山古道、散落的古桥和古井，大部分均为明代石构，规格较大，加工细致。湖北省考古部门建议适当扩大遇真宫垫高范围，把宫外发现的一些遗迹也能在将来新址处予以复原。

2010年深化完成《武当山遇真宫原地垫高工程初步设计》的第二个亮点，是对遇真宫外的垫高范围进行了新的设计创造。提出"历史场所意境"的新的环境创造原则，"（遇真宫）作为武当山古建筑群的重要宫观，位于历史上进山的武当古道上，考古发现的宫外的古道遗迹和古桥与明代舆图格局基本吻合。设计应尊重历史场所，空间线路上遵循历史舆图，将历史上山门外的神道空间和考古发现的古桥遗迹在新址处恢复，维持原有的历史场所感。"

因此，垫土范围的确定，应该从宫外考古遗迹的分布和遇真宫历史格局研究入手，结合武当道教文化合理规划。设计上"考虑遇真宫新址建成后，将是一处背依凤凰山，前临九龙山，中间是水面辽阔的水库的半岛环境。山水环抱，景色优美，规划设计结合宫外遗迹考古资料确定的范围，将岛岸规划设计为自由曲线形，创造柔和恬静的环境"[229]。

最终确定的新址范围的总平面，首先结合了遇真宫宫内外发现的文物遗迹的分布情况，将岛型设计成祥云形平面，遇真宫位于中间靠后位置。从空中俯瞰，整个岛屿如水中漂浮的"玉如意"。在标高设计上，岛边缘按丹江口水库大坝千年一遇的防洪标准，确定标高170米，沿岛边缘向中间遇真宫宫墙区域，地势逐渐向上升起，进入山门后宫内地面标高确定在175米左右。以此为基准标高，按遇真宫测绘总图的各建筑和东西宫遗址的记录恢复宫内地形（图6.24）。

图6.24　考虑水库淹没后的新址景观意境

（来源：清华大学建筑设计研究院）

整个垫土范围扩大后，整个遇真宫将成为武当山新的景区，新址入口设置在宫北侧的原316国道西侧，进入后沿西宫墙下绕至遇真宫正门外的神道上，按照原址方位进入宫内参观。宫外考古发现的会仙桥遗迹、神道遗迹以及泰山庙仍然可以在宫外相对位置上予以恢复。

（4）三种遗址保护方案的讨论与争议

2005年探讨遇真宫保护方式时，遇真宫东西两宫尚未进行完整发掘。至2009年国家放弃围堰防护方案，重新确定采用原地垫高方式进行干预时，东西两宫遗址已经被完整地发掘清理出来。对于如何保护这些宏大的建筑遗址一直存在不同的意见。

2006年在异地搬迁和原地顶升的方案探讨中，设计单位都主张将来对遗址进行发掘清理后采取回填处理，新址处可以采用遗址模拟的方式展示，也可以根据实际需要适当复原一些古建筑进行展示。

2011年4月，清华大学建筑设计研究院完成的初步设计中，对遗址采取了完全不同的遗产展示理念——"地下遗址博物馆"展示方式。考虑到东西两宫的建筑遗址规模巨大，设计考虑采用考古墓葬迁移的方式，采用套箱对遗址分块装箱。新址垫土至设计标高后，在东西两宫的位置下构建"地下遗址博物馆"，将东西宫遗址重新复原。博物馆的屋顶为新址遇真宫的地面层，在地面层可以进行地下遗址的模拟展示，也可以成为游览参观的露天展示平台，甚至将来可以依据研究成果考虑局部复建东西两宫建筑群（图6.25）。

但是这个"地下遗址博物馆"方案在专家评审论证时予以否定，认为"东、西宫建筑遗址是遇真宫中重要的格局构成和建筑遗存，对其保护与展示应与中路建筑的平面格局一并考虑，应在抬高后的地表上进行严格真实的基址复建。地基处理建议采用碎石土分层碾压方案。不宜建设地下展厅"。

清华大学设计单位提出，从保护角度来说，发掘出来的遗址虽然看上去比较零乱，但包含了真实且丰富的原始信息。不能简单地把它们作为建筑台基看待，而应该当作考古遗址（Sites）。如果垫高到地表复原，将来露天保存会面临雨水和植被生长的影响，一个室内的保护环境十分必要。在2011年5月，设计单位提出了地面上的"遗址博物馆"设计。但是由于大体量的博物馆建筑与中宫古建筑的不太协调问题，论证时再次被予以否定。

2011年6月，经过水利部门与文物部门专家商议，认为还是利用遗

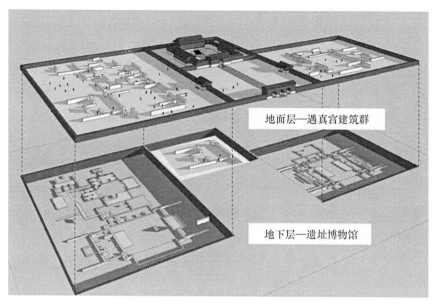

地面层—遇真宫建筑群

地下层—遗址博物馆

图6.25 遗址保护设计"地下遗址博物馆"
（来源：清华大学建筑设计研究院）

址清理出的原构件，在垫高后的新址处按照原格局、原形制、原材料和原工艺的要求，在地表复建东、西两宫的建筑台基和院落格局，供游客参观和展示（图6.26）。

图6.26 批复遗址修复的露天展示方案
（来源：清华大学建筑设计研究院）

三、工 程 实 施

遇真宫文物搬迁保护工程从2004年开始进行可行性研究，预计2014～2015年左右工程基本完成。前后长达11年。2011年6月，国家文物局下发《关于遇真宫垫高工程设计方案的批复》（文物保函【2011】1154号），正式批准实施垫高保护工程。施工阶段从2011年9月开始，目前已经完成了古建筑的解体和包装入库、山门及东、西宫门三座建筑的顶升工程，新址垫高工程，预计从2014年上半年逐步开始古建筑的复建工作。

（一）新的环境——遇真岛的建造

按照国家文物局的批复，武当山文物宗教管理局立刻委托清华大学建筑设计研究院和长江勘测规划设计研究院共同承担遇真宫垫高保护工程的施工设计。其中，古建筑的搬迁复原和顶升工程由清华大学设计单位负责，垫高工程和景观工程由长江勘测规划设计研究院承担。

按照新址环境的设计方案，垫高区域总面积达8.4万平方米，整体垫高12～15米。工程所需土石方量巨大。岸线围绕遇真宫自西向东沿"如意"形状放线环绕布置，岸线全长770米，边缘处高程从160米高程垫高至172米高程，遇真宫宫墙内垫高至175米。

考虑到用土石方将8万多平方米的区域垫高15米，新址将会有较长时间的沉降过程。如果沉降不均匀就在上面复建遇真宫古建筑，就可能会造成二次破坏。因此在最初的垫高"造岛"方案中，设计上考虑在地下设立钢筋混凝土桩基和大型筏板来保障地基垫高后不再沉降。

水利部门的专家了解文物复建的要求后，否认这种方式，建议可以采取"碾压坝"的方式建造新岛，而不用采用密集的桩基。在2011年4月审查意见中提出："地基处理建议采用碎石土分层碾压方案，碎石土分层碾压方案须按照规范保证土质密实，建议补充遇真宫工程区地质勘察及天然建筑材料勘测资料，对地质参数进行复核，并通过碾压实验合理取得工程参数"。

对于文物部门提出的新址沉降可能会影响上部古建筑复建的问题，提出："为确保复建后的文物安全，在分层碾压的基础上，也可分别做混凝土筏板基础，但不宜采取混凝土桩基础"。

设计单位按照意见进行了修改完善，新址采用分层碾压的方式逐层夯实。垫高工程包括涵洞设计、护坡设计及筏板设计等几个专项设施工程。

在遇真宫东西宫墙外侧的地下各布置一钢筋混凝土排水箱涵，将凤凰山上排下的水通过箱涵排入水库内。新岛边缘的坡顶高程172.10m，坡脚高程约160.00m，拟定施工坡度为1/2.5～1/3，在165.50m高程处设置3m宽平台，采用植生块护坡，满足将来枯水季的景观要求。

地下钢筋混凝土筏板工程待整体垫高工程完成后，根据遇真宫复建的范围，沿宫墙和主体建筑群下设立钢筋混凝土筏板，作为上部古建筑的基础，防止不均匀沉降。复建古建筑的筏板基础厚度1.2米，宫墙筏板基础厚度0.6米，每隔30m设置后浇带一道。

同时考虑到将来水库运行，垫高后坝体将要承受水库的水位变化，除了正常沉降外，还存在坝体湿化沉降及坝基的石英绢云片岩的风化、湿化沉降问题，对碾压施工的工艺要求非常高，要求每层碾压完后应实行监测，为此制定了专门的施工监测方案，保障垫高工程的施工质量达到设计要求（图6.27）。

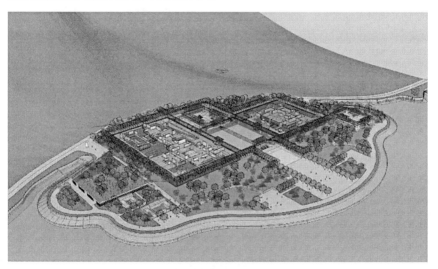

图6.27　垫高新址周围淹没后的新环境意境

（来源：清华大学建筑设计研究院）

（二）世界纪录的顶升工程

按照设计要求，遇真宫山门和东、西宫门三座单体建筑实施原地顶升15米。这次顶升工程成为新中国成立以来我国文物古迹保护工程中一次顶升数量最多、高度最高的重要工程，在世界遗产保护领域也是绝无仅有的。顶升工程从2012年2月开始，至2013年1月完成，前后工期11个月。

正如前文所述，按照2006年清华设计院的最初方案，曾希望能将整个遇真宫的宫墙、古建筑、两宫地下遗址等近2万多平方米的范围全部顶升。从技术上如此大规模的、超高度的顶升存在一定风险，国家文物局在批复文件也明确指出如此大规模的顶升存在技术风险问题。即便是此次批准实施的三座明代砖券建筑的顶升，同样也是遗产保护领域前所未有的挑战。

河北省建筑科学研究院承担了此次任务，按照设计要求，遇真宫山门及两翼琉璃墙体、东、西宫门需整体顶升约 15 米。其基本技术路线是，先对文物建筑进行结构检测和安全鉴定，制定预加固方案，其后是进行基础托换，对古建筑的基础进行托换，按照文物保护的要求，古建基础也需要保留。因此，实际是在古建筑基础下制作钢箱梁托住上部的古建筑，数道钢箱梁焊接浇筑成整体托换底盘。最后利用灌注桩基设置成反力墙，上面布置成组的千斤顶对托换底盘逐次顶升至设计高度（图6.28）。

图6.28　三座明代砖砌建筑原地顶升15米

（来源：自摄）

本次顶升过程考虑到文物古迹的重要性，预加固时对屋顶处容易剥落的构件，如正吻和走兽进行了检查，松动的先行取下。由于三座建筑都是砖砌券门，建筑台基全是条石铺砌，因此，采用方型钢管焊接成钢管焊接桁架体系紧紧贴住建筑，包括券门内和全部台基外围，通过刚性网架把建筑固定成一个整体。为了保证万无一失，整个型钢加固网架又与下部预制托换底盘焊接在一起，随托换底盘一起顶升。

在设置反力墙方面，首先采用冲击灌注桩作为顶升反力桩，桩径0.8米，桩端进入中风化纳长片岩层，山门承重桩端进入岩层深不小于8米，桩长约12.5米；东、西宫门承重桩端进入岩层深不小于3米，桩长约8.5米。山门周围布设34根顶升受力桩，宫门周围布设14根顶升受力桩，保证足够的受力储备。

在基础托换方面，采用切入式钢箱梁进行基础托换，将钢箱梁逐个推进建筑基础下方土层中，然后通过人工掏挖，植入钢筋网浇筑成钢制托梁，数个钢制托梁连接在一起形成基础托换底盘。

顶升方面采用 PLC 液压整体同步顶升系统分级同步顶升，顶升前考虑山门总重设计值为4600吨，共布置40个千斤顶。东宫门与西宫门均估算重约1200吨，每个宫门置换托盘下布置12台千斤顶，先从西宫门顶升开始顶升。经过精确计算，将千斤顶分组编排顶在托换底盘下，采用多次循环的方式往复顶升，每一次提升1.5米，使上部结构慢慢升起。

顶升工程从2012年2月开始，至2013年1月完成。遇真宫三座宫门的顶升工程引起了全社会的普遍关注，许多新闻媒体也纷纷以"前所未有""世界纪录"等标题予以报道，对于遇真宫文物搬迁保护工程起到了极大的宣传作用。

四、工程总结

（一）多种类型保护工程的综合

遇真宫文物迁移工程是进入21新世纪后我国实施的最重要的一次文物建筑搬迁保护项目之一，也是新中国成立以来首次对世界遗产项目实施搬迁。此项工程中包含了丰富的工程类型，不仅仅是传统的单一类型古建筑的拆除复建，而且包括大殿重建工程、顶升工程、遗址展示工程等综合性文物建筑搬迁活动。

1. 顶升整体移位技术的应用

在我国世界遗产项目中，遇真宫开创了顶升技术实施文物迁移的首例。遇真宫山门、东宫门、西宫门采用在原址处原地顶升15米，也开创了我国目前在文物建筑顶升迁移的世界纪录。

从保护认识上，如果文物古迹面临着"文物环境完全丧失"的危险，最理想的迁移方式就是在不伤害文物本体的情况下实现"空间转移"。这个过程应该像把一件青铜器从陈列室转移到库房一样。但是，由于不可移动文物具有体量大、规模大以及具有地点环境特征的特殊性。这种迁移对于文物古迹来说，损失不仅仅是丧失原有的文物环境，而且往往由于需要解体文物本体而造成二次损伤。

现代结构技术的发展为大型文物古迹的平移或顶升提供了可能。在不用拆解文物古迹的情况下实现空间位置的转移，最大程度的减少文物价值的损失。

我国在20世纪80年代开始研究整体移位技术。90年代在大规模的城市改造建设中开始应用和普及。进入21世纪后建筑整体移位和顶升技术开始在文物保护工程领域运用。这主要是全社会对于保护文物价值认识的提高。新技术的运用很好地解决了由于解体文物带来的价值损失。

2002年我国完成的昆明官渡金刚塔原地顶升2.6米是我国第一次文物建筑顶升保护工程。此项工程是也初步总结出包括塔体保护、止水帷幕、静压桩布置、基础托换、同步顶升系统控制的文物古迹顶升保护的技术路线。其中采用顶管技术置换基础、预应力技术等新工程技术应用于文物建筑保护为国内首创，开创了古建筑整体顶升保护的先例[230]（图6.29）。

我国法律上将文物古迹定义为"不可移动文物"，其本质应理解为文物古迹与原址环境不可分割的关系。不可移动文物是法律上的"不可以移动"，而不是指技术上的"不可能移动"。在国家重大建设工程中，原址环境面临完全丧失的情况下迁移文物建筑是允许的。建筑的移动从技术上可分为"解体后复建的移动"和"整体移动"两种方式。建国初期由于工程技术和经济方面的原因，大型文物建筑的整体移动是不可能做到的。此外由于我国的古建筑大部分具有可拆卸的特点，具备一定的可搬迁性，所以文物迁移往往是采用解体后再重建。改革开放我国现代工程技术的发展，使得建筑的整体移动成为可能。

传统文物迁移工程的技术路线，基本上是解体—易地—重建三个步骤。对于传统木构古建筑来说，解体后同时完成构件的修复工作，

图6.29　昆明妙湛寺金刚塔原地顶升2.6米

（来源：http://hk.plm.org.cn）

相当于落架大修。从现

　　代文物保护的认识来看，木结构体系的古建筑采用"落架大修"固然可以视为一个传统。但是无论如何，这种迁移过程使得包含在文物建筑当中丰富的历史信息会不可避免地遭受一次损失。新中国成立以来形成的传统文物迁移方法从保护认识上是对文物古迹的一种特殊的重大干预，也可以理解为一种特殊的保护方式。无论如何，采用传统的迁移方式，文物的历史信息的真实性和历史价值必然大打折扣。

　　2004年8月完成的广州锦纶会馆整体移位100米是我国第一次综合运用建筑平移和顶升技术完成的文物建筑迁移保护（Relocation conservation）工程。这是对一组传统砖木建筑及院落实施整体迁移。工程分为四阶段分步实现。首先开挖一条从南向北的用于迁移轨道的铺设通道。然后先将锦纶会馆从南往北整体平移80米，进入半地下状态。第三步再从半地下整体顶升1.08米回到新址地面上。最后将锦纶会馆从东向西再整体平移22米，完成全部迁移[231]（图6.30）。

　　整体移动技术能够保证文物本体对象原封不动地实现空间上的转移。在文物建筑面临原址环境消亡、被迫需要迁移时，能最大程度

图6.30　广州锦纶会馆（砖木建筑群）不落架的整体迁移

（来源：http://image.baidu.com）

的保留文物本体的历史信息，保护文物本体的真实性不受损害。理论上，整体移位技术能保证，除历史环境改变外，文物本体的历史价值完全保持不变。

正是在这种保护认识下，对遇真宫的山门、东宫门和西宫门三座明代建筑决定实施原地顶升保护。在实施之前，山门和东西宫门虽然主体保存完好，但经历了近600年的风雨，屋顶残破、墙面剥落现象已经很严重。工程技术人员仅仅采用方管钢制桁架系统对其进行内外整体支撑防护后，就开始实施了原地顶升15米，经过11个月的施工，三座建筑连一片瓦都不曾掉落，成功将它们抬高到175米的设计标高，创造了文物建筑顶升保护的世界纪录。顶升完毕的三座明代砖砌体建筑，按照文物保护工程要求进行必要的现状整修即可，避免了因解体拆除，再异地重建带来的破坏。

2. 传统古建筑迁建保护方式的延续

龙虎殿至大殿区域的内宫建筑群由3个单体建筑和2处连廊围合而成，坐落在一个完整封闭的青石大台基上，全部都是传统的木结构古建筑。按照2006年清华大学保护方案的最初构想，对遇真宫全部范围内进行整体的顶升，也包括了这组内宫区域的木构建筑群。由于技术上不成熟，存在一定的风险。因此此次搬迁中仍然决定按照传统的迁建方式实施编号拆除、再新址复建的保护模式。

2003年遇真宫大殿遭大火焚毁，内宫建筑群仅剩下龙虎殿、东西配殿和之间的转角廊庑总共五座木构建筑，经过设计单位测绘勘察后发现，龙虎殿仅部分梁架保留了明代原构。北侧屋顶由歇山改成悬山，门窗后期不当封堵。东配殿为清代改建。西配殿为建国后当地仿照东配殿式样完全新建，内部梁架为简易厂房的木桁架，不合制度。东西廊庑也是清代大量改建，主要风貌已大变。各个建筑年久失修，存在大量后期不当的乱改乱建（图6.31）。

设计上决定采用落架大修的维修方式，对现存的木构建筑进行全面解体后维修，确立修复的基本原则是"不改变文物原状（Not Altering the Historic Condition）"，这里的"原状"基本上是拆除前可以确认的原貌。

对于龙虎殿屋顶南面是单檐歇山顶，北面是民国时期改建的悬山

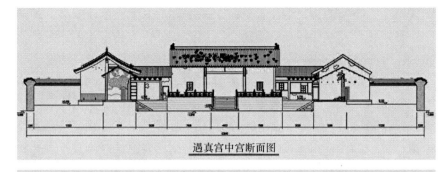

遇真宫中宫断面图

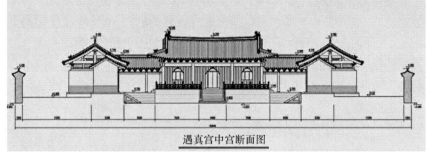

遇真宫中宫断面图

图6.31　内垣龙虎殿现状测绘及复原设计图

（来源：清华大学建筑设计研究院）

顶。此次设计考虑到《北京文件》中对文物建筑完整性的定义①中包括文物建筑各个部位的完整度以及与周边自然和人文环境之间关系的完整度的要求。

设计决定去除后期改建的悬山屋顶，按照南面的屋顶结构恢复完整的龙虎殿单檐歇山顶的历史原貌。

西配殿仿照东配殿的外貌，但是内部结构体系为建国以后简易工棚的木桁架支撑结构。按照《中国文物古迹保护准则》对于"文物原状"的认识，可以恢复原状的对象包括六种情况，其中第4条与同类实物比较可以确认的状态以及第6条能够体现历史环境的价值的状态。此次西配殿复建参考清代修建的东配殿实施复原。

设计决定取消西配殿的室内梁架，按照东配殿清代梁架结构进行

①　《北京文件》："对一座文物建筑，其完整性应定义为与其结构、地面、屋顶、油饰彩画等要素的关系，以及与人为或自然环境的关系。为保持遗产地的完整性，有必要使体现其全部价值所需因素中的相当一部分得到良好的保存，包括建筑物的重要历史积淀层"。

复制，恢复东西配殿完整对称的格局。

应该说对于龙虎殿及东西配殿的迁移方式，完全延续了永乐宫迁移工程形成的文物建筑迁移保护技术路线的传统。对文物建筑进行编号拆除后，按照"不改变文物原状"的要求进行构件补配和修复。目前全部的构件都已在库房内完成了修复，按照垫高工程的要求，在新岛沉降监测稳定的情况下，考虑在2014年中旬开始实施新址处的复建工作。

3. 大殿重建的认识探讨

自2003年遇真宫大殿遭火焚后，武当山特区政府和湖北省政府一直都呼吁予以尽快实施重建工作。湖北省文物局及时组织技术人员对遇真宫大殿进行了构件清理和测绘勘察，编制了复原方案。

随着我国对国际文物保护认识的不断提高，特别是文物古迹的历史价值的重视，以及作为不可再生的资源的认识。2000年公布的《中国文物古迹保护准则（China Principles）》第25条保护原则："已不存在的建筑不应重建"。在2002年新修订的《中华人民共和国文物保护法》第22条明确规定："不可移动文物（immovable cultural relics）已经全部毁坏（totally damaged）的，应当实施遗址保护（protecting damaged relics），不得在原址（original site）重建（may not be rebuilt）"。据此，国家文物局没有批准湖北省2003年紧急上报的修复遇真宫大殿的申请。

按照文物价值保护的认识，"历史价值是文物古迹的核心价值，具有不可再现的特点，重建的建筑不再具有原先的历史价值"；"重建的建筑与原建筑的关系实际上是复制的工艺美术品和文物之间的关系，是模型与实物之间的关系。两者之间的价值是完全不同的"[232]。

因此，重建一个"有600年历史的明代建筑"毫无意义，重建后的遇真宫大殿毫无任何历史价值。但是随着2002年国家启动南水北调工程，整个遇真宫面临着水库淹没的危险，必须实施搬迁保护。这种文物迁移工程无疑会给遇真宫的文物价值造成比较大的损失。在搬迁之前充分论证它的价值，充分比较围堰防护、原地抬高、异地搬迁三种不同的方式就是考虑如何最大程度的保护文物的价值。

在确定采用原地垫高的保护方案后，设计单位分析了此种方式对遇真宫可能带来的价值损失。其中包括原址环境的丧失，文物建筑落架大修带来的历史信息的损失等。明确这些必然的损失，使得我们在前期勘察中要求对原址环境进行详细的测绘、摄影和记录，要求在整个搬迁工程施工中需要进行详细的档案记录，通过测绘、摄影和档案记录来尽可能地留住一些历史信息。

另外一方面，由于遇真宫需要整体搬迁，使得大殿重建成为了一次可以探讨的新问题。《中国文物古迹保护准则（China Principles）》除了明确不应重建的基本立场外，也另外说明"文物保护单位中已不存在的少量建筑，经特殊批准，可以在原址重建的，应具备确实依据，经过充分论证，依法按程序报批，获得批准后方可实施"。新《文物法》也明确"因特殊情况需要在原址重建的；……，由……（相应级别）人民政府报国务院批准"。

在1999年ICOMOS的《历史木结构建筑保护标准》中也不排除复原的意义，第8条说道"修复（Restoration）的目的应该是为了保护原结构体系，或者延续它承担的功能，或者通过恢复易于辨识的完整的历史格局来揭示它的文化意义"。

遇真宫由于原地垫高，整体价值上已经失去了原址环境的约束，大殿的重建工作可以视作在新址环境中的一种整体格局的恢复，一种历史景观的再现。按照《中国文物古迹保护准则（China Principles）》中列出可以恢复原状的几种情况，其中包括"能够体现文物古迹价值的历史环境"，因此，此次遇真宫整体迁移中可以考虑实施大殿的重建工作。

《准则》同时要求，"重建"需要有"确实依据"和"充分论证"的要求，设计单位对大殿的历史资料进行了广泛的收集和整理。

1992年武当山古建筑群申报世界文化遗产时，当地对遇真宫进行了初步测绘。2003年湖北省文物局对大火焚毁的大殿进行了清理和测绘，编制了完善的测绘资料。武当山文物宗教管理局留存有大量遇真宫大殿的历史照片，包括室内梁架彩画等，这些历史资料对于重建遇真宫大殿提供了翔实的基础资料（图6.32）。

在以上资料收集和研究的基础上，设计单位同时也对大殿残存的少量墙垣以及高大的月台和台基进行了详细测绘，要求施工单位严格按照设计编号进行大殿台基的拆除工作。从历史价值看，内宫区域完整的青石台基是明代初建时的原物，保留了明成祖敕建初期时的全部历史信息。更重要的是，在拆除过程中，设计单位发现青石台基内

图6.32　遇真宫大殿保存有相对完整的原始资料

（来源：武当山文物宗教管理局）

部的构造做法非常复杂，宽大的月台内部全部采用一层碎砖一层夯土分层夯实，每个柱础位置下采用巨大的砖砌磉墩，全部由白灰砌筑而成，异常坚硬。台基外部垒砌青石，内部是厚达60～100cm的砖墙。外砌青石仅仅是一道砌面，并不承载上部建筑重量。

拆卸过程中，设计单位及时对大殿台基内部构造进行了补测，绘制了详细的测绘图，对复原设计方案进行了修改补充，保证复原时按照原材料、原工艺、原形制进行恢复。

4. 遗址展示方式的探讨

正如前文所述，遇真宫搬迁对象不仅包括现存的古建筑、而且包括了发掘清理后的东西两宫遗址。对于将遗址原地抬高后如何展示，设计单位曾经先后提出了"地下遗址博物馆"和"地面遗址博物馆"的两种方案，先后论证审核时被否决，最后实施采用的是遗址修复的露天展示方案。

遗址博物馆是目前对考古遗址（Sites）进行研究和利用的最好模式之一，以往考古发掘者往往是发掘清理完，将出土文物转移到考古所或博物馆库房后，对遗址进行回填处理。事实上遗址区作为承载这些文物的重要载体，也包含丰富的历史信息，应该得到更充分认识和保护。因此，不仅是要保护出土的可移动文物遗存，对不可移动的遗址及其环境信息的保护也同样重要（图6.33）。

半坡遗址博物馆

金沙遗址博物馆

汉阳陵遗址博物馆

图6.33　遗址博物馆的保护实践

（来源：http://image.baidu.com）

中国文化遗产研究院傅清远先生说道：如果考古发掘与可持续保护展示的利用目标相结合，遗址博物馆的方式可能是最具诱惑力的内容[233]。

按照单霁翔先生的研究，早在 20 世纪 50 年代，我国文物博物馆工作实践中就出现了"遗址博物馆"的称谓。1958 年 4 期《文物》杂志上，介绍半坡博物馆的文章标题为《我国第一座遗址博物馆开放》，遗址博物馆是指"依托考古遗址（Sites），以发掘、保护、研究、展示为主要功能的专题博物馆"。单霁翔先生认为遗址博物馆是博物馆空间内容与形式在时间上统一的一种形式，两者的时间都是指向过去的同一点。这是遗址博物馆时空的最根本特点[234]。

按照这个观点，对于清理发掘的遇真宫东西两宫遗址在面临淹没的情况下，最理想的方式就是把他们抬高到安全标高后，构建一个遗址博物馆空间，将遗址的发掘、保护、展示、研究等工作放在一个博物馆空间内，实现遗址可持续保护、研究和利用的目的。

2011年4月清华大学建筑设计研究院提出将东西两宫遗址采用"分块套箱"的方式在新址标高下方6米处建设一个完整的"地下遗址博物馆"，将文物保护和将来各种展示可能一并解决。同时也给迁移后的遇真宫增加一个可供参观的景点。从保护的观点看，地下遗址博物馆的方式优点在于，严格复原考古遗址（Sites），最大程度保护原有遗址的历史信息；同时能提供较好的保存环境，能提供较好的展示方式和丰富的展示空间。缺点就是在新址建造一个地下博物馆来展示遇真宫，增加工程造价（图6.34）。

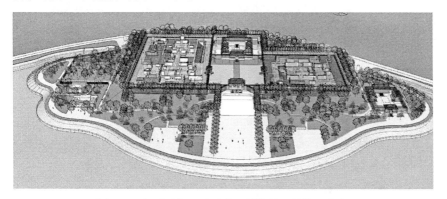

图6.34　东西两宫"地下遗址博物馆"的第一方案

（来源：清华大学建筑设计研究院）

对于第一种保护方案，专家会议上提出了否定意见，主要有以下三点：

"1.遗址放入半地下展示不必要，再去建一个遗址陈列馆不值当，比较费钱。

2.东西宫遗址主要是建筑遗址，目前遗址保护技术很成熟，完全可以露天展示。

3.东西宫遗址和中宫建筑群是个整体，应保持同一标高。"

2011年5月设计单位提交修改后的第二种遗址保护和展示方案，将东西两宫遗址在地表进行复原，但是由于考虑遗址露天展示将面临雨水侵蚀和植物生长等病害，因此，设计单位仍然坚持采用"地面展示馆"的方式，通过在遗址上设计搭建一套轻质结构，解决遗址的保护问题。这实际上是一种保护设施的方式。它的优点在于：能保持东西宫遗址和中宫在一个标高，同时能提供一个较好的遗址保护与展示的空间，工程造价适中。 缺点是保护设施的外观受到限制，体量可能影响到中宫古建筑群的历史风貌（图6.35）。

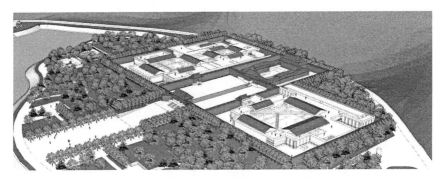

图6.35 "地上遗址博物馆"第二方案

（来源：清华大学建筑设计研究院）

对于第二种保护方案，专家组依然给出了否定的意见，明确表示：

"遇真宫的遗址应露天展示，不宜再考虑搭建保护棚等设施。遗址的保护问题主要是防风化，应补充遗址复原后的修复措施。"

这里基本明确了不宜采用展示馆的方式保护遗址，而应该直接把考古发掘的建筑基址作为修复的对象，在新址处实行原状复原，将建筑台基及其格局完整展现出来。水利部门的专家也提出：在国家水利移民条例中，对于移民复建项目中额外扩大规模、提高标准的费用，应由有关地方人民政府或者有关单位自行解决。遇真宫迁移的主要目的就是原状搬迁，新增加的博物馆的费用不可能从国家水利移民经费中出。

2011年6月设计单位最后调整的遗址方案采用了遗址修复的方式，

通过直接对遗址本体进行修复完成保护与展示工作。基本方式是根据考古发掘的情况，对各个建筑台基和院落编制修复设计方案，在保护的前提下按照原材质、原工艺对进行修复，在遗址表面随形增加一定的保护层。完整地露天展示修复后的东西两宫建筑基址和院落。这种方案的优点是：实施建筑台基的修缮工程，完成后可以露天展示，修复后的观览效果较好。缺点在于把建筑考古遗址（Sites）作为一种残损的建筑台基看待，实施修复造成原有遗址的历史信息损失较大；后期面临长期潮湿多雨和地下水、植物生长等病害侵蚀问题（图6.36）。

图6.36　（建筑基址）遗址修复的第三方案

（来源：清华大学建筑设计研究院）

（二）保护理念和技术的成熟运用

1. 价值认识和研究贯穿保护全过程

我国步入新世纪实施的遇真宫文物迁移工程，无论是在工程立项、对象确认、保护方式选择、保护措施和新址环境等阶段都把保护世界遗产的价值作为总体目标，价值认识贯穿保护全过程。通过运用文物价值研究和评估手段，形成完整的保护认识，成为了工程参与各方研究和保护决策的基本前提。

首先，在保护对象方面，不仅仅关注遇真宫的明代建筑，而且关注东西两宫可能存在的地下遗址。通过价值评估，对遇真宫需要保护的对象认识更加全面完整。避免了永乐宫搬迁时期仅仅考虑迁移元代建筑和壁画（Murals），忽略周边遗址和墓葬的不当做法。

在2005年的《遇真宫保护方案可行性研究报告》在历史价值评估时提出，"遇真宫建于明永乐十年（公元1412 年），共建殿堂、楼阁、方丈、斋房等97间。到嘉靖年间（公元1522～1566年），遇真宫扩大到396间。分为东宫、中宫和西宫三组建筑院落，……。该宫乃明成祖为纪念张三丰而建，并赐名'遇真'，这在中国历史上是绝无仅有的"。在现状调查中也把遗址作为遇真宫保护对象的内容一并考虑。"遇真宫建筑群规模巨大，但由于缺乏必要的保护，仅中路院落建筑保存较完整，……。但东宫院内已挖掘出较大规模的房屋基址，西宫尚未进行发掘，基址布局不明。"

这些都说明通过价值研究，把遇真宫建筑遗存和周边地下遗址作为一个完整的遗产整体纳入此次搬迁对象。同样，在水利部门编制的防护方案中也提出"原址、原样、原环境"保护遇真宫全部价值的基本准则（China Principles）。反映出遇真宫搬迁立项一开始，通过价值研究和认识上统一考虑，把遇真宫全部可能的遗存作为一个整体对待。2006年西宫遗址被清理发掘，揭露面积达9600平方米，2009年东宫遗址清理发掘7700平方米。这些新发掘的遗址客观上增加了水利部门的移民工作内容和投资，但是无论是水利部门还是文物部门的专家，都一致认为此次迁移工程必须包括这些珍贵的地下遗址和周边重要的环境遗存。在意见中明确："东、西宫建筑遗址是遇真宫中重要的格局构成和建筑遗存，对其保护与展示应与中路建筑的平面格局一并考虑。"（图6.37）

在保护方式的选择上，虽然对于围堰保护，原地垫高、异地搬迁三种方式的倾向各有不同，但是各方专家的意见中都体现出对"历史信息"和"历史价值"保护的关注，反映出文物古迹的"价值保护"意识已经成全社会的基本共识。

主张围堰防护方案的长江勘测设计院的水利专家张荣国高级工程师提出"将遇真宫建筑群及其周边陆域环境筑堤防护，使得文物信息较完整的原地保护，是文物保护最好的方式"。主张原地顶升保护的清华大学建筑学院吕舟先生提出"对于遇真宫原有历史价值和历史信息的延续，围堰方案作最为突出，顶升方案次之，搬迁方案最次。……与围堰方案相比，顶升方案最大的优势在于彻底解决了后期维护问题，消除安全隐患，同时又相对保留了遇真宫在武当山宫观建筑群体中的历史地点"。

在针对不同保护对象的迁移措施方面，重视"历史信息"提倡"历史价值"的保护意识对制定不同的保护措施起了决定性作用。

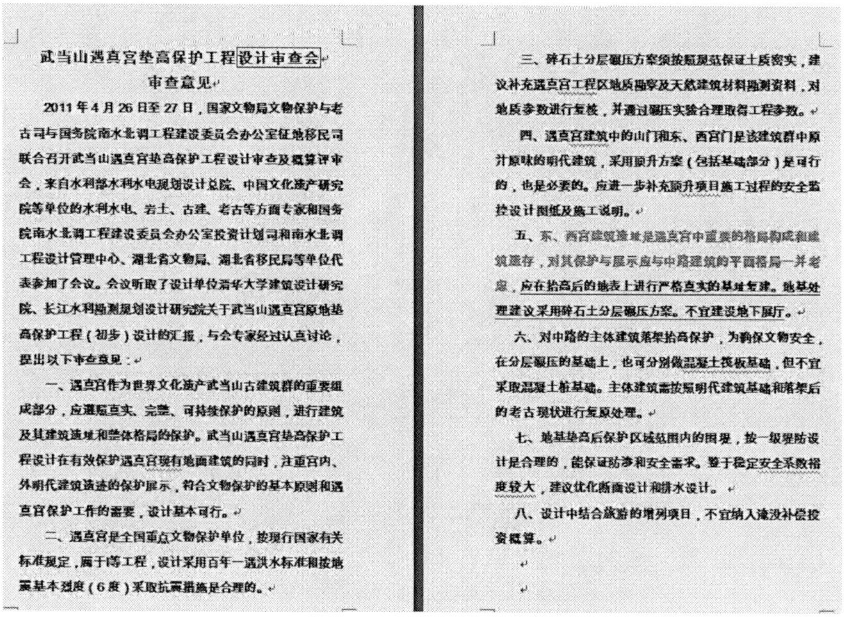

武当山遇真宫垫高保护工程设计审查会

审查意见

2011年4月26日至27日，国家文物局文物保护与考古司与国务院南水北调工程建设委员会办公室征地移民司联合召开武当山遇真宫垫高保护工程设计审查及概算评审会，来自水利部水利水电规划设计总院、中国文化遗产研究院等单位的水利水电、岩土、古建、考古等方面专家和国务院南水北调工程建设委员会办公室投资计划司和南水北调工程设计管理中心、湖北省文物局、湖北省移民局等单位代表参加了会议。会议听取了设计单位清华大学建筑设计研究院、长江水利勘测规划设计研究院关于武当山遇真宫原地垫高保护工程（初步）设计的汇报，与会专家经过认真讨论，提出以下审查意见：

一、遇真宫作为世界文化遗产武当山古建筑群的重要组成部分，应遵循真实、完整、可持续保护的原则，进行建筑及其建筑遗址和整体格局的保护。武当山遇真宫垫高保护工程设计在有效保护遇真宫现有地面建筑的同时，注重宫内、外明代建筑遗迹的保护展示，符合文物保护的基本原则和遇真宫保护工作的需要，设计基本可行。

二、遇真宫是全国重点文物保护单位，按现行国家有关标准规定，属于Ⅰ等工程，设计采用百年一遇洪水标准和按地震基本烈度（6度）采取抗震措施是合理的。

三、碎石土分层碾压方案须按照规范保证土质密实，建议补充遇真宫工程区地质勘察及天然建筑材料勘测资料，对地质参数进行复核，并通过碾压实验合理取得工程参数。

四、遇真宫建筑中的山门和东、西宫门是该建筑群中原汁原味的明代建筑，采用顶升方案（包括基础部分）是可行的，也是必要的。应进一步补充顶升项目施工过程的安全监控设计图纸及施工说明。

五、东、西宫建筑遗址是遇真宫中重要的格局构成和建筑遗存，对其保护与展示应与中路建筑的平面格局一并考虑，应在抬高后的地表上进行严格真实的基址复建。地基处理建议采用碎石土分层碾压方案。不宜建设地下展厅。

六、对中路的主体建筑落架抬高保护，为确保文物安全，在分层碾压的基础上，也可分别做混凝土筏板基础，但不宜采取混凝土桩基础。主体建筑需按照明代建筑基础和落架后的考古现状进行复原处理。

七、地基垫高后保护区域范围内的围堤，按一级堤防设计是合理的，能保证防渗和安全需求。鉴于稳定安全系数裕度较大，建议优化断面设计和排水设计。

八、设计中结合旅游的增列项目，不宜纳入淹没补偿投资概算。

图6.37　遇真宫原地垫高方案评审意见

（来源：清华大学建筑设计研究院）

2009年国家文物局重新确定采用原地垫高的保护方式实施遇真宫迁移工程后，在有限的时间内，如何能够最大程度的保留遇真宫的全部遗存。清华大学建筑设计研究院不是一律采取“先拆除后重建”的传统迁移技术去实现原址垫高。而是从保护“历史信息”和“历史价值”的认识出发，对于遇真宫中的木构建筑、砖砌体建筑、建筑遗址分别采取了传统迁移方式、原地顶升迁移、分块套箱迁移等不同的保护措施。

对于龙虎殿和东西配殿等古代木结构建筑具备可拆卸的特点，可以仍然采用成熟的传统迁移技术。但是山门、东宫门和西宫门是明代砖券建筑，一旦拆除将无法像木构建筑原样重建。文物建筑最重要的就是它的历史的真实性，它所携带的历史信息的数量和质量。保护文物建筑，第一重要的是保护它们真实的原物。[235]采用原地顶升措施能较好地保护山门和东西宫门的原物不受损害，完整地保留其历史价值。同样，对于建筑遗址的认识也是基于考古遗址（Sites）的价值认识，通过采用“分块套箱”方式，原样保留遗址被清理出来的原始状态，最大程度的保留遗址的历史信息。

在新环境的改造设计方面，则运用了文物迁移带来价值变化的新认识。迁移文物最重要的价值损失就是失去了原址环境。从价值认识上文物迁移后首先应该考虑的是如何在新址环境中去体现原址环境的价值，正因为如此，张桓侯庙搬迁工程确定了"历史环境再造"的新址建设目标。遇真宫迁移后，原有"良田阡陌"的原址环境变成了"三面临水"的半岛环境。在三面临水的环境中无法再现农耕村落的原址景象，因此，遇真宫新址环境无法实现"历史环境再造"。设计单位大胆根据新环境的特点，结合武当山道教文化和遇真宫历史风貌特点，进行"历史意境的创造"。根据武当山道教文化以及遇真宫的遗存分布，合理规划了一个"玉如意"岛屿形状，体现武当山道教文化的意境。宫外发掘的古道、石桥等遗存也有空间场地进行复原。"历史意境的创造"的理念正是根据原址环境的消亡而带来的新的设计空间而形成，成为了此次"环境创造"的一次有益尝试（图6.38）。

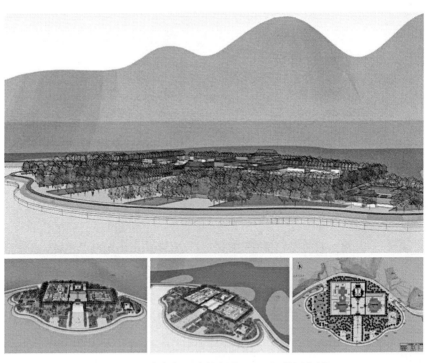

图6.38　遇真宫新址意境概念——"环境创造"

（来源：清华大学建筑设计研究院）

2. 文物环境保护认识的成熟

在进入21世纪以后，我国对于文物环境的保护意义逐渐清晰并走向成熟。遇真宫迁移工程深刻地反映出我国在保护文物环境认识上的成熟。这种文物环境的保护逻辑具体归纳为"原址保护第一；尽可能最大程度保护原址环境特征次之；体现原址环境的历史意义再次之"的保护决策过程。

遇真宫搬迁方式的探讨从2004年提出围堰防护、原地顶升和异地搬迁三种保护方式开始，至2006年国家批准"围堰防护"的方案，又到2009年调整为"原地垫高"的方案，前后研究论证时间长达5年多，期间各家设计单位编制的各类可行性研究报告、保护方案论证报告、初步设计方案、风险研究评估等技术文件多达数十册，组织各类技术汇报和专家评审会议不下20余次。反映出国家对于迁移文物古迹决策的审慎。

从保护理论上看，如果承认背景环境是文物古迹的重要联系和构成意义的要素，具有重要的保护价值。那么，迁移文物建筑最重要的改变（价值损失）就是文物环境完全丧失。文物建筑迁移导致的"环境意义改变"是文物迁移保护（Relocation conservation）的本质问题。因此，任何情况下，保护文物古迹都应该优先考虑"原址保护"。"原址保护"是文物保护的重要原则之一。在2000年《中国文物古迹保护准则（China Principles）》以及2002年修订《中华人民共和国文物保护法》中都把"原址保护"作为重要的保护原则和法律要求明确下来。

正是基于这样一种新的环境保护认识，采用"围堰防护"的方式才会作为遇真宫保护的首先方案，而不是考虑其他的原地顶升、原地垫高或者异地搬迁。

2006年5月27日至28日。湖北省文物局在武汉组织对三种遇真宫保护方案的专家论证会。虽然大家都认为参评的三个方案均符合国家文物保护法的有关规定，并从保护文物真实性和完整性、安全性、技术可行性和经济性等方面进行了认真研究和探讨。但影响决策最主要的因素仍是"保护文物历史信息的真实性和完整性"。尤其在"历史环境真实性"的保护方面，围堰防护方案无疑是占有绝对优势。

最终评审意见写道："经认真讨论，绝大多数专家认为二号顶升方案和三号异地搬迁方案对建筑环境的改变太大，推荐一号围堰方案为实施方案。认为一号方案在保护建筑与环境的原真性方面优点更为突出，符合保护世界文化遗产的高标准要求。建议以一号方案中的方案三为基础，采用较经济的围堰线型，尽可能扩大围堰保护区域的面积，将围堰工程结合文物建筑做整体的景观设计。设计中要列建造好的文物环境整治费用，对建成项目的维护管理费用要有长期的来源，建议由水库移民后期扶持费用中提取”（图6.39）。

2006年国家文物局在北京组织专家进行评审，同样，按照“原址保护”的要求，指出了原地顶升和异地搬迁方式对于文物环境存

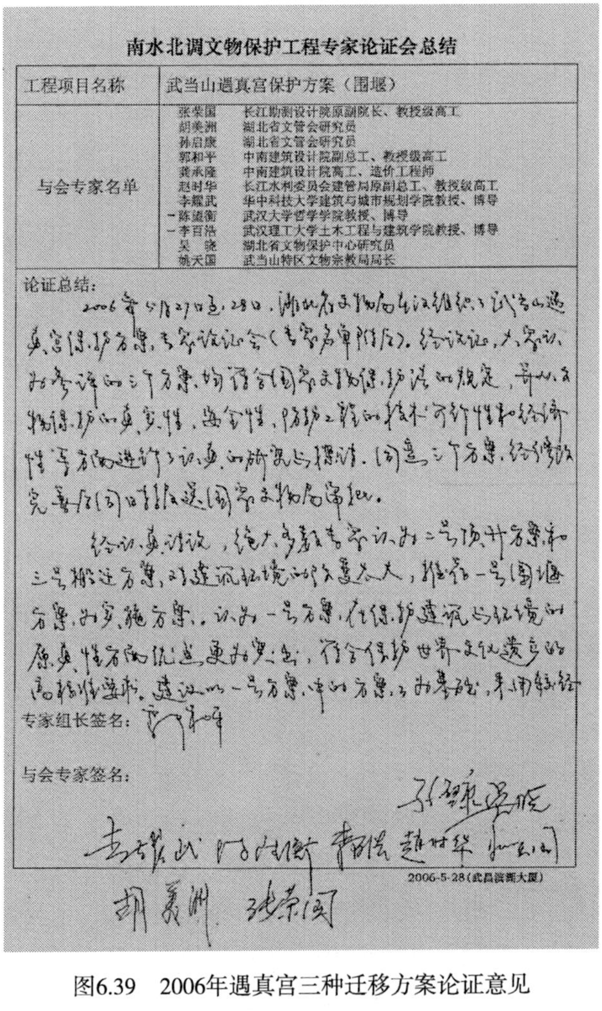

南水北调文物保护工程专家论证会总结

工程项目名称	武当山遇真宫保护方案（围堰）
与会专家名单	张荣国 长江勘测设计院原副院长、教授级高工 胡美洲 湖北省文管会研究员 孙启康 湖北省文管会研究员 郭和平 中南建筑设计院副总工、教授级高工 龚承隆 中南建筑设计院高工、造价工程师 赵时华 长江水利委员会建管局原副总工、教授级高工 李耀武 华中科技大学建筑与城市规划学院教授、博导 陈望衡 武汉大学哲学学院教授、博导 李百浩 武汉理工大学土木工程与建筑学院教授、博导 吴 晓 湖北省文物保护中心研究员 姚天国 武当山特区文物宗教局局长

论证总结：

2006年5月27日至28日，湖北省文物局在汉组织了武当山遇真宫保护方案专家论证会（专家名单附后）。经论证，大家认为参评的三个方案均符合国家文物保护法的规定，并从文物保护的真实性、安全性、防护工程的技术可行性和经济性等方面进行了认真的研究与探讨。同意三个方案经修改完善后同时报送国家文物局审批。

经认真讨论，绝大多数专家认为二号顶升方案和三号搬迁方案对建筑环境的改变太大，推荐一号围堰方案为实施方案。认为一号方案在保护建筑与环境的原真性方面优点更为突出，符合保护世界文化遗产的高标准要求。建议以一号方案中的方案三为基础，采用较经

专家组长签名：

与会专家签名：

2006-5-28（武昌滨湖大厦）

图6.39 2006年遇真宫三种迁移方案论证意见

（来源：清华大学建筑设计研究院）

在不可避免的破坏。原则同意了采用防护工程实施遇真宫的保护工作。在国家文物局《关于武当山遇真宫保护方案的批复》（文物保函[2006]789号）意见中写道：

"遇真宫是世界文化遗产和全国重点文物保护单位武当山建筑群的重要组成部分，具有重要的科学、历史和艺术价值。遇真宫保护工程是南水北调工程最重要的文物保护项目之一，其保护意义重大，应慎重考虑保护方案，将丹江口水库大坝加高对遇真宫保护造成的影响降到最低。整体异地搬迁方案和原地顶升方案改变了遇真宫所处位置与环境的真实性，同时在原地顶升施工中存在较大风险，因此我局原则同意采取工程防护的思路对遇真宫进行保护"。

以上可以看出，"原址保护第一"是决定文物迁移的第一选择。这也与2002年修订的《文物保护法》中关于迁移文物的第20条款的"建设避让文物原则、原址保护原则、迁移相关规定"三层次保护逻辑的表述一致[①]。

2009年，根据水利部门深化设计研究以及围堰防护工程风险评估结论，水利部门主动表示围堰防护方案存在不可解决的技术风险，建议文物部门重新选择遇真宫的保护方案。国家文物局最终决定实施"原地垫高"的保护方案。

原地垫高方案虽然改变了遇真宫原有地点在垂直高度上位置，却最大限度地保留了"背靠凤凰山、面朝九龙山，是历史上进入武当山的第二宫"的大的历史地点，保留了遇真宫在整个武当山道教宫观体系历史格局中的位置。相比较而言，异地搬迁方案则完全放弃了原有遇真宫历史环境的考虑。

以上看出，在确保文物安全的条件下，比较原地垫高和异地搬迁二种保护方式，原地垫高无疑比异地搬迁在保护历史环境特征方面更好，体现出"最大程度保护原址环境特征次之"的决策认识。

① 《文物保护法》第20条 "建设工程选址，应当尽可能避开不可移动文物；因特殊情况无法避开的，……应当尽可能实施原址保护。

实施原址保护的，建设单位应当事先确定保护措施，……报相应的文物行政部门批准，并将保护措施列入可行性研究报告或者设计任务书。

无法实施原址保护，必须迁移异地保护或者拆除的，应当报……人民政府批准；迁移或者拆除省级文物保护单位的，批准前须征得国务院文物行政部门同意。全国重点文物保护单位不得拆除；需要迁移的，须由省、自治区、直辖市人民政府报国务院批准。"

无论是原地垫高还是异地搬迁，都会对遇真宫的历史环境造成不可避免的损失。原地垫高以后的遇真宫较大程度地保留了原有区域大的地点环境特征，但是由于蓄水之后将变成一片巨大的水面，遇真宫将成为一个三面临水的岛屿环境。按照文物迁移必然造成"历史环境丧失"的认识，从保护意义上，对于失去的历史环境最好的方式就是在新址处重新"历史环境再现"。但是对于遇真宫来说，由于新址周围成为一片汪洋，无法通过工程技术手段再现一个"良田阡陌"的历史环境。因此，只能通过将新的设计构思手段，规划一个体现道教文化意义的"玉如意"形状的岛屿，尽可能再现遇真宫的历史文化意义。

因此，对于损失掉的历史环境，首先应该在新址处尽可能地予以再现和复原，实现"历史环境再现"。如果无法通过工程技术手段实现"历史环境再现"，则可以考虑运用设计手段，对新址环境的历史意义进行再创造。这就是第三层次的"体现原址环境的历史意义再次之"的改造设计原则。

综上所述，可以看出遇真宫文物迁移工程中，对于最核心的历史环境保护问题，体现出"原址保护第一；尽可能最大程度保护历史环境次之；体现原址环境的历史意义再次之"的分层次的保护决策逻辑，反映出我国在文物环境保护认识上逐渐走向成熟。

3. 现代技术的综合运用

遇真宫迁移工程中，大量现代工程技术和保护措施的综合应用成为一道特色。这些新的工程技术和综合多变的保护措施一方面反映了我国文物保护理念的逐渐成熟。另一方面也反映了不断发展的现代科学技术也为保护领域提供了丰富多样的技术选择。

关于现代技术在文物古迹保护中的应用问题，早在1964年《威尼斯宪章（VENICE CHARTER）》第十条中就提出："当传统技术证明为不再适用时，可采用任何经科学验证和经验证明有效的现代建筑或保护技术来加固修复古迹"。我国《文物法》中也明确"鼓励文物保护的科学研究，提高文物保护的科学技术水平"。

遇真宫原地垫高工程不同于传统的异地搬迁，最大的特点是在垂直空间上升高，新址垫高也是采用现代水利工程中的碾压重力坝技术建造而成，在现代水利工程中，土石坝是指以土方、石料为主，辅以其他混合料经试验检测后确定碾压工序，经过初级碾压、抛填等工艺建造的水坝，目前，我国水利工程中广泛运用实践的为薄层铺筑、分层夯实的碾压式土石坝[236]。在遇真宫新岛的设计中，清华大学建筑设计研究院曾提出采用在垫高覆土布置钢筋混凝土框架基础来支撑上部古建筑。长江水利委员会设计部门了解到保护意图后，在国务院南建委的水利专家建议下，推荐采用水利工程中的碾压式土石坝技术来建造遇真宫新址岛屿，碾压坝技术一方面能够满足古建筑复原需要的地基密实度和支撑力问题，同时也能保证新址不受水库浸泡和侵蚀的影响，另外还可以生长植被树木，保证将来遇真宫新址景观环境的施工需要（图6.40）。

图6.40　遇真宫新址垫高的分层碾压土石坝技术

（来源：自摄）

此外，在一个人工垫高15米的新址上复建遇真宫古建筑群，最担心地基不均匀沉降问题。尽管水利部门采用碾压坝技术建造新址，但是仍然不能绝对保证没有任何沉降。毕竟新址岛屿面积达8万平方米，不能保证施工时每一处的碾压施工强度完全一致。现代工程中筏板基础技术具有整体刚度大的特点，能适应比较软弱的土质地基，有效调整基础不均匀变形，在现代建筑工程特别是高层建筑基础中广泛应用[237]。为此水利部门根据清华设计部门提供的遇真宫复建设计总图，在古建筑下方布置整体连续的筏板基础，解决可能面临的不均匀沉降问题。

可以看出，充分利用现代水利工程和建筑工程的技术成果，保证遇真宫的新址建设得到顺利实现。这一点和1968年埃及阿布辛贝勒神庙迁移时采用钢筋混凝土拱形顶棚构筑神庙山岩，2003年三峡张桓侯庙迁移时采用钢筋混凝土地下室构筑陡峭地形一样，都是充分利用现代工程技术实现"历史环境再现"的保护要求（图6.41）。

图6.41　埃及阿布辛贝勒神庙迁移工程中采用钢筋混凝土复建崖体环境

[来源：拯救阿布·辛拜勒行动与世界遗产保护，世界博览，2007（07）]

在文物本体保护工程方面，同样也尝试突破传统文物建筑"先拆除后重建"的搬迁方法，采用顶升技术对三座明代建筑实施原址顶升。以顶升技术和平移技术为代表的现代整体移位技术，最早应用于工矿和桥梁工程中，改革开放后在城市改造建设中被日益广泛应用，步入新世纪后才开始尝试应用在文物古迹保护上。整体移位技术最主要的特点就是可以不用拆除建筑就实现空间环境上的转移，避免了因为古建筑拆除重建过程中带来的历史信息的损失。

虽然从技术安全性考虑，国家文物局不主张全部顶升的意见。但是在清华大学设计单位最后编制的设计文件中，对于山门、东宫门和西宫门三座明初遗构国家批准采用了原地顶升的尝试。2013年1月遇真宫三座古建筑原地顶升15米工程顺利实施完成，此项工程大大突破了我国目前已知完成的任何建筑顶升工程的高度，成为一项新的"世界纪录"。在世界文化遗产保护领域也是一次前无古人的勇敢尝试。而选择这样做的目的，就是为了"最大限度地保留文物古迹历史信息的真实性和完整性"，让遇真宫作为真实的历史见证，世世代代传递下去。

五、遇真宫迁移工程的影响和评价

（一）文物迁移的核心问题——文物环境价值认识的成熟

在保护意义上，文物建筑迁移问题的核心就是原址环境丧失。文物古迹的地点和环境是否具有保护意义？与文物本体价值存在怎样的联系？这是一个保护理论的问题。我国文物建筑搬迁历程经过了60多年的实践，在保护认识上逐渐吸收国际先进的保护理念，在实践中逐渐形成了完整的文物环境的保护认识。标志着我国对于文物环境保护意义的认识走向成熟。

回顾建国初期，我国实施永乐宫搬迁的时候，基本上没有清晰的保护古迹环境的认识。搬迁目的主要是为了配合基本建设需要，关注的重点仍是建筑和壁画本体"不改变文物原状"。在环境方面，甚至还提出将永乐宫搬迁到山西省首府太原附近的晋祠内，形成更大的一个文物集中景区的选址意见。只是由于路途遥远，需要翻山越岭，限于当时经济和技术条件无法实现而作罢。对于文物古迹的环境价值没有清楚的认识。因此，20世纪80年代初，山西省还是将太原附近的三座古建筑陆续搬迁到晋祠内，一座是原晋祠的大门——景清门，体量较大；第二座是从马甸区搬迁的芳林寺大殿；第三座是从汾阳迁来一座二郎庙大殿。前两座是元代建筑，后者是明代建筑。不伦不类地将这三座古代建筑组合成一组建筑群，重建于晋祠南边的奉圣寺院内。可以看出，建国初期迁移文物建筑的目的要么是"为基本建设让路"，要么就是"形成新的文物景点"，完全没有认识到文物原址环境具有重要的保护意义。

改革开放以后，为了配合城市建设和经济发展的需要，迁移文物建筑成为全社会常见的一种手段。20世纪80～90年代，随着国外"露天博物馆"模式的引入，将散落的文物古迹集中搬迁到一起，形成一个新的旅游景区的方式在全国各地形成一股风潮，国家文物主管部门也曾积极推广介绍这种方式。进入90年代后的三峡库区文物保护工程中，面对淹没的危险，三峡地区大量的文物古迹和古镇迁移基本上都采用的"集中搬迁，建成一片新的旅游和纪念景区"的模式。然而，作为专项重点工程之一的张桓侯庙搬迁工程，却没有延续这种模式，而是从价值研究出发，对张桓侯庙提出了比较清晰的历史环境保护认识，最终说服国家和地方放弃原来的移民安置规划中"随城集中迁移于新县城内，打造文物旅游新景区"的方案，而在新城对岸进行重新选址复建（图6.42）。

图6.42　整体搬迁后的重庆龚滩古镇

（来源：http://lvyou.baidu.com）

在建筑本体方面，张桓侯庙工程延续了永乐宫项目形成的文物建筑迁移技术路线，提出"原拆原建"的工程要求。但是新址环境方面则第一次提出了"历史环境再现"的环境工程要求。从张桓侯庙迁移工程的历史回顾中可以知道，这种对于历史环境价值认识上的突破，其理论根源在于《威尼斯宪章（VENICE CHARTER）》中对于文物古迹与环境关系的基本认识。更重要的实际情况是张桓侯庙自身突出的景观环境特征及独特的社会、人文价值。对这些价值的关注和思考最终形成张桓侯庙历史环境的整体保护认识，确定了"随城平行迁移"的选址方案。同时，将"历史环境再现"确定为搬迁施工的基本原则。

步入21世纪，我国总结改革开放20年的文物保护实践，同时吸收国际上先进的保护认识，开始形成了较完整的文物环境保护认识。原址保护的意义就是不改变古迹在历史上原有的地理坐标，保证文物古迹和环境相互之间的历史联系的真实性，也就保证了文物古迹全部的历史价值。这种成熟的环境保护认识体现在2000年《中国文物古迹保护准则（China Principles）》和2002年新修订的《文物保护法》当中。坚持"原址保护"不再仅仅是保护理论上的探讨，而且已经成为了法律规定。按照新的法律规定，迁移文物应该按照"建设避让第一、原址保护第二、考虑迁移第三"的保护逻辑进行决策。即"第20条 建设工程选址……应避开不可移动文物（Immovable cultural relics）；因特殊情况下不能避开的，……当尽可能实施原址保护（protect the original site）"的表述。

回顾遇真宫迁移工程的决策过程就充分反映了这种保护逻辑。丹江口水库加高工程是为了国家南水北调中线工程的顺利实施，无法回避。围堰防护工程是唯一能将遇真宫留在原址保护，最大程度保护文物建筑与环境的历史联系。因此，国家文物局首先批准的保护方式是"围堰防护工程"。只有围堰防护工程在技术上无法保障文物安全的前提下，整体迁移才成为保护遇真宫的考虑选项。既然是迁移，必然意味着损失掉原有的文物环境。那么，原地抬升和异地搬迁两种迁移方式在文物环境价值损失方面的差异，通过对环境价值的评估得到良好的论证。原地抬升能保证遇真宫大的地点环境不改变。异地搬迁则完全彻底丧失全部环境的真实性。因此，原地抬升方式成为了最终选择。

（二）文物迁移技术路线的革新

在前面章节中，我们了解到永乐宫迁移工程奠定了我国文物建筑搬迁的基本技术路线传统。具体就是"建筑测绘调查——建筑编号、解体拆除——构件分类包装——运输至新址——修复与重建"。

这种迁移技术路线可以简单表述为"先拆除后重建"。这种迁移文物的认识一直体现在我国的文物法律法规中，直到2002年修订文物法时才彻底调整过来。究其原因，我国历史上一直具有"落架维修"的传统，搬迁文物建筑仅仅是多了一个"运输"过程，因此，对于永乐宫工程奠定的文物搬迁技术路线，可以理解为我国"落架维修的技术传统"加上"一个包装运输过程"，按照"不改变文物原状"的原则而实施的一种保护工程。

　　永乐宫奠定的迁移传统对于我国搬迁文物古迹的影响是极其深远的，以至于从20世纪80年代至今在许多城市改造和古迹保护中，许多砖木结构的文物建筑、古城墙、近现代建筑、甚至古代砖塔等，都采取这种迁移技术。2003年陕西省搬迁仙游寺法王塔，就是按照这种迁移技术路线实施了搬迁，媒体报道对拆卸下来的50多万块砖进行了编号拆除、整理后在新址处按原样复原。事实上，作为我国极其珍贵的隋代砖塔，法王塔无疑具有极为重要的历史价值。采用这种先拆除后复建的传统迁移方式对于古塔来说无异于一次彻底的破坏，无法想象50多万块砖的拆除复建能做到"不改变原状"。曹汛先生看到复原的法王塔照片，痛惜地说道："这种古塔必须异地保护时只能整体搬迁，拆成一块块砖再砌起来就必然走样不对劲，实际上把她给毁了。……一点唐塔①的模样都没有了。一场闹剧落得这样一个结果，文物古建界竟至于如此，该是多么大的悲哀！"[238]（图6.43）

图6.43　按传统方式实施的迁移工程——法王塔迁移前后

（来源：http://image.baidu.com）

---

　　①　曹汛先生经过自己考证，认为法王塔应该是唐塔，而不是公布的隋代古塔。

同样，以"迁移保护"名义肆意拆除和毁坏文物古迹在我国各地也大量出现。2009年天津原法国电灯公司大楼以"异地搬迁"名义拆除[239]，北京市宣武区广安门内大街229号四合院（张作霖私宅），2009年按"迁移保护"要求拆除后不知所踪；位于北京市东城区长巷头条13号湖北会馆被拆除后异地混建；重庆市渝中区区级文物保护单位刘湘公馆在2009年"迁移保护"拆除后重建为豪华餐厅，保留了一个原名称。

"迁移保护"一定需要先拆除吗？遇真宫山门和东西宫门的顶升工程实际上就是不拆除建筑本体的情况下，实现空间位置的转移。整体移位技术的迅速发展实际上已经开始改变了我国文物迁移保护的传统技术路线，带来了文物迁移保护技术路线的革新。

这种革新不仅仅是工程技术上，也同样是保护文物环境理论认识逐步完善的基础上形成的。进入21世纪以来，随着社会经济条件的提高，全社会逐渐形成保护文化遗产的普遍意识。在实际工程中，采用整体移位技术实施文物古迹迁移的工程案例不断增加。

2002年昆明官渡金刚塔被成功原地顶升2.6米。2004年广州锦纶会馆在不解体的情况下，采取整体移位100米。2006年在河南郑州文庙修缮工程中，成功地将文庙大殿顶升了1.7米[240]。

2006年河南省安林（安阳至林州）高速公路建设无法绕开慈源寺，省政府决定实施慈源寺整体迁移保护，放弃采用传统古建迁移技术路线，将大雄宝殿、三教堂、文昌阁三座古代木构建筑不进行任何解体，而是作为一个完整的古迹整体成功实施平移400米，在新址进行局部整修后开放（图6.44）。

2008年，天津市政府决定实施天津西站交枢纽改造工程；在枢纽改造规划中，天津西站主楼需要拆除或迁移。最后从保护文物的角度决定实施西站主站楼整体平移。采取三维迁移方案，天津西站主楼先向南平移135米，再向东平移40米，待到达新址后再进行垂直顶升2.9米[241]。

2009年河南开封市全国重点文物保护单位元代建筑玉皇阁，为了解决长期沉陷浸泡危害，成功实施原地顶升3米[242]。

从上面这些案例可以看出，整体移位技术不仅仅应用在砖石砌体建筑，而且已经在传统木结构建筑中也广泛运用。

从保护认识上看，随着对文物历史环境的重视，我国已经确定了

图6.44　河南林州慈源寺整体移位搬迁前后

（来源：http://image.baidu.com）

"原址保护"的法律要求。文物古迹的价值与地点位置的真实性紧密
相关，也体现在与文物背景环境的重要联系当中。因此，ICOMOS关
于迁移文物古迹的要求中提出："如果一定要把古迹从原址中迁移出
去，至少应该寻找一个相似的地形地貌。一般来说，选址地点应该尽
可能和原址靠近，地势地貌应该尽可能与原址环境相似或一致"，因

此，在以后文物搬迁选址中，应该优先考虑"就近选址"原则和"地貌相似"的要求。在这种"就近选址"的保护认识下，整体移位技术无疑是一种最好的保护手段。

由此，可以推断，未来我国木构古建筑也许依然可以采用永乐宫搬迁工程形成的传统迁移技术路线。"落架大修"和"重建"也可以作为我国一种特殊的文化传统，限定在特定的保护单位（如故宫）或特殊的保护对象（如祠堂）中予以延续。但是，作为整体拆除、再异地重建的传统迁建方式从保护意义上将不再推广，而以整体移位技术为特点的新的技术路线在保护领域会得到越来越广泛的应用。

（三）遗产展示的新需求与移民政策的不足

2000年后随着社会经济条件的全面提高，人民群众对文化遗产保护的关注越来越高。单霁翔先生曾总结20世纪保护文化遗产的困境说道："长期以来由于认知的局限，文化遗产的综合价值往往被忽视或低估。一些地方甚至将文化遗产视作城市建设的'绊脚石'和经济发展的'包袱'。导致在日益加速的城市化进程中文化遗产资源不断减少，文化记忆快速消失"[243]。步入新世纪后，国家文物部门提出"文化遗产事业融入经济社会发展，文化遗产保护成果惠及广大民众"的新的时代要求。反映出全社会急速增长的了解文化遗产，展示遗产资源的需求。

回顾20世纪80年代我国市场经济浪潮涌动，大量文物古迹亟待保护的情况下，文物工作长期坚持的是"抢救第一"的方针。进入新世纪后，由于国家对文化遗产保护投入逐年加大，国家文物工作开始运用规划手段进行宏观管理。一方面逐渐摆脱长期以来"到处在抢险维修"的被动局面，另一方面有力地开启了遗产展示和遗产利用的发展方向，实现遗产融入美好城市生活的巨大社会需求。

遇真宫留存的古建筑总面积仅1400平方米，但是考古发掘出来的东西宫遗址将近18000平方米，真实完整体现了历史上遇真宫宏大的建筑规模。设计单位最初考虑采用"地下遗址博物馆"的方式将遇真宫全部遗址的考古、研究、展示和游览等功能在新址处一起实现，实现原址垫高后遇真宫全新的展示环境（图6.45）。

"遗址博物馆"的设计方案也得到了当地政府和文物专家的一

图6.45　新址垫高后遇真宫的全面展示
（来源：清华大学建筑设计研究院）

致认可。但是2011年在国家南水北调工程建设委员会组织的审核会议上，却一致否定了这种兼顾保护和展示利用的设计方案。主要原由在于国家水利移民工程是市场经济下的工程企业的业主责任范畴，按移民条例主要投资仅限于承担文物古迹本体的搬迁，不承认因为搬迁而在新址处增列的"旅游项目"。

2011年4月国务院南水北调工程建设委员会组织的专家审核意见中第八条"设计中结合旅游的增列项目，不宜纳入淹没补偿投资概算"，第九条"按照方案审查意见，核减地下遗址保护设施工程中的地下展厅和地面模拟展会陈列工程的相关投资"。2011年6月，根据湖北省上报此次专家审核意见，国家文物局下发《关于遇真宫垫高保护工程设计方案的批复》（文物保函[2011]1154号）文件，同样明确"遇真宫保护工程前期的考古发掘项目可以纳入淹没补偿投资。设计中结合旅游的增列项目，不宜纳入淹没补偿投资"；"东西宫建筑遗址应考虑进行严格真实的基址复原，不宜加盖保护棚"。

自此，"地下遗址博物馆"的设计方案被否定，遗址保护只能采取"遗址修复"的方式。而这种修复台基的方式无疑对遇真宫遗址丰富的历史信息会造成较大的破坏。

尽管文件中把"遗址博物馆"作为遇真宫搬迁工程中增列的"旅游项目"而不予认可，但其本质原因在于现有的水利移民政策的不完善。

在20个世纪举世瞩目的三峡库区文物保护工程中，就已经存在文物保护的工作性质与国家新的水利移民政策要求不尽一致的地方。一方面移民政策明确了保护库区淹没的文物古迹纳入移民工作范畴，这是有利的方面；另一方面明确规定移民工程应该"采用市场经济"的管理模式，实现投资和任务"双包干"；这个工程性质必然导致作为工程业主单位对于文物保护投资领域的尽量压缩。

这种压缩首先体现在保护数量（实物调查指标）认定上，1996完成《长江三峡工程淹没及迁移区文物古迹保护规划报告》中确定1282处淹没的文物点，水利建设部门认为数量过于庞大，未予审批，1998年修订调整后为1087处，依然没有及时审批，直至2000年蓄水日期逼近，国务院三峡工程建设委员会才最终批准了总体保护规划。

另外，作为工程业主单位，必然要求对受淹的文物本体做到"原状保护"即可，其他相关的配套工程、环境工程、展示工程尽量压缩。比如张桓侯庙的搬迁包括建筑本体复建工程和历史环境再造工程。但是在最终投资审核中，删除了部分新址的环境复建项目，压缩了张桓侯庙工程的总体投资。

的确，国家《大中型水利水电工程建设征地补偿和移民安置条例》（2006年修订）仅仅规定了文物保护应该纳入库区移民工作，但是对于文物保护的哪些内容和范围纳入投资缺少规定。整篇《移民安置条例》只有第十九条[1]明确淹没区范围内的文物保护工作要按照国家《文物保护法》的要求执行，没有其他细节[244]。这种总体要求没有明确"文物古迹移民"所涉及的具体内容和范围。

在水利工程采用市场化的企业管理模式下，水利建设业主单位在面对文物部门提供的文物保护设计方案时，往往仅仅认可文物本体搬迁保护需要的投资额，而对于配套的环境再现工程、展示工程等一律尽量压缩。水利部门常常引用《移民安置条例》第三十四条的规定[2]，只有文物本体搬迁需要的费用才予以考虑，至于搬迁之后新址环境的改造工程费用，环境基础设施费用以及文物古迹迁移后的展示利用需

---

① 《移民安置条例》只有第十九条规定了文物移民的要求，"对工程占地和淹没区内的文物，应当查清分布，确认保护价值，坚持保护为主、抢救第一的方针，实行重点保护、重点发掘。"

② 《移民安置条例》第三十四条的规定："城(集)镇迁移、工矿企业迁移、专项设施迁移或者复建补偿费，由移民区县级以上地方人民政府交给当地人民政府或者有关单位。因扩大规模、提高标准增列的费用，由有关地方人民政府或者有关单位自行解决"。

要都可以归结与扩大景区的旅游参观需要，一概不予支持。对于不属于文物本体迁移的其他配套的保护内容，水利部门完全可以"扩大规模、提高标准、增列项目"来予以否定。

另一主管部门国家文物局对于水利建设中的文物保护项目是否可以提供补助？目前国家文物局也没有考虑出台具体的配套政策和规定。因为《文物保护法》有明确规定："（不可移动文物）的原址保护、迁移、拆除所需费用，由建设单位列入建设工程预算"。因此，文物古迹搬迁所需要的全部费用都应该由水利建设的业主单位来承担。

而现实当中的文物建筑搬迁工程，往往是一个包括新址规划、文物迁移和修缮工程、基础设施环境工程、景观工程、展示工程等相结合的完整项目，不会仅仅是搬迁一个建筑本体就完成。因此，现有的《移民安置条例》在文物保护的具体内容方面规定存在不足。

特别是遇真宫工程中，经过考古发掘后的东西宫遗址成为遇真宫规模最大的遗存，具有重要的历史价值。"遗址博物馆"的保护方式能较好的保护遗址丰富的历史信息，同时对于遗址的研究、展示和公众参观都具有良好的作用。在未来文化遗产保护日益受到公众关注的时候，对于遗产展示的需求不断增加。如果遗产展示工程不属于水利工程移民投资的范畴，那么，国家文物主管部门应该考虑出台一定的政策，使得文化遗产在将来的社会公众和城市生活中得到更多的展示和利用。实现"文化遗产事业融入经济社会发展，文化遗产保护成果惠及广大民众"的可持续发展的要求。

第七章
结　论

　　文物保护工作和水利工程建设都是我国重要发展的一项事业，各自走过了60多年的发展历程。文化遗产保护作为一项新兴的全民事业越来越受到国家的重视。本书通过理论研究和案例研究对我国的文物迁移保护工作进行了有益总结。

　　永乐宫搬迁工程、张桓侯庙搬迁工程以及遇真宫搬迁工程是我国文物建筑迁移历程中三个重大案例，分别代表着我国保护领域三个重要的历史发展阶段。反映出我国不同历史阶段文物保护的制度变迁、观念变迁以及时代影响的发展历程。可以说，这三个搬迁案例反映了我国文物迁移保护发展历程中的三个大台阶，本书研究成果具有重大的参考意义。

　　本书的研究结论主要包括四个方面。

一、文物迁移保护的理论总结

　　迁移保护（Relocation conservation）最核心的问题是如何认识文物古迹与环境关系。同世界各国一样，我国文物搬迁的历程也是对这种关系不断发现、思考、识别和再认识的过程。

　　本书认为，文物古迹与其历史环境不可分离是对待文物搬迁的基本认识。因此，作为特殊情况下一种可以接受的保护手段，迁移保护必须存在两种基本前提以及相应的条件才可以考虑。这两种前提［保护古迹本身（本体）之需要；当代足够大的利益毁灭原址环境之需要］直接导致文物原址环境面临消失或毁灭，迁移保护就是将文物与其环境实施分离的一种特殊的保护方式。

本书也认为，从保护理论上，迁移保护从来就不是一种合理的保护措施，只是在现实中客观存在的、附带各种前提条件的、迫不得已的一种保护手段。"保护"是目的，"迁移"只是手段。迁移保护只能是在文物古迹无法在原址环境继续保存的情况下采取的一种特殊的保护方式。

作为特殊的一种保护方式。迁移保护应该关注的重点在于"文物环境的完全改变"、"文物本体的重大干预"、"迁移导致的价值变化"三方面，它们构成了迁移保护的特殊性所在。

二、永乐宫迁移保护总结

永乐宫搬迁工程发生在20世纪50~60年代。工程反映了建国初期我国文物保护的基本背景和思想观念，也反映了我国水利事业初创时期的状况。工程的顺利实施也形成了新的保护认识和迁移技术传统。对我国的文物搬迁产生深远的影响。

（一）20世纪50~60年代（建国初期）我国的文物保护思潮

建国初期，我国文物保护工作呈现两方面特点。一方面是在保护思想方面，全面继承了民国时期开创的古建史学和保护认识。全面确立了中国古建筑具有古代艺术品的美学特征的认识；古建筑开始作为我国文物古迹之重要类型；保护上破除"焕然一新"的传统，倡导了"保存现状或恢复原状"的思想。另一方面在保护制度方面，新中国政权创立了全新的国家型保护文物的体制。摸索建立全国文物普查制度、保护单位制度以及"两重两利"的工作方针等方面的制度成就（图7.1）。

（二）永乐宫迁移保护总结

永乐宫迁移工程是在我国建国之初实施的重要搬迁工程。工程同样反映了当时的保护思想。比如工程侧重古建筑艺术价值的保护，延续了当时现状保存为主、局部复原的现实保护原则，另外对于文物环境的保护认识比较模糊，没有建立系统的价值认识体系等等。在工程取得的成绩方面，除了开创壁画揭取保护技术之外，永乐宫奠定了

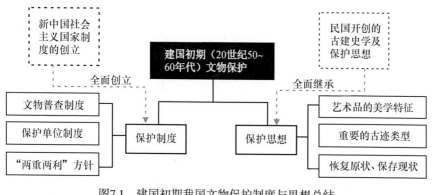

图7.1 建国初期我国文物保护制度与思想总结

古建筑解体复原的搬迁技术路线，初步形成了一套木构维修技术标准等。对我国古建筑维修工程影响深远，形成了我国古建筑维修保护的新的传统（图7.2）。

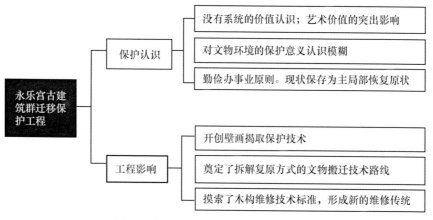

图7.2 永乐宫迁移工程的保护认识总结

（三）建国初期的水利工程移民制度

三门峡水利工程是新中国成立初期治水开发的不太成功的早期实践。由于深受前苏联的认识影响，工程建设只重视水利枢纽大坝的工程建设，完全忽视了黄河水道的特殊性，忽视移民工程的重要性，造成巨大的社会损失。

在文物保护方面，由于只重视通过政治动员、服从建设大局来推进库区移民工作。完全没有配套的移民政策和总体规划意识，造成三门峡库区大量文物古迹的全面拆毁或淹没。永乐宫由于突出的壁画艺术和早期古建筑艺术价值的社会影响而实施搬迁，成为三门峡水利建设中一个非常特殊的保护个案。

三、张桓侯庙迁移保护总结

张桓侯庙搬迁工程发生在20世纪90年代。工程反映了改革开放后市场经济条件下我国文物保护新的发展变化，也反映了我国水利事业在三峡工程全面制度创新上的新飞跃。搬迁工程对我国形成新的文物总体规划的管理制度，建立全面文物价值评估体系以及历史环境保护等方面，具有极其重要、意义深远的影响。

（一）20世纪80～90年代（改革开放初期）我国的文物保护思潮

改革开放后，我国文物保护工作呈现两方面特点。一方面是在保护思想方面。最重要的影响就是以《威尼斯宪章》为代表的国际保护思潮引入中国。开始全面建立以价值为核心的文物保护认识，并且突出历史价值的保护意识，而非艺术风格的美学价值；在文物环境方面，认识到文物环境同样具有保护意义并公布历史文化名城保护名录等。另一方面在保护制度方面。国家文物部门全面探索市场经济下新的文物工作方针，逐渐形成了"保护为主"的统一认识。国家颁布文物保护法律，文物保护单位制度得到全面推行。在文物迁移方面，相关制度上仍作为先拆除文物、后重建文物的必然过程看待（图7.3）。

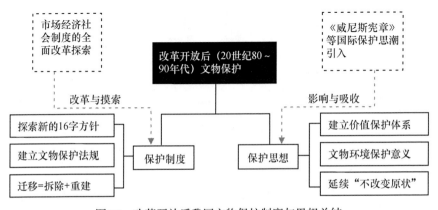

图7.3　改革开放后我国文物保护制度与思想总结

（二）张桓侯庙迁移保护总结

张桓侯庙迁移工程是我国文物保护发展历程中的重要案例之一。工程采用以价值保护为核心的评估体系，贯穿保护规划论证、方案设计和实施的全过程。更为重要的是，在价值认识上，张桓侯庙的社会、人文价值成为影响搬迁的保护核心。同样，历史环境也因为其社会和人文价值的重要性，使得搬迁成为延续当地传统民俗和信仰的历史人文环境的一次保护行为。在那个时代极大地拓展了文物环境的保护内涵。古建筑本体保护方面，工程摆脱了建国初期的保护早期建筑艺术风貌的传统，提出了以保护文物"历史价值和全部信息"为核心的现代保护要求，对搬迁之前张桓侯庙的全部现状予以保护。在工程影响方面，除了在建筑迁移方面仍继承了永乐宫的古建筑迁建技术路线传统和木构维修技术传统之外。最为突出的是建立了以价值认识为核心的保护规划论证制度，开创了现代工程技术应用于"历史环境再造"的重要尝试（图7.4）。

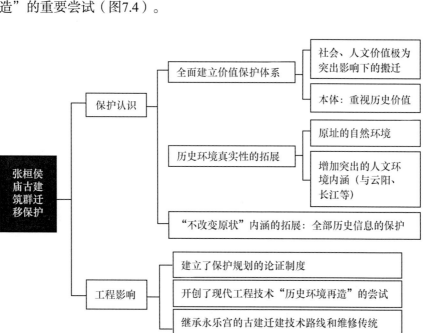

图7.4 张桓侯庙迁移工程的保护认识总结

（三）三峡工程移民制度的全面创新

三峡工程是我国尝试全面采用市场经济条件下工程业主负责制的一项水利工程建设。国家首次颁布了移民安置条例，将移民工程纳入水利工程的建设任务中。通过编制移民安置规划将文物保护全面纳入移民工程内容当中。由此，移民条例的颁布成为了我国水利工程建设中保护文物古迹的制度保障。

在文物保护方面，三峡工程中首次进行了全库区范围内的文物保护规划编制工作，揭开了我国全面采用规划手段实施文物管理和保护的先河。通过保护规划与移民安置规划的衔接（对接淹没实物指标），有效保障了整个淹没范围内的文物古迹得到全面调查和整体保护（图7.5）。

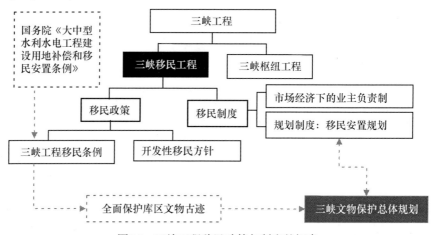

图7.5　三峡工程移民政策与制度的探索

四、遇真宫迁移保护总结

遇真宫搬迁工程是我国步入21世纪后实施的规模最大、等级最高的文物迁移保护项目。21世纪最初十年是我国文化遗产保护事业大发展的十年。遇真宫搬迁工程正是在这样的大背景下实施的世界遗产迁移保护。该工程的迁移论证过程深刻地反映出我国文物保护方面的最新发展。尤其是对于文物与其环境的保护关系的认识，在法律上首次明确"文物迁移"统一规定为"首先建设避让原则，其次原址保护原则，然后是相关迁移规定"的三层次保护逻辑。反映出我国文物与其历史环境不可分离的保护意识的成熟。

（一）21世纪初我国的文物保护思潮

步入21世纪的最初十年，是我国文物保护迅猛发展的十年。主要表现在文物保护事业逐渐发展成全社会参与的文化遗产保护事业。国家设立文化遗产日。保护制度方面，发布了《中国文物古迹保护准则》并全面修订《文物保护法》。国家文物部门全面实行保护规划管理手段。在保护思潮方面，世界遗产领域保护类型不断拓展，各国在世界遗产保护的平台上广泛交流，促进了各国保护思想的相互影响，我国的文物保护在真实性的范畴、背景环境保护以及文物搬迁等方面的认识不断走向成熟（图7.6）。

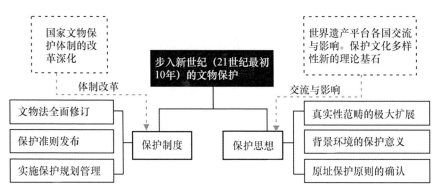

图7.6　进入新世纪我国文物保护制度与思想

（二）遇真宫迁移保护总结

遇真宫迁移工程是21世纪初我国最重要的文物迁移保护案例。工程在延续三峡文物保护制度的同时，对于文物与环境的关系有了比较成熟的保护认识。比如确认了地点和位置是文物价值真实性的重要组成，认识到迁移文物的核心问题就是环境改变。在法律上确立了"首先建设避让文物，其次原址保护的原则，然后考虑迁移规定"的文物迁移三层次保护逻辑。在工程影响方面，除了仍继承了传统迁建技术路线和木构维修技术外。最为突出的是采用顶升技术实施空间移位的新的迁移技术路线，开创了文物古迹展示的"环境创造"的重要尝试（图7.7）。

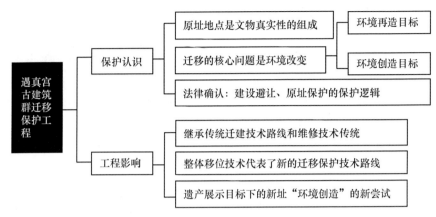

图7.7 遇真宫迁移工程的保护认识总结

（三） 南水北调工程中国家移民制度的完善与不足

　　三峡工程的移民经验得到良好的总结。国家通过修订《水法》和《土地管理法》，将移民工程的要求上升为国家法律。同时国家通过修订《大中型水利水电工程建设用地补偿和移民安置条例》完善移民法规。在南水北调工程中，业主单位通过颁布《南水北调工程建设用地补偿和移民安置办法》，成为指导南水北调中移民工作的指导法规。这样形成了完整的国家移民工程的法律法规体系。

　　在文物保护方面，三峡工程的经验同样在新世纪的南水北调中得到延续。但是文物保护工作在新世纪的最初十年发展迅速。文物保护

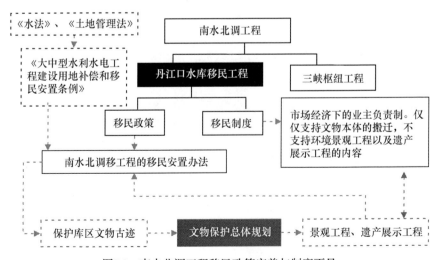

图7.8 南水北调工程移民政策完善与制度不足

的目标已不仅仅是文物本体得到完整保护，而且相关的环境整治、遗产展示等要求也逐渐纳入保护目标中。遇真宫迁移工程中通过规划建设新的岛屿环境和遗址博物馆展示，来实现迁移后遇真宫遗产展示环境的提升。与移民工程中追求市场经济效益的要求不符合，导致移民工作的内容不能覆盖文物保护的全部目标。有待于国家在移民制度和保护制度上进一步沟通完善（图7.8）。

参 考 文 献

［ 1 ］ Icomoschina. Principles for the Conservation of Heritage Sites in China. Los Angeles: The Getty Conservation Institute, 2004, http://www.getty.edu/conservation/publications_resources/pdf_publications/heritage_sites_china.html

［ 2 ］ 尤噶·尤基莱托 著，郭旃 译. 建筑保护史. 北京：中华书局，2011

［ 3 ］ Jokilehto J. A history of architectural conservation: Oxford, England ; Boston : Butterworth-Heinemann, 1999.

［ 4 ］ 鲍小会. 中国现代文物保护意识的形成. 文博，2000，（03）：75～80

［ 5 ］ 陈志华. 国际文物建筑保护理念和方法论的形成//文物建筑保护文集. 南昌：江西教育出版社，2008

［ 6 ］ The Athens Charter for the Restoration of Historic Monuments. the First International Congress of Architects and Technicians of Historic Monuments, Athens 1931, http://www.icomos.org/en/charters-and-texts

［ 7 ］ Icomos. THE VENICE CHARTER-International Charter for the Conservation and Restoration of Monuments and Sites (1964), 1964, http://www.icomos.org/en/charters-and-texts

［ 8 ］ Icomos T C O E. European Charter of the Architectural Heritage, 1975, http://www.icomos.org/en/charters-and-texts

［ 9 ］ （汉）司马迁撰. 史记·秦始皇本纪·第六. 北京：中华书局，1972

［10］ Herbert G. Pioneers of prefabrication: The British contribution in the nineteenth century. Baltimore，U.S.A: Johns Hopkins University Press, 1978: 4

［11］ Unesco. Recommendation concerning the Safeguarding and Contemporary Role of Historic Areas, 1976, 13133～13201

[12] Icomos. PRINCIPLES FOR THE PRESERVATION OF HISTORIC TIMBER
        STRUCTURES (1999). ICOMOS at the 12th General Assembly in Mexico,
        1999,
        http://www.icomos.org/en/charters-and-texts

[13] Icomos. Principles for the Analysis, Conservation and Structural Restoration of
        Architectural Heritage, 2003,
        http://www.icomos.org/en/charters-and-texts

[14] Icomos. THE NARA DOCUMENT ON AUTHENTICITY(1994). Nara,Japan,
        1994,
        http://www.icomos.org/en/charters-and-texts

[15] Unesco. UNESCO Universal Declaration on Cultural Diversity. Paris, 2001,
        13179 ~ 13201

[16] Icomos C. the Protection and Enhancement of the Built Environment(Appleton
        Charter), 1983,
        http://www.icomos.org/en/charters-and-texts

[17] Icomos A. The Burra Charter, 1979

[18] Icomos A. Burra Charter 1988, 1988

[19] Icomos T A. THE BURRA CHARTER-The Australia ICOMOS Charter for
        Places of Cultural Significance, 1999,
        http://www.icomos.org/en/charters-and-texts

[20] Icomos N Z. ICOMOS NEW ZEALAND CHARTER FOR THE CONSERV-
        ATION OF PLACES OF CULTURAL HERITAGE VALUE, 1993, 27071 ~
        27072

[21] Icomos. ICOMOS New Zealand Charter, 2010
        http://www.icomos.org/en/charters-and-texts

[22] Hassan F A. Climate change, Nile floods and civilization, 1998, 34 ~ 40

[23] Garbbrecht G. Historical Water Storage for Irrigation in the Fayum Depression
        (Egypt).: H. Fahlbusch (ed.),Historical dams, 2001, 19 ~ 40

[24] Fekri A H. The Aswan High Dam and the International Rescue Nubia
        Campaign: Springer Science + Business Media, Afr Archaeol Rev (2007)
        24:73–94. Published online: 28 November 2007,

［25］ Säve-Söderberg T. Temples and tombs of ancient Nubia. London: Thames and Hudson, 1987

［26］ 纳赛尔·阿伯戴-阿尔. 文化遗产保护与旅游开发和谐共生机制研究. 文化遗产保护与旅游发展国际研讨会. 南京：2006.5

［27］ 李清. 神庙大挪移——拯救阿布·辛拜勒行动与世界遗产保护. 世界博览，2007，（07）：50～55

［28］ 国家文物局官网. 保护世界文化和自然遗产公约：1972

［29］ 高光明. 世界上第一座露天博物馆——瑞典斯堪森博物馆. 大自然，1980，（02）：80～81

［30］ Channel Tunnel Rail Link: 'A Totally New Way of Moving House: Bridge House is Set to Slide' press release 7 July 2000

［31］ Jane Lennon. MOVING BUILDINGS：A study of issues surrounding moving buildings of heritage value for use in outdoor museums in Queensland: Museums Australia Queensland., 2000

［32］ Tale of a Church in Two Cities, AIA Journal, Vol. 56, No. 1 (July 1971), pages 27-30

［33］ 鲍小会. 中国现代文物保护意识的形成. 文博，2000，（03）：75～80

［34］ 温玉清，王其亨. 中国营造学社学术成就与历史贡献述评. 建筑创作，2007，（06）：126～133

［35］ 梁思成. 曲阜孔庙之建筑及其修葺计划//梁思成文集（二）. 北京：中国建筑工业出版社，1984

［36］ 林佳，张凤梧. 国家建筑遗产保护体系的先声——中国营造学社文物建筑保护理念及实践的影响. 建筑学报，2012，（S1）：92～95

［37］ 梁思成. 蓟县独乐寺观音阁山门考//梁思成文集（一）. 北京：中国建筑工业出版社，1984

［38］ 谢辰生. 新中国文物保护工作50年. 当代中国史研究，2002，（03）：61～70

［39］ 王运良. 文物保护单位管理制度与中国文物特色——新中国文物保护制度的背景考察之一. 中国文物科学研究，2011，（01）：22～26

［40］ 吕舟. 梁思成的文物建筑保护思想. 建筑史论文集（第14辑），2001：10

［41］ 祁英涛著. 祁英涛古建论文集：北京：华夏出版社，1992

［42］ 高天. 不改变文物原状的理论与实践. 清华大学博士学位论文，2010

［43］ Icomoschina. Principles for the Conservation of Heritage Sites in China. Los Angeles: The Getty Conservation Institute, 2004, http://www.getty.edu/conservation/publications_resources/pdf_publications/heritage_sites_china.html

［44］ 梁思成. 古建序论-在考古工作人员训练班演讲记录//梁思成文集（四）. 北京：中国建筑工业出版社，1984

［45］ 周恩来. 《文化部一九五三年工作的报告》. 1953：1～68

［46］ 中央人民政府国务院. 文物保护管理暂行条例.

［47］ 中华人民共和国文化部. 革命纪念建筑、历史纪念建筑、古建筑、石窟寺修缮暂行管理办法（文物字第1364号）.

［48］ 全国人大常委会. 中华人民共和国文物保护法（1982）. 1982年11月19日第五届全国人民代表大会常务委员会第25次会议，1982

［49］ 中华人民共和国文化部. 纪念建筑、古建筑、石窟寺等修缮工程管理办法.

［50］ 祁英涛编著. 中国古代建筑的保护与维护. 北京：文物出版社，1986

［51］ 国家技术监督局. GB50165-92，古建筑木结构维护与加固技术规范（1992）.

［52］ 全国人大常委会. 中华人民共和国文物保护法（2002修订）：2002

［53］ 国家文物局. 文物保护工程管理办法（文化部令第26号）：2003

［54］ 祁英涛著. 祁英涛古建论文集：北京：华夏出版社，1992

［55］ （汉）司马迁撰. 史记·河渠书. 北京：中华书局，1972

［56］ 朱成章. 我国最古老的灌溉工程——期思-零娄灌区. 自然科学史研究，1983，（01）：61～65

［57］ 王亚华，胡鞍钢. 中国水利之路：回顾与展望（1949～2050）. 清华大学学报（哲学社会科学版），2011，（05）：99～112

［58］ 中华人民共和国水利部编. 中国水利统计年鉴 2010. 北京：中国水利水电出版社，2010

［59］ 张燕. 北魏卧佛修复开放. 新华每日电讯. 2002.1

［60］ 于澄建. 快快抢救武当山石雕珍品. 瞭望周刊, 1985, (13): 30

［61］ 黄河. 仙游寺要走了……. 陕西水利，1998，（02）：16

［62］ 张大奎. 中国首例石窟大搬迁. 文史春秋，2000，（02）：67～69

［63］ 李锐，吴雅克，于长生. 白石水库工程淹没区惠宁寺保护方案比较. 吉林水利，2003，（04）：52~54

［64］ 罗培红. 高峡平湖向家坝 文物保护如火荼. 中国文物报，2013-02-01，第一版，2013

［65］ 李晨. 小浪底水利枢纽环境影响评价. 人民黄河，1993，（03）：57~60

［66］ 朱宝琴. 小浪底移民工程的环境保护及管理. 水利经济，2002，（03）：26~29

［67］ 张明灿，李兆举，谢倩. 揭开"整体搬迁"的神秘面纱. 中国旅游报. 2006.3

［68］ 谭淡豪. 文物古建筑小蓬仙馆保护性迁建工程施工技术实例. 广东科技，2012，（13）：235~236

［69］ 陈荣祺. 古建筑异地保护的探索. 东方博物，2006，（02）：104~107

［70］ 陶如军，李玉祥，陈溯，等. 异地搬迁:古民居保护新模式？. 中华遗产，2007，（03）：78~85

［71］ 盛翔. 还要为拆除玩多少文字游戏. 法制日报，2013.1

［72］ 李东和，孟影. 古民居保护与旅游利用模式研究——以黄山市徽州古民居为例. 人文地理，2012，（02）：151~155

［73］ 李绾心. 历史建筑的"迁建"之痛. 中国文化报，2013.1

［74］ 何聪. 古民居还会"出国"吗. 人民日报，2006.2

［75］ 郭旃. "东亚地区文物建筑保护理念与实践国际研讨会"和《北京文件》，中国文物报，2007.5

［76］ 北京文件——关于东亚地区文物建筑保护与修复. 中国文物报，2007.4

［77］ 西安宣言——关于古建筑、古遗址和历史区域周边环境的保护. 城市规划通讯，2005，（22）：10~11

［78］ 江涛. 周恩来保护北京团城. 觉悟，2010，（03）：38

［79］ 蒋太旭. 京沪高铁为避文物多花2.3亿. 长江日报，2013

［80］ 约翰·罗斯金著，刘涵译.（英）记忆之灯. 北京：中国对外翻译出版公司，2013，2013

［81］ 闫梅. 案例研究方法的科学性及实现问题. 武汉科技大学学报（社会科学版），2012，（02）：204~207

［82］ 郑肇经著. 中国水利史. 北京：商务印书馆，1993

[83] 姚汉源著. 中国水利史纲要. 北京：水利电力出版社，1987

[84] 三门峡水利枢纽工程大事记//黄河三门峡工程泥沙问题研讨会论文集. 北京：2006

[85] 包和平. 对"万里黄河第一坝"的反思. 工程研究-跨学科视野中的工程，2005，（00）：243～252

[86] 邓子恢. 关于根治黄河水害和开发黄河水利的综合规划的报告——在1955年7月18日的第一届全国人民代表大会第二次会议上. 江苏教育，1955，（Z2）：29～36

[87] 许水涛. 黄万里与三门峡工程的旷世悲歌. 炎黄春秋，2004，（08）：18～26

[88] 赖德霖. 梁思成、林徽因中国建筑史写作表征. 中国近代建筑史研究. 北京：清华大学出版社，2007：313-330

[89] 邹德侬. 中国现代建筑史：北京：中国建筑工业出版社，2010

[90] 温玉清. 二十世纪中国建筑史学研究的历史、观念与方法. 天津大学博士学位论文，2006

[91] 陈明达. 再论"保存什么，如何保存". 文物参考资料，1957，（04）：66～70

[92] 罗哲文. 苏联建筑纪念物的保护. 文物参考资料，1955，（07）：76～85

[93] 国务院关于进一步加强文物保护和管理工作的指示. 中华人民共和国国务院公报，1961，（04）：89～90

[94] 叶·阿·托尔奇诺夫，郑天星. 道教的起源及其历史分期问题. 宗教学研究，1987，（00）：27～33

[95] 朱越利. 《道藏》的编纂、研究和整理. 中国道教，1990，（02）：27～35

[96] 石衍丰. 道教宫观琐谈. 四川文物，1986，（04）：2～8

[97] 宿白. 永乐宫调查日记——附永乐宫大事年表. 文物，1963，（08）：53～78

[98] 徐苹芳. 关于宋德方和潘德冲墓的几个问题. 考古，1960，（08）：42～45

[99] 冶秋. 晋南访古记. 文物，1962，（02）：21～34

[100] 傅熹年. 永乐宫壁画. 文物参考资料，1957，（03期）

[101] 杜仙洲. 永乐宫的建筑. 文物，1963，（08）：3～18

[102] 山西省一九五一年文物古蹟工作总结. 文物参考资料，1952，（01）：

12 ～ 13

[103] 祁英涛，杜仙洲，陈明达. 两年来山西省新发现的古建筑. 文物参考资料，1954，（11）：37 ～ 84

[104] 祁英涛，陈明达，陈继宗，等. 山西省新发现古建筑的年代鑑定. 文物参考资料，1954，（11）：87 ～ 89

[105] 于希宁. 混成殿壁画. 山东师范学院学报（人文科学），1957，（01）：58 ～ 73

[106] 陈福康. 郑振铎一九五八年日记选. 出版史料，2005，（04）：104 ～ 117

[107] 文物出版社. 永乐宫壁画选集：北京：文物出版社，1958

[108] 十年美术活动年表. 美术研究，1959，（04）：110 ～ 125

[109] 梁思成. 未完成的测绘图：北京：清华大学出版社，2007.210

[110] 中央电视台纪录片. 重访——神宫搬迁记：北京：中央电视台CCTV，http://www.cctv.com/program/chongfang/topic/history/C16693/02/index.shtml, 2009

[111] 查群. 永乐宫整体搬迁保护工程技术研究//中国文化遗产研究院. 文物保护工程与规划专辑II—技术与工程实例. 北京：文物出版社，2013，159 ～ 190

[112] 祁英涛著. 祁英涛古建论文集：北京：华夏出版社，1992

[113] 武伯纶，罗哲文. 记捷克斯洛伐克的文物保护工作. 文物参考资料，1958，（07）：49 ～ 51

[114] 高翠凤. 复原——永乐宫壁画搬迁始末. 中国艺术研究院硕士学位论文，2008

[115] 杨芝荣. 用土办法揭取古代壁画试验成功. 文物参考资料，1958，（10）：15

[116] 罗哲文. 古建筑迁地重建的创举——记中南海云绘楼·清音阁的搬迁重建，以纪念郑振铎诞辰110周年、为国献身50周年. 古建园林技术，2008，（04）：6 ～ 7

[117] 中国文物研究所. 永乐宫古建筑群搬迁保护. 中国文化遗产，2004，（03）：88 ～ 89

[118] 祁英涛. 永乐宫壁画的揭取方法. 文物，1960，（Z1）：82 ～ 86

[119] 祁英涛，柴泽俊. 永乐宫壁画的加固与保护：20107

[120] 祁英涛. 中国古代壁画的揭取与修复. 中原文物，1980，（04）：43 ～ 58

[121] 杜仙洲主编. 中国古建筑修缮技术. 丹青图书有限公司，1984

［122］ 白兰. 大胆的探索不懈的追求——记古建筑专家柴泽俊先生. 沧桑，2000，（Z1）：4～10

［123］ 陈志华著. 文物建筑保护文集：南昌：江西教育出版社，2008

［124］ 陈明达. 再论"保存什么，如何保存". 文物参考资料，1957，（04）：66～70

［125］ 梁思成. 蓟县独乐寺观音阁山门考//梁思成文集（一）. 北京：中国建筑工业出版社，1984

［126］ 高天. 不改变文物原状的理论与实践. 清华大学博士学位论文，2010

［127］ 梁思成. 古建序论-在考古工作人员训练班演讲记录//梁思成文集（四）. 北京：中国建筑工业出版社，1984

［128］ 陈仁禹，阎国平，刘平. 三门峡、小浪底水利枢纽移民安置的回顾与思考. 水力发电，2004，（03）：15～17

［129］ 朱幼棣. 后望书. 北京：中信出版社，2011

［130］ 程虹靳原著. 三峡工程大纪实：1919～1992. 武汉：长江文艺出版社，1992

［131］ 陶景良编著. 长江三峡工程100问. 北京：中国三峡出版社，2002

［132］ 陈奕俊. "萨凡奇旋风"与三峡电站. 文史春秋，2003，（09）：13～19

［133］ 熊坤静. 三峡工程决策始末. 党史文苑，2010，（19）：4～9

［134］ 季昌化主编. 长江三峡工程. 武汉：长江出版社，2007

［135］ 谢辰生. 新中国文物保护工作50年. 当代中国史研究，2002，（03）：61～70

［136］ 国务院关于加强和改善文物工作的通知. 中华人民共和国国务院公报，1997，（13），596～600

［137］ 罗哲文. 关于建立有东方建筑特色的文物建筑保护维修理论与实践科学体系的意见. 文物建筑论文集，2009，（00）：1～8

［138］ 陈志华. 谈文物建筑的保护. 世界建筑，1986，（03）：15～18

［139］ J. 诸葛力多，于丽新. 关于国际文化遗产保护的一些见解. 世界建筑，1986，（03）：11～13

［140］ B·M·费尔顿，陈志华. 欧洲关于文物建筑保护的观念. 世界建筑，1986，（03）：8～10

［141］ 王世仁. 保护文物建筑的可贵实践. 世界建筑，1986，（03）：19～25

［142］ 石野胜，刘临安，侯卫东. 日本木结构古建筑的保护和复原（一）. 文

参考文献

博，1986，（01）：68～72

[143] 王景慧.日本的《古都保存法》.城市规划，1987，（05）：23～26

[144] 楼庆西.瑞士的古建筑保护.世界建筑，1988，（06）：66～69

[145] 陈志华.介绍几份关于文物建筑和历史性城市保护的国际性文件（一）.世界建筑，1989，（02）：65～67

[146] Piero Sonpaolesi，余鸣谦. 修复通则.文物保护与考古科学，1990，（01）：54～58

[147] 陈志华.关于文物建筑保护的两份国际文献.世界建筑，1992，（06）：54～57

[148] 陈薇.中西方文物建筑保护的比较与反思.东南大学学报，1990，（05）：24～29

[149] 吕舟.欧洲文物建筑保护的基本趋向.建筑学报，1993，（12）：19～20

[150] 阮仪三.世界及中国历史文化遗产保护的历程：中国建筑学会建筑史学分会第二次年会；中国建筑学会建筑史学分会第三次年会.中国山东济南；中国浙江杭州：1994.11

[151] 吕舟. ICOMOS INTERNATIONAL WOOD COMMITTEE木结构文物建筑的保护标准（第二稿草案）.建筑学报，1995，（02）：60～61

[152] 吕舟.北京明清故宫文物建筑保护与国际木结构文物建筑保护动向.中国紫禁城学会首届学术讨论会.北京：1996.8

[153] 刘临安.意大利建筑文化遗产保护概观.规划师，1996，（01）：102～105

[154] 文闻子主编.四川风物志.成都：四川人民出版社，1985

[155] （晋）陈寿撰，裴松之注.三国志·卷三十六·蜀书六·关张马赵黄传，上海：上海古籍出版社，2012.

[156] （晋）常璩撰.华阳国志·卷六.北京：中华书局，1985.

[157] （宋）郭允蹈撰.蜀鉴·卷二 二一.北京：中华书局，1985.

[158] 谭其骧主编.宋史地理志汇释.合肥：安徽教育出版社，2003：225～226

[159] 朱宇华.重庆市张飞庙搬迁工程保护问题研究.清华大学硕士学位论文，2004

[160] 范培松，张在明.张飞庙遗址发掘简报.文博，2003，（5）

[161] 云阳县方志编撰委员会.民国二十四年云阳县志·卷二十二（2002重

印），2002：311

［162］ 天一阁藏明代方志选刊-嘉靖云阳县志（四川省）. 上海：上海古籍书店，1985

［163］ 孙华. 重庆云阳张桓侯祠考略——兼谈张桓侯祠异地搬迁保护之得失. 长江文明，2008，（02）：8～19

［164］ 吕舟. 江上风情——云阳张桓侯庙的文物价值. 古建园林技术，1996，（02）：11～16

［165］ 罗哲文. 三峡库区古建筑的价值及其保护抢救之意见. 文物工作，1994，（第一期）

［166］ Archibald. John L. Through the Yang-Tse Gorges. London: printed by Gibbet and Rivington Limited, 1888, 164

［167］ 吕舟. 从云阳张桓侯庙的价值判断谈传统乡土建筑的保护：建筑师 第79期1997.12，北京：中国建筑工业出版社，1997

［168］ 冷梦. 黄河大移民——三门峡移民始末. 中国作家，1996，（02）：60～92

［169］ 中央水利部四年水利工作总结与今后方针任务. 新黄河，1954，（02）：2～9

［170］ 张思平. 有关水库淹没和移民安置中若干经济问题的探讨. 中国水利，1983，（05）：27～28

［171］ 钱正英同志对三峡移民工作的三点意见. 中国水利，1985，（06）：3～4

［172］ 大中型水利水电工程建设征地补偿和移民安置条例. 中华人民共和国国务院公报，1991，（04）：121～125

［173］ 长江三峡工程建设移民条例. 中华人民共和国国务院公报，1993，（20）：901～907

［174］ 长江三峡工程移民专题论证报告（节录·中）. 中国水利，1991，（06）：37～41

［175］ 齐美苗，蒋建东. 三峡工程移民安置规划总结. 人民长江，2013，（02）：16～20

［176］ 郝国胜. 三峡文物保护回眸. 瞭望新闻周刊，2006，（5）：60～63

［177］ 梁福庆. 长江三峡库区文物保护回顾及后续保护对策. 重庆三峡学院学报，2009，（06）：1～5

［178］ 吕舟. 长江三峡淹没区文物保护论证——云阳张桓侯庙的保护论证. 北

京：清华大学建筑学院档案室，1993

［179］　陕西省古建设计研究所.云阳县三张桓侯庙搬迁新址规划设计.1999

［180］　水利部长江水利委员会.张桓侯庙迁建保护规划设计报告.1998

［181］　清华大学张桓侯庙保护规划组.四川省云阳县张桓侯庙保护规划报告.北京：清华大学建筑学院档案室，1996

［182］　清华大学建筑设计研究院，清华大学建筑学院.张飞庙搬迁保护规划方案设计.北京：清华大学建筑学院档案室，1999

［183］　李秀清，李宏松.三峡工程淹没区文物古迹的价值评估（一）.长江流域资源与环境，1998，（02）：37～44

［184］　李宏松，张立敏.三峡工程淹没区文物古迹科学保护方案的探讨.长江流域资源与环境，1998，（04）：26～33

［185］　Unesco联合国教科文组织.实施《保护世界文化与自然遗产公约》的操作指南.2005，http://whc.unesco.org/en/guidelines

［186］　Petzet M. INTERNATIONAL CHARTERS FOR CONSERVATION AND RESTORATION. Ziesemer J. Lipp GmbH, Graphische Betriebe, Meglingerstraße 60, 81477 München: MONUMENTS AND SITES ,Edited by ICOMOS, 2004, 19～22

［187］　吕舟.历史环境的保护问题.建筑史论文集，1999，（00）：208～218

［188］　吴良镛，赵万民.三峡工程与人居环境建设.城市规划，1995，（04）：5～10

［189］　傅振邦，王绪波.三峡工程制度创新.中国三峡建设，2008，（07）：23～29

［190］　长江三峡工程建设移民条例.新法规月刊，2001，（04）：14～19

［191］　胡鸿保.关于三峡工程文物保护的思考.中国三峡建设，1997，（第7期）

［192］　谢辰生，彭卿云.文物大国的危机：2001.7

［193］　Berliner Nancy. Yin Yu Tang 荫余堂: Boston : Tuttle Pub., c2003

［194］　祁英涛.关于古建筑修缮中的几个问题：2010.7

［195］　徐伯安.三峡工程淹没区沿长江两岸（重庆-宜昌）宗教建筑考察、评估和保护规划综述报告·第一部分：评估原则和保护意见.建筑史论文集（第12辑），2000：8

［196］　吕舟.文物建筑的价值及其保护.科学决策，1997，（04）：38～41

·博士文库·

文物建筑迁移保护——基于水利工程影响下的案例研究

［197］ 汤羽扬.从忠县、石柱县传统民居建筑的文化内涵谈三峡工程地面文物的保护.北京建筑工程学院学报，1996，第12卷（第1期）

［198］ 徐光冀.永不逝落的文明——三峡文物保护工程的回顾与展望.前进论坛，2004，（10）：43～45

［199］ 杜仙洲.文物建筑保护的成绩与问题.中国紫禁城学会首届学术讨论会.北京：1996.4

［200］ 郭旃.对世界遗产工作与旅游业关系的几点思考.旅游学刊，2002，（06）：5～6

［201］ 张基尧，谢文雄，李树泉.南水北调工程决策经过（一）.百年潮，2012，（07）：4～10

［202］ 叶扬.《中国文物古迹保护准则》研究.清华大学硕士学位论文，2005

［203］ 李晓东.《文物保护法》价值与修改和修订.中国文物报，2012.4

［204］ 学习贯彻新《文物保护法》 努力开创文物工作新局面.光明日报，2002.6

［205］ 吕舟.从第五批全国重点文物保护单位名单看中国文化遗产保护面临的新问题.建筑史论文集，2002，（02）：190～201

［206］ 国家文物局局长单霁翔就国务院公布第六批全国重点文物保护单位答记者问.中国文物报，2006.3

［207］ 国务院公布第六批全国重点文物保护单位座谈会.中国文物报，2006.8

［208］ 聚焦第七批全国重点文物保护单位.中国文物报，2013.4

［209］ 陈同滨，王力军.不可移动文物保护规划十年.中国文化遗产，2004，（03）：108～111

［210］ 国务院关于加强文化遗产保护的通知.中华人民共和国国务院公报，2006，（05）：31～34

［211］ Icomos. XI'AN DECLARATION-ON THE CONSERVATION OF THE SETTING OF HERITAGE STRUCTURES, SITES AND AREAS. Xi'an China, 2005,

http://www.icomos.org/en/charters-and-texts

［212］ 郭旃."东亚地区文物建筑保护理念与实践国际研讨会"和《北京文件》.中国文物报，2007.5

［213］ 朱越利.道藏分类解题：元始天尊说北方真武妙经.北京：华夏出版社.1996.第199页。

[214] （明）卢重华.大岳太和山志.北京：全国图书馆文献缩微中心，1993

[215] （明）任自垣，等.明代武当山志二种.武汉：湖北人民出版社，1999

[216] 中华人民共和国水法.中华人民共和国全国人民代表大会常务委员会公报，2002，（05）：362~371

[217] 南水北调工程建设征地补偿和移民安置暂行办法.中国水利报，2005.3

[218] 翁家清，李彦强，袁志刚，等.丹江口水库移民安置规划与实践.人民长江，2013，（02）：26~29

[219] 王凤竹.做好丹江口水库湖北淹没区的文物保护工作.中国文物报，2004.6

[220] 唐宁.丹江口水库淹没区湖北省文物保护报告圆满完成.江汉考古，2005，（01）：97

[221] 吴宏堂.坚持科学发展观,不断提升南水北调文物保护工作的水平.江汉考古，2009，（01）：139~143

[222] 长江勘测规划设计研究院.丹江口水利枢纽遇真宫防护工程可行性研究报告.武汉：长江水利委员会长江勘测规划设计研究院，2004

[223] 白雪.火烧遇真宫——道教圣地武当山遇真宫主殿大火追踪.山东消防，2003，（02）：18~20

[224] 沈海宁.高度重视南水北调丹江口库区文物保护.世纪行,2005，（Z1）：18

[225] 清华大学建筑学院.遇真宫保护方案可行性研究报告（内部资料）.北京：清华大学建筑设计研究院，2005

[226] 北京清华城市规划设计研究院文化遗产保护研究所.武当山遇真宫原地顶升保护方案初步设计（内部资料）.北京：清华大学建筑学院，2006

[227] 陕西省古建设计研究所.湖北武当山遇真宫搬迁保护方案.武汉：湖北省文物局（提供），2006

[228] 长江勘测规划设计研究院.丹江口库区遇真宫防护工程专题研究报告（内部资料）.武汉：长江水利委员会，2007

[229] 清华设计院文化遗产保护研究所.遇真宫垫高保护工程设计.北京：清华大学建筑设计研究院，2011

[230] 线登洲，王铁成，边智慧.昆明市金刚塔整体顶升施工新技术.施工技术，2005，（08）：17~19

[231] 汤国华.不可移动文物的移动保护.建筑学报，2006，（06）：28~32

[232] 吕舟.《威尼斯宪章》与中国文物建筑保护.中国文物报，2002.4

［233］ 付清远.大遗址考古发掘与保护的敏感问题.东南文化，2009，（03）：18～21

［234］ 单霁翔.实现考古遗址保护与展示的遗址博物馆.博物馆研究，2011，（01）：3～26

［235］ 陈志华.文物建筑保护是一门专业.世界建筑，2006，（08）：104～105

［236］ 朱长军.碾压式土石坝施工技术与质量控制.水利科技与经济，2013，（05）：90～92

［237］ 陈振辉，吴咏梅.浅谈筏板基础在工程中的应用与设计.广东土木与建筑，2001，（11）：33～35

［238］ 曹汛.建筑史的伤痛.建筑师，2008，（02）：95～102

［239］ 郑颖，张威.困境与出路——天津尚未核定公布为文保单位工业遗产保护的问题与思考.新建筑，2012，（02）：49～53

［240］ 陈爱玖，朱亚磊，解伟，等.郑州文庙大成殿木结构整体顶升技术.建筑结构，2007，（03）：40～42

［241］ 李全喜，韩振勇，刘瑞光.天津西站主站楼移位顶升技术综述.天津建设科技，2010，（06）：3～6

［242］ 陈平，吴清，张卫喜.开封玉皇阁整体顶升保护技术.西安建筑科技大学学报（自然科学版），2011，（04）：470～473

［243］ 单霁翔.文化遗产保护理论和实践的创新.建筑创作，2012，（01）：16～17

［244］ 温家宝.大中型水利水电工程建设征地补偿和移民安置条例.中华人民共和国国务院公报，2006，（26）：5～10

　　衷心感谢导师吕舟教授对我人生与学业的指导和激励。导师为人宽厚、思想包容，这也给我的人生观念带来很大改变，成为我研究治学、社会交往的一个重要坐标，对此怀有深深的感激。

　　感谢清华大学建筑学院王贵祥教授、张复合教授、张杰教授、贾珺教授对本书完善提出的宝贵意见。感谢文化遗产研究所的全体同事以及清华大学建筑学院老师和同窗们的鼓励和支持。

　　感谢家人给我的温暖和不变的爱。